线代笔谈

谢绪恺　编著

东北大学出版社

·沈　阳·

图书在版编目（CIP）数据

线代笔谈 / 谢绪恺编著. — 沈阳 ：东北大学出版社，2021.12

ISBN 978-7-5517-2870-6

Ⅰ. ①线… Ⅱ. ①谢… Ⅲ. ①线性代数—高等学校—教学参考资料 Ⅳ. ①O151.2

中国版本图书馆 CIP 数据核字（2021）第248215号

出 版 者：东北大学出版社
地址：沈阳市和平区文化路三号巷 11 号
邮编：110819
电话：024-83687331（市场部） 83680267（社务部）
传真：024-83680180（市场部） 83687332（社务部）
网址：http：//www.neupress.com
E-mail：neuph@neupress.com
印 刷 者：辽宁一诺广告印务有限公司
发 行 者：东北大学出版社
幅面尺寸：170 mm × 240 mm
印 张：11.25
字 数：221 千字
出版时间：2021 年 12 月第 1 版
印刷时间：2021 年 12 月第 1 次印刷
责任编辑：向 阳 邱 静
责任校对：刘乃义
封面设计：潘正一
责任出版：唐敏志

ISBN 978-7-5517-2870-6 定 价：40.00 元

进　言

本书可谓上卷《高数笔谈》、中卷《工数笔谈》的下卷，动笔于康养服务中心，完稿于东北大学迎湖园，历时一年有余，迁徙奔劳，新冠肆虐，思路难以一以贯之，致饶舌连篇，谬误累牍；加之，不少内容纯属杜撰，厚望专家赐教，读者指正。

线性代数略似迷宫，进入不难，出来不易，作者亦深受其苦，有感于此，特进言几句。

初学者应对基本概念咬住不放，刨根问底，做到知其然并所以然，能用自己的话教明白后来者方休。

富学者宜跳过正文，直达附录，既节省时间，更可为作者提供改正失误的建议。

在本书的编写过程中，作者不断得到东北大学党委书记熊晓梅教授的关怀和支持，对此表示衷心的感谢。同时，校内外一些同人、读者也对作者写作提供了许多宝贵的意见，不一一列举，谨心领致意。

最后，东北大学出版社特别是向阳副社长在疫情期间仍大力支持，使拙著得以顺利出版，表示真诚的敬意。

编著者

2021年10月

《高数笔谈》前言

从1950年我走上高等学校讲台，到2005年走下讲台，屈指算来，整整55年。年复一年，高等数学我不知教过多少遍，还编写过讲义，出版过教材。

偶然翻阅一本高等数学教材，令我十分惊诧，自己对其中的许多理论证明虽似曾相识，却已茫然。联想教过的学生，他（她）们还能留存几许？作为老师，总觉不安。

原因是多方面的，主要在于：我国现行的高等数学教材品种单一，且偏重演绎推理，很难兼顾工科学生的特点。因此，常事倍而功半。有鉴于此，为了安心，竟不自量力，决定写本高等数学参考资料，其主旨是“数学问题工程化，工程问题数学化”。直白地说，就是使工科数学通俗化，接地气，成为“下里巴人”。所以，本书多是树根，少有枝蔓，不分开闭区间，罔视左右导数，用到的函数不但连续，而且光滑，如此等等。目的是避免工科读者误入歧途，以便早日登堂入室。

本书第一步是希望读者知晓工科数学的主要内容其实际含义是什么；第二步是启发读者去怀疑并思考这是为什么；第三步是盼望读者敢为人先做点什么。坦诚地讲，作者也正在前行，三步并未走全，愿与大家共勉！

在本书的编写过程中，作者不断得到东北大学杨佩祯教授的关怀和支持，对此表示衷心的感谢。同时，北京航空航天大学李心灿教授、哈尔滨工业大学吴从炘教授、东北大学张国范教授对书中部分章节提出了许多宝贵意见，作者对此一并深致谢意。

本书得以出版，除了东北大学张庆灵教授、天津大学张国山教授的帮助外，东北大学出版社的向阳副社长应该是功不可没的。因此，希望读者看过本书之后，多提修改意见，促使作者不断前进，以免辜负本书所有参与者的期望。

作　者

2016年10月

《工数笔谈》序言

该讲的话，已经在《高数笔谈》的前言中一吐无遗，本无言可说。可是，念想着工程数学毕竟并非高等数学，只得再补充两点。

第一，工程数学比较难学，为帮助初学者易于理解，方便记忆，更需时刻联系实际，不免存在牵强附会之处，务请指正。

第二，某些概念比较抽象，初看之后，只能见其“一斑”，为让读者能窥其“全貌”，只好不厌其烦，反复重述，不免存在啰嗦絮聒之处，敬希赐示。

在编写本书过程中，笔者不断得到东北大学蒋仲乐教授的关怀和帮助，对此表示衷心的感谢。同时，上海交通大学胡毓达教授、东北大学王贞祥教授、淮阴工学院盖如栋教授、东北大学外聘王殿辉教授对本书提出了一系列宝贵的意见，笔者一并深致谢意。

在编写本书过程中，笔者常怀“士为知己，女为悦己”之心，一是归之于东北大学出版社的倾力相扶，当然也有作为老教师理应为莘莘学子奉献余力的心愿。而本书能如期杀青并与读者见面，又应归功于向阳副社长、王钰慧副编审和刘乃义编辑，笔者在其长期、全方位的帮助下，坐收事半功倍之硕果。

最后，敬盼翻阅过本书的学者学子多提意见，甚至批评，这才是给予笔者最实惠的赠品，将大大有利于笔者今后的写作。

编著者

2018年7月

目 录

第1章　行列式

本书主要讲述行列式、矩阵、向量组与向量空间、二次型、线性变换。概念层出不穷，内容相互渗透。初学者易于眼花缭乱，手足无措。有鉴于此，作者将竭力联系实际，阐明直观含义，减轻读者的困难。

1.1　行列式

浅略地说，下列的方形排列

$$|3|,\ \begin{vmatrix} 2 & 3 \\ 4 & -1 \end{vmatrix},\ \begin{vmatrix} 5 & 1 & -1 \\ 3 & 2 & -2 \\ 2 & 4 & 3 \end{vmatrix},$$

分别称为一阶、二阶和三阶行列式。首先，行列式本质上是一个数，像上面的 3 个行列式就分别代表 3 个数：3，−14 和 49；其次，行列式必然是方的，也就是说，其行数和列数必然是相等的。

看到这里，读者产生了疑问：既然行列式是个数，直接使用数岂不比行列式方便？但熟知了下列方法后，想法可能就会变化。

例 1.1　设有二元一次线性方程组

$$\begin{cases} a_{11}x_1 + a_{12}x_2 = b_1, \\ a_{21}x_1 + a_{22}x_2 = b_2, \end{cases} \tag{1-1}$$

试用消元法求解。

解　分别以 a_{22} 和 a_{12} 乘方程组（1−1）第 1 和第 2 方程的两端，然后相减，有

$$(a_{11}a_{22} - a_{12}a_{21})x_1 = (a_{22}b_1 - a_{12}b_2)。 \tag{1-2}$$

同理，将上一步骤的 a_{22} 和 a_{12} 改换为 a_{21} 和 a_{11}，有

$$(a_{11}a_{22} - a_{12}a_{21})x_2 = (a_{11}b_2 - a_{21}b_1)。 \tag{1-3}$$

据式（1−2）、式（1−3），得解

$$x_1 = \frac{a_{22}b_1 - a_{12}b_2}{a_{11}a_{22} - a_{12}a_{21}},\ x_2 = \frac{a_{11}b_2 - a_{21}b_1}{a_{11}a_{22} - a_{12}a_{21}}。 \tag{1-4}$$

答案出来了，但意犹未尽。每解一题，都应总结一下：手法是否干净简捷，步骤是否有章可循。以此为准则，真有话说。

1.1.1 优化答案

立马看出，答案 x_1 和 x_2 两者的分子、分母，其上的数学表达式完全同形，都是两两相乘，然后相减，可否为它们引进一个简单而又便于记忆的符号？这就是行列式，对于任意 4 个数 a，b，c 和 d，把它们排成两行两列并在两旁画上直线后，就规定

$$\begin{vmatrix} a & b \\ c & d \end{vmatrix} = ad - bc。 \tag{1-5}$$

式（1–5）左边称为二阶行列式，右边为其代表的数值。

引进行列式后，解 x_1 和 x_2 则可简记为

$$x_1 = \frac{\begin{vmatrix} b_1 & a_{12} \\ b_2 & a_{22} \end{vmatrix}}{\begin{vmatrix} a_{11} & a_{12} \\ a_{21} & a_{22} \end{vmatrix}}, \quad x_2 = \frac{\begin{vmatrix} a_{11} & b_1 \\ a_{21} & b_2 \end{vmatrix}}{\begin{vmatrix} a_{11} & a_{12} \\ a_{21} & a_{22} \end{vmatrix}}。$$

这样做的优越性非常明显，以后还会更加突出。

1.1.2 简化计算

前面说过，答案 x_1 和 x_2 中的表达式都是两两相乘、然后相减的形式，这不免让人联想到二维向量的数量积。沿此思路，何妨将方程组（1–1）改写成列向量表达式

$$\begin{bmatrix} a_{11} \\ a_{21} \end{bmatrix} x_1 + \begin{bmatrix} a_{12} \\ a_{22} \end{bmatrix} x_2 = \begin{bmatrix} b_1 \\ b_2 \end{bmatrix}。 \tag{1-6}$$

式（1–6）中，$\boldsymbol{a}_1^{\mathrm{T}} = [a_{11}, a_{21}]$，$\boldsymbol{a}_2^{\mathrm{T}} = [a_{12}, a_{22}]$，$\boldsymbol{b}^{\mathrm{T}} = [b_1, b_2]$ 是为此列出的二维列向量。初学的读者可参阅拙著《高数笔谈》（东北大学出版社，2016 年，第 4 章）。

上述表达式（1–6）含有 3 个列向量

$$\boldsymbol{a}_1 = \begin{bmatrix} a_{11} \\ a_{21} \end{bmatrix}, \quad \boldsymbol{a}_2 = \begin{bmatrix} a_{12} \\ a_{22} \end{bmatrix}, \quad \boldsymbol{b} = \begin{bmatrix} b_1 \\ b_2 \end{bmatrix},$$

2 个未知量 x_1 和 x_2。仔细一看，就会发现其中隐匿着一个秘密，线性方程组的实际含义：由若干列向量合成另一个列向量；拿方程组（1–1）来说，就是要把列向量 $\boldsymbol{a}_1$ 和 $\boldsymbol{a}_2$ 合成列向量 $\boldsymbol{b}$；求解方程其实无非是计算相应的比例系数 x_1

和 x_2。这种见解大有益处，对于方程是否有解、解的结构都会形成直观而又深刻的认识。对此有兴趣的读者可以参阅其他相关著述。

表达式（1-6）自身还存在一个优点，能使方程的求解标准化。就方程（1-6）而论，若需要计算未知量 x_1，可用同向量 $\boldsymbol{a}_2$ 正交的二维向量

$$\boldsymbol{a}_3 = a_{22}\boldsymbol{i} - a_{12}\boldsymbol{j},$$

求其与方程（1-6）的数量积，即

$$\boldsymbol{a}_3 \cdot \boldsymbol{a}_1 x_1 + \boldsymbol{a}_3 \cdot \boldsymbol{a}_2 x_2 = \boldsymbol{a}_3 \cdot \boldsymbol{b}。$$

由此得

$$x_1 = \frac{\boldsymbol{a}_3 \cdot \boldsymbol{b}}{\boldsymbol{a}_3 \cdot \boldsymbol{a}_1} = \frac{a_{22}b_1 - a_{12}b_2}{a_{22}a_{11} - a_{12}a_{21}} = \frac{\begin{vmatrix} b_1 & a_{12} \\ b_2 & a_{22} \end{vmatrix}}{\begin{vmatrix} a_{11} & a_{12} \\ a_{21} & a_{22} \end{vmatrix}}。$$

同理，用与向量 $\boldsymbol{a}_1$ 正交的向量

$$\boldsymbol{a}_4 = a_{21}\boldsymbol{i} - a_{11}\boldsymbol{j},$$

求其与方程（1-6）的数量积，可得

$$x_2 = \frac{\boldsymbol{a}_4 \cdot \boldsymbol{b}}{\boldsymbol{a}_4 \cdot \boldsymbol{a}_2} = \frac{a_{11}b_2 - a_{21}b_1}{a_{11}a_{22} - a_{12}a_{21}} = \frac{\begin{vmatrix} a_{11} & b_1 \\ a_{21} & b_2 \end{vmatrix}}{\begin{vmatrix} a_{11} & a_{12} \\ a_{21} & a_{22} \end{vmatrix}}。$$

可见，上述作法干净利落，并可推广至一般的情况。要想付诸实施，就必须涉及高阶行列式的计算。

1.2　计算法则

谈到行列式计算，二阶行列式

$$\begin{vmatrix} a_{11} & a_{12} \\ a_{21} & a_{22} \end{vmatrix} = a_{11}a_{22} - a_{12}a_{21} \tag{1-7}$$

麻雀虽小，五脏俱全，已经具备了有关行列式的全部信息。因此，先从它开始。为叙述方便，有必要介绍一些术语。

（1）元素或元。数 a_{ij}（$i=1$，2；$j=1$，2）称为行列式（1-7）的元素或元，其头一个下标 i 和后一个下标 j 分别称为行标和列标，表示数 a_{ij} 位于第 i 行第 j 列，并称为行列式的（i，j）元素或元。

（2）主对角线和副对角线。将从 a_{11} 到 a_{22} 的实线称为行列式的主对角线，

从 a_{12} 到 a_{21} 的虚线称为副对角线，如图 1–1 所示。

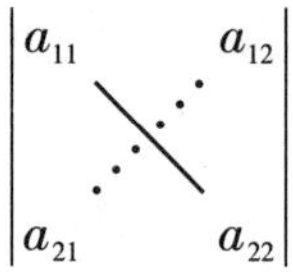

图 1–1

(3) 子式。将元素 a_{ij} 所在的行和列删去余下的行列式，称为元素 a_{ij} 的子式或余子式，简记为 M_{ij}。就行列式（1–7）而论，$M_{11}=|a_{22}|$，$M_{12}=|a_{21}|$。

(4) 余子式。将元素 a_{ij} 的子式 M_{ij} 冠以符号 $(-1)^{i+j}$ 后，$(-1)^{i+j}M_{ij}$ 便称为元素 a_{ij} 的余子式，或代数余子式。就行列式（1–7）来说，a_{11} 的余子式 $(-1)^{1+1}M_{11}=|a_{22}|=a_{22}$，$a_{12}$ 的余子式为 $(-1)^{1+2}M_{12}=-|a_{21}|=-a_{21}$。常简记 $A_{ij}=(-1)^{i+j}M_{ij}$。

可见，引入余子式后，二阶行列式（1–7）则可表示为

$$\begin{vmatrix} a_{11} & a_{12} \\ a_{21} & a_{22} \end{vmatrix} = a_{i1}A_{i1}+a_{i2}A_{i2} \quad (i=1,\ 2)$$
$$= a_{1j}A_{1j}+a_{2j}A_{2j} \quad (j=1,\ 2)$$
$$= a_{11}a_{22}-a_{12}a_{21}。 \tag{1–8}$$

式（1–8）等号右边代表将行列式按行展开或按列展开。任意一行和任意一列完全相等。因为是二阶行列式，结果十分简明，务请读者动手检算两遍，牢记在心。

定义 1.1 行列式，记作 D，是由其元素 a_{ij} 组成的 n 行和 n 列的一个排列，代表一个数，等于其中任何一行或一列的元素与之相应的代数余子式乘积之和，即

$$\begin{vmatrix} a_{11} & a_{12} & \cdots & a_{1n} \\ a_{21} & a_{22} & \cdots & a_{2n} \\ \vdots & \vdots & & \vdots \\ a_{n1} & a_{n2} & \cdots & a_{nn} \end{vmatrix} = a_{i1}A_{i1}+a_{i2}A_{i2}+\cdots+a_{in}A_{in}$$
$$= a_{1j}A_{1j}+a_{2j}A_{2j}+\cdots+a_{nj}A_{nj}，\ 1\leqslant i,\ j\leqslant n。$$

上面等式右边的和式分别称为行列式按行和按列的拉普拉斯展开式。对此以及定义、一些尚待明确之处，请看下列予以澄清。

例 1.2 试写出下列三阶行列式

$$D=\begin{vmatrix} a_{11} & a_{12} & a_{13} \\ a_{21} & a_{22} & a_{23} \\ a_{31} & a_{32} & a_{33} \end{vmatrix}$$

按第 2 行和第 3 列的拉普拉斯展开式。

解　根据定义 1.1，按第 2 行的拉普拉斯展开式为

$$D=a_{21}A_{21}+a_{22}A_{22}+a_{23}A_{23}$$

$$=a_{21}(-1)^{2+1}\begin{vmatrix}a_{12}&a_{13}\\a_{32}&a_{33}\end{vmatrix}+a_{22}(-1)^{2+2}\begin{vmatrix}a_{11}&a_{13}\\a_{31}&a_{33}\end{vmatrix}+a_{23}(-1)^{2+3}\begin{vmatrix}a_{11}&a_{12}\\a_{31}&a_{32}\end{vmatrix}$$

$$=-a_{21}(a_{12}a_{33}-a_{13}a_{32})+a_{22}(a_{11}a_{33}-a_{13}a_{31})-a_{23}(a_{11}a_{32}-a_{12}a_{31})$$

$$=a_{11}a_{22}a_{33}+a_{12}a_{23}a_{31}+a_{13}a_{32}a_{21}-a_{13}a_{22}a_{31}-a_{23}a_{32}a_{11}-a_{33}a_{21}a_{12}。$$

按第 3 列的展式为

$$D=a_{13}A_{13}+a_{23}A_{23}+a_{33}A_{33}$$

$$=a_{13}(-1)^{1+3}\begin{vmatrix}a_{21}&a_{22}\\a_{31}&a_{32}\end{vmatrix}+a_{23}(-1)^{2+3}\begin{vmatrix}a_{11}&a_{12}\\a_{31}&a_{32}\end{vmatrix}+a_{33}(-1)^{3+3}\begin{vmatrix}a_{11}&a_{12}\\a_{21}&a_{22}\end{vmatrix}$$

$$=a_{13}(a_{21}a_{32}-a_{22}a_{31})-a_{23}(a_{11}a_{32}-a_{12}a_{31})+a_{33}(a_{11}a_{22}-a_{12}a_{21})$$

$$=a_{11}a_{22}a_{33}+a_{12}a_{23}a_{31}+a_{13}a_{32}a_{21}-a_{13}a_{22}a_{31}-a_{23}a_{32}a_{11}-a_{33}a_{21}a_{12}。$$

得到上列相同的答案后，请重视下述事实：行列式按任何一行或一列的拉普拉斯展开式完全相等。如有疑问，再往下看。

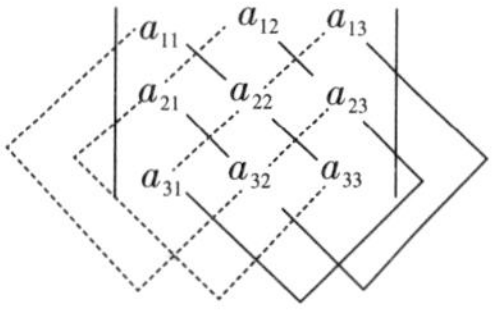

图 1–2

就三阶行列式而论，存在一个著名的算法，如图 1–2 所示。

图 1–2 中有 3 条实线，与主对角线平行，其上 3 个元素的乘积冠以正号；有 3 条虚线，与副对角线平行，其上 3 元素的乘积冠以负号。一共 6 项，它们的代数和就是行列式的值。这种算法可谓对角线法则，是二阶行列式算法的推广。

看完上述算法，有两点启示。首先，二阶行列式计有 2 项，三阶行列式有 6 项，由各项的组成不难推定，n 阶行列式应有 $n!$ 项。请看，每项中的元素既无同行的，也无同列的，$2!=2$，所以二阶行列式只有 2 项，$3!=6$，所以三阶行列式有 6 项。余下的道理就不用絮聒了，但如不清楚，务希参透。其次，各项的正负号如何确定？仍以三阶行列式为例，在其中任选 3 个既非同行又非同列的元素，第 1 次有 3 个选择，是第 1 行（列）、第 2 行（列）或第 3 行（列）里的元素，设选定了第 1 行的 a_{12}，第 2 次只剩下 2 个选择，是第 2 行或第 3 行，设选定了第 2 行的 a_{23}，余下已无选择余地，只有元素 a_{31} 符合条件。这样便构成了行列的一项 $a_{12}a_{23}a_{31}$，它属于正号，因从图 1–2 可见，$a_{12}a_{23}a_{31}$ 同主对角线平行。若第 2 次选的是 a_{21}，则构成的项为 $a_{12}a_{21}a_{33}$，它属于负号，因同副对角线平行。

以上所述，目的只在于轻说一下，行列式的各项，其下标分为两种排序：正序或逆序。以 $a_{12}a_{23}a_{31}$ 和 $a_{12}a_{21}a_{33}$ 而言，将其下标按第 1、2 的次序排成两行，分别是

$$\begin{pmatrix}1&2&3\\2&3&1\end{pmatrix},\begin{pmatrix}1&2&3\\2&1&3\end{pmatrix}。$$

显然可见，其中第 1 行完全一样，第 2 行相反。最典型的是，主对角线和副对角线上的项 $a_{11}a_{22}a_{33}$ 和 $a_{13}a_{22}a_{31}$，其下标的排序分别是

$$\begin{pmatrix}1&2&3\\1&2&3\end{pmatrix},\begin{pmatrix}1&2&3\\3&2&1\end{pmatrix},$$

上面第 2 行一正一反，非常显眼。

其实，就工科而论，只要熟知二阶行列式和拉普拉斯展开式，行列式的计算也已包揽无遗。不信，请看下例。

例 1.3 设有如下的 4 阶行列式，试求其值：

$$D=\begin{vmatrix}1&-1&0&3\\-1&1&2&1\\2&5&0&1\\1&3&4&4\end{vmatrix}。$$

解 按理说，选任一行或任一列展开都可以，但以此例而言，第 3 列有两个 0，选它展开当然最为理想。据此有

$$\begin{aligned}D&=(-1)^{2+3}2\begin{vmatrix}1&-1&3\\2&5&1\\1&3&4\end{vmatrix}+(-1)^{4+3}4\begin{vmatrix}1&-1&3\\-1&1&1\\2&5&1\end{vmatrix}\\&=-2(20-1+18-15-3+8)-4(1-15-2-6-5-1)\\&=-54+112=58。\end{aligned}$$

读者一定已经发现，计算一个相对简单的 4 阶行列式都如此费力，高阶行列式可想而知！有无手段能减轻计算行列式的负担？答案是肯定的，这就需要吃透行列式的性质。

1.3 行列式性质

前面讲过，二阶行列式是“五脏俱全”。请记住这句话，遇到有关行列式的问题，先向它求救。

性质 1.1 行列式与其转置行列式相等。

行列式 D 的转置行列式 D^{T} 就是将 D 的行按序换成列，或说行列互换的行列式，如

$$D=\begin{vmatrix}a_{11} & a_{12}\\ a_{21} & a_{22}\end{vmatrix},\ D^{\mathrm{T}}=\begin{vmatrix}a_{11} & a_{21}\\ a_{12} & a_{22}\end{vmatrix},$$

显然有

$$\begin{aligned}\begin{vmatrix}a_{11} & a_{12}\\ a_{21} & a_{22}\end{vmatrix}=\begin{vmatrix}a_{11} & a_{21}\\ a_{12} & a_{22}\end{vmatrix}&=a_{11}a_{22}-a_{12}a_{21}\\ &=a_{11}a_{22}-a_{21}a_{12}。\end{aligned}$$

可见，行列式 D 转置，等同于将其元素 a_{ij} 变成 D^{T} 的 a_{ji}，则元素的下标互换位置，而主对角线上的元素不动。

刚才看到，二阶行列式转置后其值不变。此一结论也适用于任何阶的行列式，现证明如下。设 n 阶行列式 D 及其转置 D^{T} 分别为

$$D=\begin{vmatrix}a_{11} & a_{12} & \cdots & a_{1n}\\ a_{21} & a_{22} & \cdots & a_{2n}\\ \vdots & \vdots & & \vdots\\ a_{n1} & a_{n2} & \cdots & a_{nn}\end{vmatrix},\ D^{\mathrm{T}}=\begin{vmatrix}a_{11} & a_{21} & \cdots & a_{n1}\\ a_{12} & a_{22} & \cdots & a_{n2}\\ \vdots & \vdots & & \vdots\\ a_{1n} & a_{2n} & \cdots & a_{nn}\end{vmatrix}。\tag{1-9}$$

不失一般性，因 D 的第 m 行与 D^{T} 的第 m 列完全一样，若 D 按第 2 行展开，则 D^{T} 按第 2 列展开，这时得

$$D=(-1)^{2+1}a_{21}A_{21}+(-1)^{2+2}a_{22}A_{22}+\cdots+(-1)^{2+n}a_{2n}A_{2n},$$
$$D^{\mathrm{T}}=(-1)^{2+1}a_{21}A_{21}+(-1)^{2+2}a_{22}A_{22}+\cdots+(-1)^{2+n}a_{2n}A_{2n}。$$

可见，$D=D^{\mathrm{T}}$，证毕。

性质 1.2　行列式 D 的任意两行（列）互换后，其值变号。

证明　当行列式为二阶时，结论显然。设行列式 D 为 n 阶，如式（1-9）所示。现在先从简单情况入手，将 D 的第 1 列同第 2 列互换，记得到的行列式为

$$D_{21}=\begin{vmatrix}a_{12} & a_{11} & \cdots & a_{1n}\\ a_{22} & a_{21} & \cdots & a_{2n}\\ \vdots & \vdots & & \vdots\\ a_{n2} & a_{n1} & \cdots & a_{nn}\end{vmatrix}。$$

将 D_{21} 按第 2 列展开，有

$$D_{21}=(-1)^{1+2}a_{11}A_{11}+(-1)^{2+2}a_{21}A_{21}+\cdots+(-1)^{n+2}a_{n1}A_{n1},$$

把上式同 D 按第 1 列的展开式

$$D=(-1)^{1+1}a_{11}A_{11}+(-1)^{2+1}a_{21}A_{21}+\cdots+(-1)^{n+1}a_{n1}A_{n1}。$$

两相比较，显见

$$D_{21}=-D。\tag{1-10}$$

有了以上结论，一般性的证明将易如反掌，但先要回答一个问题，按序排列的 7 个数字为 1234567，希望把 2 与 5 互换位置，请回答需要多少次相邻的两两互换。为此，作互换序号如下：

$$1234567 \to 13\overset{1}{2}4567 \to 134\overset{2}{2}567 \to 1345\overset{3}{2}67 \to 135\overset{4}{4}267 \to 15\overset{5}{3}4267。$$

答案出来了，一共 5 次互换。这 5 次是如何来的？将 2 换到 5 的位置是 $5-2=3$ 次，将 5 换回到 2 的位置是 $5-3=2$ 次。因此正好 5 次。

至此，务盼读者思考两个结论：

（1）在按序排列的 n 个数 $123\cdots n$ 中，把其内的任意两数互换位置，需要多少次相邻的两两互换？已知：在所有的情况下，都是奇数次。请予以证实。

（2）根据上述结论以及等式（1-10），不难判定：行列式 D 的任意两行（列）互换后，其值变号。读者如有困惑，请补全证明。

例 1.4 设有二阶和三阶行列式

$$D_1=\begin{vmatrix} 5 & 3 \\ -2 & 4 \end{vmatrix}=26，\quad D_2=\begin{vmatrix} 2 & 1 & -4 \\ 4 & 3 & -2 \\ 2 & -2 & 1 \end{vmatrix}=46，$$

两列或两行互换后，得

$$\begin{vmatrix} 3 & 5 \\ 4 & -2 \end{vmatrix}=-26=-D_1，\quad \begin{vmatrix} 1 & 2 & -4 \\ 3 & 4 & -2 \\ -2 & 2 & 1 \end{vmatrix}=-46=-D_2。$$

推论 一个行列式若有两行（列）完全相同，则其值为零。

例 1.5 如存在两行完全相同的三阶行列式

$$D=\begin{vmatrix} a_{11} & a_{12} & a_{13} \\ a_{21} & a_{22} & a_{23} \\ a_{11} & a_{12} & a_{13} \end{vmatrix}=a_{11}a_{22}a_{13}+a_{12}a_{23}a_{11}+a_{13}a_{12}a_{21}-a_{13}a_{22}a_{11}-a_{23}a_{12}a_{11}-a_{13}a_{21}a_{12}$$

$$=0。$$

性质 1.3 行列式若其某列（行）的元素都是两数之和，即

$$D=\begin{vmatrix} a_{11} & a_{12} & \cdots & (a_{1j}+a'_{1j}) & \cdots & a_{1n} \\ a_{21} & a_{22} & \cdots & (a_{2j}+a'_{2j}) & \cdots & a_{2n} \\ \vdots & \vdots & & \vdots & & \vdots \\ a_{n1} & a_{n2} & \cdots & (a_{nj}+a'_{nj}) & \cdots & a_{nn} \end{vmatrix}，$$

则可将 D 分解为两个行列式：

$$D=\begin{vmatrix} a_{11} & a_{12} & \cdots & a_{1j} & \cdots & a_{1n} \\ a_{21} & a_{22} & \cdots & a_{2j} & \cdots & a_{2n} \\ \vdots & \vdots & & \vdots & & \vdots \\ a_{n1} & a_{n2} & \cdots & a_{nj} & \cdots & a_{nn} \end{vmatrix}+\begin{vmatrix} a_{11} & a_{12} & \cdots & a'_{1j} & \cdots & a_{1n} \\ a_{21} & a_{22} & \cdots & a'_{2j} & \cdots & a_{2n} \\ \vdots & \vdots & & \vdots & & \vdots \\ a_{n1} & a_{n2} & \cdots & a'_{nj} & \cdots & a_{nn} \end{vmatrix}。$$

证明　将 D 按第 j 列展开，直接得证，细节请读者自行补全。

例 1.6　试求行列式

$$D=\begin{vmatrix} 2 & 3-5 \\ 4 & 7+2 \end{vmatrix}$$

的值。

解　根据性质 1.3，有

$$D=\begin{vmatrix} 2 & 3 \\ 4 & 7 \end{vmatrix}+\begin{vmatrix} 2 & -5 \\ 4 & 2 \end{vmatrix}=2+24=26。$$

需要说明，再遇到这样的问题，千万不要如此求解。此例的目的在于让大家看到

$$\begin{aligned} D=\begin{vmatrix} 2 & 3-5 \\ 4 & 7+2 \end{vmatrix}&=2(7+2)-(3-5)4 \\ &=(2\times7-3\times4)+[2\times2-4(-5)], \end{aligned}$$

以便加深对性质 1.3 的理解，实际上

$$D=\begin{vmatrix} 2 & 3-5 \\ 4 & 7+2 \end{vmatrix}=\begin{vmatrix} 2 & -2 \\ 4 & 9 \end{vmatrix}=18+8=26$$

更为简便。

性质 1.4　若用同一数 k 乘或除行列式的某一行（列）中的所有元素，等于用数 k 乘或除行列式。

推论　行列式中任一行（列）所有元素的公因子可以提到行列式外面。

性质 1.5　将行列式任一行（列）的所有元素乘同一数后，加到另一行相应的元上，行列式不变。

推论　行列式中若有两行（列）互成比例，其值为零。

以上两条性质不证自明，可谓全是性质 1.2 和 1.3 的必然结果。它们很有用处，大可简化行列式的计算。

例 1.7　试计算行列式

$$D=\begin{vmatrix} 1 & -1 & 0 & 3 \\ -1 & 1 & 2 & 1 \\ 2 & 5 & 0 & 1 \\ 1 & 3 & 4 & 4 \end{vmatrix}。$$

解 流程如下：

$$D=\begin{vmatrix}1&-1&0&3\\-1&1&2&1\\2&5&0&1\\1&3&4&4\end{vmatrix}\overset{①}{=}\begin{vmatrix}1&-1&0&3\\-1&1&2&1\\2&5&0&1\\3&1&0&2\end{vmatrix}\overset{②}{=}\begin{vmatrix}0&-1&0&3\\0&1&2&1\\7&5&0&1\\4&1&0&2\end{vmatrix}$$

$$\overset{③}{=}(-1)^{2+3}\times2\begin{vmatrix}0&-1&3\\7&5&1\\4&1&2\end{vmatrix}=-2\begin{vmatrix}7&1\\4&2\end{vmatrix}-2\times3\begin{vmatrix}7&5\\4&1\end{vmatrix}$$

$$=-2(14-4)-6(7-20)=58。$$

上列计算各步的依据如下：

① 第 4 行 − 2 × 第 2 行；

② 第 1 列 + 第 2 列；

③ 按第 3 列展开，即求元素 2 的余子式。

例 1.7 和例 1.3 相同，答案自然一样。对比一下，此例的计算量轻些，多是数的加减，不易出错。建议活用行列式的性质，既省心，又省力。

例 1.8 计算行列式

$$D=\begin{vmatrix}2&1&4&1\\3&-1&2&1\\1&2&3&2\\2&0&6&2\end{vmatrix}。$$

解 善用行列式性质，尽可能把其中某行或列的元素除 1 个外，余下全部转化为零。此式的第 4 行已经有 1 个零，因此宜照如下次序求解：

$$D=\begin{vmatrix}2&1&4&1\\3&-1&2&1\\1&2&3&2\\2&0&6&2\end{vmatrix}=\begin{vmatrix}1&1&4&1\\2&-1&2&1\\-1&2&3&2\\0&0&6&2\end{vmatrix}=\begin{vmatrix}1&1&1&1\\2&-1&-1&1\\-1&2&-3&2\\0&0&0&2\end{vmatrix}$$

$$=\begin{vmatrix}1&1&1&1\\3&0&0&2\\-1&2&-3&2\\0&0&0&2\end{vmatrix}=2\begin{vmatrix}1&1&1\\3&0&0\\-1&2&-3\end{vmatrix}=2(-1)3(-3-2)$$

$$=30。$$

答案是对的，务希各位仔细审验一回，各步的依据为何。另外，思考一下，如将主对角线上的头一个元素 2 增为 3，行列式增值多少？

例 1.9 证明 n 阶范德蒙行列式

$$D_n=\begin{vmatrix}1&1&\cdots&1\\x_1&x_2&\cdots&x_n\\x_1^2&x_2^2&\cdots&x_n^2\\\vdots&\vdots&&\vdots\\x_1^{n-1}&x_2^{n-1}&\cdots&x_n^{n-1}\end{vmatrix}=\prod_{1\leqslant i,\ j\leqslant n}\left(x_i-x_j\right)。\tag{1-11}$$

见到这样的题，各人都有自己的想法，主要存在两种相异的思维。因此，产生了两种都值得学习的证明方法。

证明 1 一种想法是，遇到复杂的问题，先从特例入手，试看二阶的范德蒙行列式

$$D_2=\begin{vmatrix}1&1\\x_1&x_2\end{vmatrix}=x_2-x_1。$$

不证自明。还不放心的话，再看看三阶的情况有

$$D_3=\begin{vmatrix}1&1&1\\x_1&x_2&x_3\\x_1^2&x_2^2&x_3^2\end{vmatrix}=\begin{vmatrix}1&0&0\\x_1&x_2-x_1&x_3-x_2\\x_1^2&x_2^2-x_1^2&x_3^2-x_2^2\end{vmatrix}$$

$$=\left(x_2-x_1\right)\left(x_3-x_2\right)\begin{vmatrix}1&0&0\\x_1&1&1\\x_1^2&x_2+x_1&x_3+x_2\end{vmatrix}$$

$$=\left(x_3-x_2\right)\left(x_3-x_1\right)\left(x_2-x_1\right)。$$

结果完全正确。走到这一步，下一步该如何走？自然是求助于数学归纳法。

设已知（$n-1$）阶范德蒙行列式

$$D_{n-1}=\begin{vmatrix}1&1&\cdots&1\\x_1&x_2&\cdots&x_{n-1}\\\vdots&\vdots&&\vdots\\x_1^{n-2}&x_2^{n-2}&\cdots&x_{n-1}^{n-2}\end{vmatrix}=\prod_{1\leqslant i,\ j\leqslant n-1}\left(x_i-x_j\right),\tag{1-12}$$

下面要做的事就是利用行列式的性质，把 D_n 转化为 D_{n-1}。步骤如下：

$$D_n=\begin{vmatrix}1&1&\cdots&1\\x_1&x_2&\cdots&x_n\\x_1^2&x_2^2&\cdots&x_n^2\\\vdots&\vdots&&\vdots\\x_1^{n-1}&x_2^{n-1}&\cdots&x_n^{n-1}\end{vmatrix}=\begin{vmatrix}1&1&\cdots&1\\x_1-x_n&x_2-x_n&\cdots&0\\x_1\left(x_1-x_n\right)&x_2\left(x_2-x_n\right)&\cdots&0\\\vdots&\vdots&&\vdots\\x_1^{n-2}\left(x_1-x_n\right)&x_2^{n-2}\left(x_2-x_n\right)&\cdots&0\end{vmatrix}$$

$$= (-1)^{(1+n)}(x_{n-1}-x_n)(x_{n-2}-x_n)\cdots(x_1-x_n)\begin{vmatrix} 1 & 1 & \cdots & 1 \\ x_1 & x_2 & \cdots & x_{n-2} \\ x_1^2 & x_2^2 & \cdots & x_{n-2}^2 \\ \vdots & \vdots & & \vdots \\ x_1^{n-2} & x_2^{n-2} & \cdots & x_{n-2}^{n-2} \end{vmatrix}$$

$$= (-1)^{(1+n)}\cdot(-1)^{n-1}(x_n-x_{n-1})(x_n-x_{n-2})(x_n-x_1)D_{n-1},$$

再参见等式（1–11），得

$$D_n = \prod_{1\leqslant i,\ j\leqslant n}(x_i-x_j)。$$

顺便解释一下，头一步是用 $-x_n$ 依次乘第（$n-1$）行，（$n-2$）行，…，第 1 行，分别同第 n 行，（$n-1$）行，…，第 2 行相加的结果。读者可用三阶行列式验证，以加深理解。

证明 2　一种想法是，遇到证明题，首先是仔细审题，努力探索给定条件与待证结论之间的联系，然后寻求一条捷径，直达目的地。

就此例而言，待证的是个恒等式，既然是恒等式，则其中的变量无论如何取值，都是等式。当然，仍是老习惯，先从特殊情况开始，让 $x_2=x_1$ 怎样？此时，等式（1–11）化为

$$D_n = \begin{vmatrix} 1 & 1 & \cdots & 1 \\ x_1 & x_1 & \cdots & x_n \\ \vdots & \vdots & & \vdots \\ x_1^{n-1} & x_1^{n-1} & \cdots & x_n^{n-1} \end{vmatrix} = 0。$$

想想看，把 D_n 展开后，它是个多项式。当 $x_2=x_1$ 时，它等于零。这表明：

（1）D_n 含有（x_2-x_1）的因子；相继令 $x_3=x_1$，$x_4=x_1$，…，$x_n=x_1$，可知 D_n 含有（x_3-x_1），（x_4-x_1），…，（x_n-x_1）的因子；

（2）同理可知，D_n 含有（x_3-x_2），（x_4-x_2），…，（x_n-x_2）的因子；

（3）依此类推，D_n 含有 $\prod\limits_{1\leqslant i,\ j\leqslant n}(x_i-x_j)$ 中的所有因子。

以上所述只是说明，不是证明，但却为证明提供了很有价值的思路。有鉴于此，先看一个例子。

例 1.10　根据前面的说明，应有

$$D_4 = \begin{vmatrix} 1 & 1 & 1 & 1 \\ x_1 & x_2 & x_3 & x_4 \\ x_1^2 & x_2^2 & x_3^2 & x_4^2 \\ x_1^3 & x_2^3 & x_3^3 & x_4^3 \end{vmatrix} = (x_4-x_3)(x_4-x_2)(x_4-x_1)(x_3-x_2)(x_3-x_1)(x_2-x_1)。$$

上面推出的等式显然非常合理：

（1）将 D_4 展开，有 24 项，等式右边展开也是 24 项（同类项合并后）；

（2）等式两边每项的指数和都是 6。

写到这里，确信读者已具备能力去完成证明 2 的后续工作，不拟再费口舌。倒是下面的例子值得一提。

例 1.11　计算下列行列式

$$D_1=\begin{vmatrix}1&1&1\\2&3&4\\2^2&3^2&4^2\end{vmatrix},\ D_2=\begin{vmatrix}1&2&1\\2&3&5\\2^2&3^2&4^2\end{vmatrix}。$$

解　行列式 D_1 是典型的范德蒙行列式，根据公式（1–11），有

$$D_1=(4-2)(4-3)(3-2)=2。$$

行列式 D_2 和 D_1 只有两个元素相异，借助 D_1 的结果以及行列的性质，可知

$$\begin{aligned}D_2&=D_1+(-1)^{1+2}(2\times4^2-5\times2^2)+(-1)^{2+3}(3^2-2\times2^2)\\&=2-12-1=-11。\end{aligned}$$

例 1.12　设有行列式

$$D=\begin{vmatrix}1&1&1\\x_1&x_2&x_3\\x_1^3&x_2^3&x_3^3\end{vmatrix},$$

请猜测一下它的展开式。

猜测：行列式的展开式似应为

$$D=(x_3-x_2)(x_3-x_1)(x_2-x_1)\left[(x_1+x_2)+(x_2+x_3)+(x_3+x_1)\right]。$$

猜测的根据主要是：

（1）当 $x_3=x_2$，$x_3=x_1$，$x_2=x_1$ 时，$D=0$。因此，D 含有因子 $(x_3-x_2)(x_3-x_1)(x_2-x_1)$。

（2）D 的拉普拉斯展开式中包含

$$x_2x_3^3-x_3x_2^3=x_2x_3(x_3-x_2)(x_3+x_2)。$$

可见，其内有因子 (x_3+x_2)。再从对称性可知，应包含因子 (x_3+x_1) 和 (x_2+x_1)。

（3）等式两边方次相同。

猜测的结果是否可靠，必须设法予以核实，这留给读者，并附上一笔，多数实际问题，并非像书上那样“一板一眼”地解决的，而是先猜出结果，然后逐步前行，最后解决。往往猜错了，只好从头再来。应该说，猜测是种能力，不可轻视，务希有意识地培养提高。为此，就请猜测下面行列式

$$D=\begin{vmatrix}1 & 1 & 1\\ x_1 & x_2 & x_3\\ x_1^4 & x_2^4 & x_3^4\end{vmatrix}$$

的展开式，并予以核实。

1.4 几何意义

前面曾说，但凡遇到 4 个数两两相乘进行加减的时候，就请劳驾去看二维向量，是否又把数量积或向量积放出来了。因为前面多次碰头的二阶行列式就属于就种情况，看看能否据此找出行列式的几何意义。

已知二阶行列式

$$D=\begin{vmatrix}a_{11} & a_{12}\\ a_{21} & a_{22}\end{vmatrix}=a_{11}a_{22}-a_{12}a_{21}, \tag{1-13}$$

其右边 $(a_{11}a_{22}-a_{12}a_{21})$ 正是我们需要注意的对象。为什么这样讲？试回忆一下，设有 2 维向量

$$\boldsymbol{a}_1=a_{11}\boldsymbol{i}+a_{12}\boldsymbol{j},\ \ \boldsymbol{a}_2=a_{21}\boldsymbol{i}+a_{22}\boldsymbol{j}, \tag{1-14}$$

按定义，两者的数量积为

$$\boldsymbol{a}_1\cdot\boldsymbol{a}_2=(a_{11}\boldsymbol{i}+a_{12}\boldsymbol{j})\cdot(a_{21}\boldsymbol{i}+a_{22}\boldsymbol{j})=a_{11}a_{21}+a_{12}a_{22},$$

向量积为

$$|\boldsymbol{a}_1\times\boldsymbol{a}_2|=|(a_{11}\boldsymbol{i}+a_{12}\boldsymbol{j})\times(a_{21}\boldsymbol{i}+a_{22}\boldsymbol{j})|=|a_{11}a_{22}-a_{12}a_{21}|, \tag{1-15}$$

一看到结果，不觉眼前一亮，这不就是二阶行列式（1–13)!

综上所述，不难得知，若忽视向量积的方向性，则二阶行列式（1–13）等同于由其两行构成的两个二维向量（1–14）的向量积。如此一说，二阶行列式自然也会分享向量积的某些特质，比如取值。

根据向量积定义

$$|\boldsymbol{a}_1\times\boldsymbol{a}_2|=|\boldsymbol{a}_1||\boldsymbol{a}_2|\sin\theta,$$

其中，θ 是向量 $\boldsymbol{a}_1$ 和 $\boldsymbol{a}_2$ 之间的夹角，如图 1–3(a) 所示，而从图 1–3(b) 上可见，乘积

$$|\boldsymbol{a}_1|\sin\theta=l。$$

式中，l 代表由 $\boldsymbol{a}_1$ 引向 $\boldsymbol{a}_2$ 的垂线，即图上虚线的长度。据此有

$$|\boldsymbol{a}_1\times\boldsymbol{a}_2|=|\boldsymbol{a}_1||\boldsymbol{a}_2|\sin\theta=|\boldsymbol{a}_1|\cdot l。$$

到此，有劳大家一边盯着上式，一边瞅着图 1–3(b)，看看 $|\boldsymbol{a}_1|\cdot l$ 究竟有何说法。好了，听到近处的读者开口讲道：“$|\boldsymbol{a}_1|\cdot l$ 不正是由 $\boldsymbol{a}_1$ 和 $\boldsymbol{a}_2$ 为邻边围成

的平行四边形的面积嘛。”请大家为这些读者点赞，完全正确。

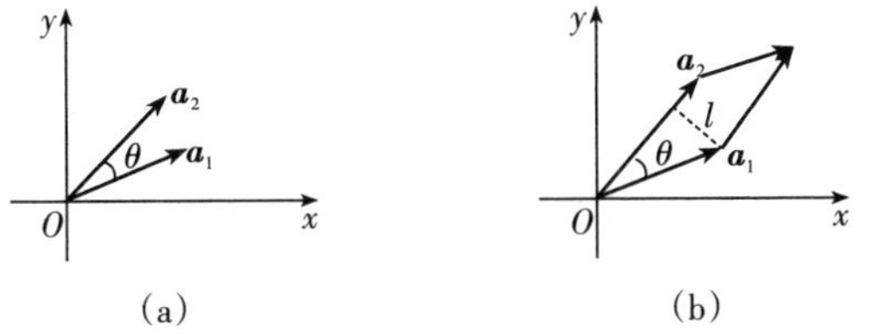

图 1-3

总结一下，需要说明如下问题：

（1）用二阶行列式的两行可以构成两个二维向量

$$\boldsymbol{a}_1 = a_{11}\boldsymbol{i} + a_{12}\boldsymbol{j},\ \boldsymbol{a}_2 = a_{21}\boldsymbol{i} + a_{22}\boldsymbol{j},$$

其向量积的值等于此二阶行列式，即

$$|\boldsymbol{a}_1 \times \boldsymbol{a}_2| = a_{11}a_{22} - a_{12}a_{21}。$$

若将行向量改为列向量，上述结论

$$\boldsymbol{a}_3 = a_{11}\boldsymbol{i} + a_{21}\boldsymbol{j},\ \boldsymbol{a}_4 = a_{12}\boldsymbol{i} + a_{22}\boldsymbol{j}$$

依然成立。请读者予以证实。

（2）可见二阶行列式的几何意义就是：由其两个行向量或列向量为邻边组成的平行四边形的面积。面积必然是正的，在将行列式理解为面积时，一定要取绝对值。

（3）根据行列式的性质，当其两行或两列互相换位时，行列式变号，这和向量积

$$\boldsymbol{a}_1 \times \boldsymbol{a}_2 = -\boldsymbol{a}_2 \times \boldsymbol{a}_1$$

当其向量换位时也出现变号完全一致。

看到现在，读者一定产生了猜想：三阶行列式理应存在类似的几何意思。猜想准不准？只能让事实说话。将行列式 D 按第 1 行展开，有

$$D = \begin{vmatrix} a_1 & a_2 & a_3 \\ b_1 & b_2 & b_3 \\ c_1 & c_2 & c_3 \end{vmatrix} = a_1(b_2c_3 - b_3c_2) + a_2(b_3c_1 - b_1c_3) + a_3(b_1c_2 - b_2c_1)。\quad (1\text{-}16)$$

若把D的各行视作向量

$$\boldsymbol{a} = a_1\boldsymbol{i} + a_2\boldsymbol{j} + a_3\boldsymbol{k},\ \boldsymbol{b} = b_1\boldsymbol{i} + b_2\boldsymbol{j} + b_3\boldsymbol{k},\ \boldsymbol{c} = c_1\boldsymbol{i} + c_2\boldsymbol{j} + c_3\boldsymbol{k},$$

则式（1-16）可简化为

$$|D| = \boldsymbol{a} \cdot (\boldsymbol{b} \times \boldsymbol{c}), \quad (1\text{-}17)$$

等式右边的积称为向量$\boldsymbol{a}$、$\boldsymbol{b}$和$\boldsymbol{c}$的混合积，存在明显的几何意义，但予以说明之前，先得问清楚式（1-17）的来龙去脉。

已经学过，向量积按定义为

$$\begin{aligned}\boldsymbol{b}\times\boldsymbol{c}&=(b_1\boldsymbol{i}+b_2\boldsymbol{j}+b_3\boldsymbol{k})\times(c_1\boldsymbol{i}+c_2\boldsymbol{j}+c_3\boldsymbol{k})\\&=(b_2c_3-b_3c_2)\boldsymbol{i}+(b_3c_1-b_1c_3)\boldsymbol{j}+(b_1c_2-b_2c_1)\boldsymbol{k}\\&=\begin{vmatrix}\boldsymbol{i}&\boldsymbol{j}&\boldsymbol{k}\\b_1&b_2&b_3\\c_1&c_2&c_3\end{vmatrix},\end{aligned}$$

将上式同行列式 D 的展开式（1–16）两相对照，则等式（1–17）立即现身。至于其几何意义，尚需借重二阶行列式。

在阐释混合积（1–17）的几何意义时，参考二阶行列式的情况，可知以向量

$$\boldsymbol{b}=b_1\boldsymbol{i}+b_2\boldsymbol{j}+b_3\boldsymbol{k},\ \boldsymbol{c}=c_1\boldsymbol{i}+c_2\boldsymbol{j}+c_3\boldsymbol{k}$$

为邻边在三维空间能构成一个平行四边形，如图 1–4(a) 所示，记其面积为 A，则有

$$A=|\boldsymbol{b}\times\boldsymbol{c}|=|\boldsymbol{b}||\boldsymbol{c}|\sin\theta_1。\tag{1–18}$$

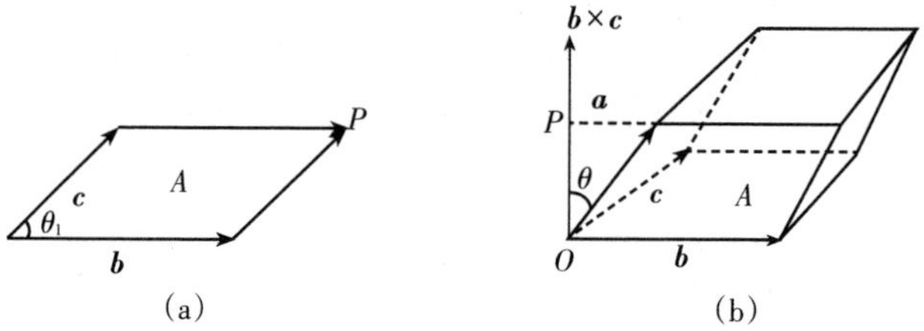

图 1–4

再看图 1–4(b)，以向量 $\boldsymbol{a}$、$\boldsymbol{b}$ 和 $\boldsymbol{c}$ 为边线在空间构成了一个平行六面体，其底面积为 A，又因从图上可见，$\boldsymbol{b}\times\boldsymbol{c}$ 同六面体的底面垂直，由此可知六面体的高 $OP=|\boldsymbol{a}|\cos\theta$，$\theta$ 为 $\boldsymbol{a}$ 与 $\boldsymbol{b}\times\boldsymbol{c}$ 夹角，将上式的高 OP 同式（1–18）的底面积 A 相乘，由此得六面体的体积

$$V=OP\cdot A=|\boldsymbol{a}||\boldsymbol{b}\times\boldsymbol{c}|\cos\theta。$$

根据向量数量积的定义，上式化为

$$V=\boldsymbol{a}\cdot(\boldsymbol{b}\times\boldsymbol{c})。\tag{1–19}$$

结果表明，任何三阶行列式的几何意义都是，由它的三个行（列）向量为邻边组成的空间六面体的体积。

例 1.13 求由向量

$$\boldsymbol{a}=\boldsymbol{i}+2\boldsymbol{j}-\boldsymbol{k},\ \boldsymbol{b}=7\boldsymbol{j}-4\boldsymbol{k},\ \boldsymbol{c}=-2\boldsymbol{i}+3\boldsymbol{k}$$

为邻边构成的平行六面体的体积。

解 根据公式（1–19），得

$$V=\boldsymbol{a}\cdot(\boldsymbol{b}\times\boldsymbol{c})=\begin{vmatrix}1 & 2 & -1\\0 & 7 & -4\\-2 & 0 & 3\end{vmatrix}=23,$$

这就是六面体的体积，如得到的为负数，则需取绝对值。显见，把所给定的3个向量视作行列式的列向量，结果一样。

行文至此，犹存余音。既然二阶行列式的几何意义是平行四边形的面积，三阶是平行六面体的体积，那么四阶呢？说来话长，只好从头道来。

开头不难，一阶行列式是代表线段的长度，二阶行列式

$$\begin{vmatrix}a_1 & a_2\\b_1 & b_2\end{vmatrix}=a_1b_2-a_2b_1,$$

右边的第1项 a_1b_2 是两条线段的乘积，当然代表面积，同理第2项 a_2b_1 也是，相减之后必然仍代表面积。三阶行列式

$$\begin{vmatrix}a_1 & a_2 & a_3\\b_1 & b_2 & b_3\\c_1 & c_2 & c_3\end{vmatrix}=a_1\begin{vmatrix}b_2 & b_3\\c_2 & c_3\end{vmatrix}+a_2\begin{vmatrix}b_3 & b_1\\c_3 & c_1\end{vmatrix}+a_3\begin{vmatrix}b_1 & b_2\\c_1 & c_2\end{vmatrix},$$

右边共3项，每一项都代表线段与面积的乘积，其和是什么？自然是体积。

余下来有点困难，四阶行列式

$$\begin{vmatrix}a_1 & a_2 & a_3 & a_4\\b_1 & b_2 & b_3 & b_4\\c_1 & c_2 & c_3 & c_4\\d_1 & d_2 & d_3 & d_4\end{vmatrix}=a_1\begin{vmatrix}b_2 & b_3 & b_4\\c_2 & c_3 & c_4\\d_2 & d_3 & d_4\end{vmatrix}+a_2\begin{vmatrix}b_4 & b_1 & b_3\\c_4 & c_1 & c_3\\d_4 & d_1 & d_3\end{vmatrix}+a_3\begin{vmatrix}b_1 & b_2 & b_4\\c_1 & c_2 & c_4\\d_1 & d_2 & d_4\end{vmatrix}+a_4\begin{vmatrix}b_3 & b_1 & b_2\\c_3 & c_1 & c_2\\d_3 & d_1 & d_2\end{vmatrix}$$

右边共4项，每一项都代表线段与体积的乘积，这是什么？其和是什么？能否称为四维空间的“超积”？不妨如此着想，二阶行列式代表线段在平面上的移动，所以是面积；三阶行列式代表面积在空间的移动，所以是体积；四阶行列式代表体积在四维空间的移动。其余的作者一无所知，敬希知之者告知，不胜企盼！

最后还得提示一下，知悉行列式无论代表面积、体积甚至“超积”，都有助于理解或者记住其某些性质。例如，行列式若存在两行或两列完全相同，则必为零。

1.5 克拉默法则

在本章开始时，曾介绍线性方程组的列向量表达式（1-6）

$$\begin{bmatrix}a_{11}\\a_{21}\end{bmatrix}x_1+\begin{bmatrix}a_{12}\\a_{22}\end{bmatrix}x_2=\begin{bmatrix}b_1\\b_2\end{bmatrix}$$

以及相乘正交向量的解法。眼下就是要把这种解法一般化，证实克拉默法则。为此，先看一个例子。

例 1.14 试求解方程组

$$\begin{cases}x_1+x_2+x_3=6,\\2x_1-x_2+3x_3=9,\\3x_1+2x_2-x_3=4。\end{cases}$$

解 第 1 步，将方程组改写成列向量表达式

$$\begin{bmatrix}1\\2\\3\end{bmatrix}x_1+\begin{bmatrix}1\\-1\\2\end{bmatrix}x_2+\begin{bmatrix}1\\3\\-1\end{bmatrix}x_3=\begin{bmatrix}6\\9\\4\end{bmatrix}。\tag{1-20}$$

第 2 步，用消元法，设法同时把变量 x_2 和 x_3 消去。总结求解方程组（1–6）的经验，必须找到一个向量，同时与 x_2 的系数列向量 $[1\quad -1\quad 2]^{\mathrm{T}}$、$x_3$ 的系数列向量 $[1\quad 3\quad -1]^{\mathrm{T}}$ 正交。请读者思考一下，如何求得这样的向量？说来话巧，远在天边，近在眼前，正是大家久闻的向量积。

第 3 步，简记方程组（1–20）的 4 个列向量分别为

$$\boldsymbol{a}_1=\begin{bmatrix}1\\2\\3\end{bmatrix},\ \boldsymbol{a}_2=\begin{bmatrix}1\\-1\\2\end{bmatrix},\ \boldsymbol{a}_3=\begin{bmatrix}1\\3\\-1\end{bmatrix},\ \boldsymbol{b}=\begin{bmatrix}6\\9\\4\end{bmatrix},$$

则向量积

$$\begin{aligned}\boldsymbol{a}_2\times\boldsymbol{a}_3&=(\boldsymbol{i}-\boldsymbol{j}+2\boldsymbol{k})\times(\boldsymbol{i}\times3\boldsymbol{j}-\boldsymbol{k})\\&=(1-6)\boldsymbol{i}+(2+1)\boldsymbol{j}+(3+1)\boldsymbol{k}\\&=-5\boldsymbol{i}+3\boldsymbol{j}+4\boldsymbol{k}\end{aligned}$$

就是所期盼的向量，它既与向量 $\boldsymbol{a}_2$ 正交，又与向量 $\boldsymbol{a}_3$ 正交，用其同方程（1–20）两边作数量积得

$$[-5\quad 3\quad 4]\left(\begin{bmatrix}1\\2\\3\end{bmatrix}x_1+\begin{bmatrix}1\\-1\\2\end{bmatrix}x_2+\begin{bmatrix}1\\3\\-1\end{bmatrix}x_3\right)=[-5\quad 3\quad 4]\cdot\begin{bmatrix}6\\9\\4\end{bmatrix},$$

化简后，得

$$13x_1=13,\ x_1=1,$$

同理可知 $x_2=2$，$x_3=3$，因此方程的解为

$$x_1=1,\ x_2=2,\ x_3=3。$$

不言而喻，上述解法轻快简洁，应该推广。可是，麻烦来了，当要寻求与

3 个或更多向量同时正交的向量时，已无像向量积这样的“法宝”可供祭用！不过，让我们回头再来看看，向量积 $\boldsymbol{b}\times\boldsymbol{c}$ 为何会同时与向量 $\boldsymbol{b}$ 和 $\boldsymbol{c}$ 正交，也许能有些启示。

已知

$$\boldsymbol{b}\times\boldsymbol{c}=\begin{vmatrix}\boldsymbol{i} & \boldsymbol{j} & \boldsymbol{k}\\ b_1 & b_2 & b_3\\ c_1 & c_2 & c_3\end{vmatrix}=\boldsymbol{i}\begin{vmatrix}b_2 & b_3\\ c_2 & c_3\end{vmatrix}+\boldsymbol{j}\begin{vmatrix}b_3 & b_1\\ c_3 & c_1\end{vmatrix}+\boldsymbol{k}\begin{vmatrix}b_1 & b_2\\ c_1 & c_2\end{vmatrix}。\tag{1-21}$$

注目式（1–21），废寝忘食，不觉灵感忽现，发现两扇窍门：

（1）求向量 $\boldsymbol{b}$ 与向量积 $\boldsymbol{b}\times\boldsymbol{c}$ 的数量积

$$\boldsymbol{b}\cdot(\boldsymbol{b}\times\boldsymbol{c})=b_1\begin{vmatrix}b_2 & b_3\\ c_2 & c_3\end{vmatrix}+b_2\begin{vmatrix}b_3 & b_1\\ c_3 & c_1\end{vmatrix}+b_3\begin{vmatrix}b_1 & b_2\\ c_1 & c_2\end{vmatrix}$$

等价于将等式（1–21）右边的 $\boldsymbol{i}$、$\boldsymbol{j}$ 和 $\boldsymbol{k}$ 分别改换成 b_1、b_2 和 b_3。若用向量 $\boldsymbol{c}$ 求数量积，也有类似的结果。

（2）将等式（1–21）右边的 $\boldsymbol{i}$、$\boldsymbol{j}$ 和 $\boldsymbol{k}$ 改换成 b_1、b_2 和 b_3，等同于将行列式的第 1 行分别改变为 b_1、b_2 和 b_3。由此，有

$$\boldsymbol{b}\cdot(\boldsymbol{b}\times\boldsymbol{c})=\begin{vmatrix}b_1 & b_2 & b_3\\ b_1 & b_2 & b_3\\ c_1 & c_2 & c_3\end{vmatrix}=b_1\begin{vmatrix}b_2 & b_3\\ c_2 & c_3\end{vmatrix}+b_2\begin{vmatrix}b_3 & b_1\\ c_3 & c_1\end{vmatrix}+b_3\begin{vmatrix}b_1 & b_2\\ c_1 & c_2\end{vmatrix}=0。$$

打开了上述两扇窍门，大家可能已经看出，借助行列式的拉普拉斯展开式，向量积 $\boldsymbol{b}\times\boldsymbol{c}$ 会与 $\boldsymbol{b}$ 和 $\boldsymbol{c}$ 同时正交的原因，且可推广至任意多的向量，为此，先复习一下行列式的展开式。

设有 n 阶行列式

$$D_n=\begin{vmatrix}a_{11} & a_{12} & \cdots & a_{1n}\\ a_{21} & a_{22} & \cdots & a_{2n}\\ \vdots & \vdots & & \vdots\\ a_{n1} & a_{n2} & \cdots & a_{nn}\end{vmatrix}=\begin{vmatrix}\boldsymbol{a}_1 & \boldsymbol{a}_2 & \cdots & \boldsymbol{a}_n\end{vmatrix},\tag{1-22}$$

式（1–22）中，$\boldsymbol{a}_j$（$j=1，2，\cdots，n$）表示由 D_n 第 j 列元素组成的列向量。将 D_n 沿第 1 列展开，有

$$D_n=a_{11}A_{11}+a_{21}A_{21}+\cdots+a_{i1}A_{i1}+\cdots+a_{n1}A_{n1}。$$

式中，A_{i1}（$i=1，2，\cdots，n$）代表元素 a_{i1} 的代数余子式。

到此关键时刻，劳读者猜想一下，眼前的和式

$$D=a_{1j}A_{11}+a_{2j}A_{21}+\cdots+a_{ij}A_{i1}+\cdots+a_{nj}A_{n1}\tag{1-23}$$

等于多少？式（1–23）中，$j=2，3，\cdots，n$。全等于零，不信的话，请把式

（1–23）还原成行列式，其中必有两列相同。

式（1–23）含义深远，如将 $\boldsymbol{a}_j=\begin{bmatrix}a_{1j} & a_{2j} & \cdots & a_{nj}\end{bmatrix}$ 和 $\boldsymbol{A}_1=\begin{bmatrix}A_{11} & A_{21} & \cdots & A_{n1}\end{bmatrix}$，$(j=2，3，\cdots，n)$ 都视作 n 维向量，则根据式（1–23）可知，两者的数量积

$$\boldsymbol{A}_1\cdot\boldsymbol{a}_j=0，\ (j=2，3，\cdots，n)。\tag{1–24}$$

这就表明：向量 $\boldsymbol{A}_1$ 同时与 $(n-1)$ 个向量 $\boldsymbol{a}_j$ 正交。看到此处，能不高兴！特举例如下。

例 1.15 试求解下列方程组

$$\begin{cases}x_1+x_2+x_3+x_4=5,\\x_1-x_2-2x_3+3x_4=7,\\2x_1+3x_2-x_3+2x_4=3,\\3x_1-2x_2+2x_3-x_4=6。\end{cases}\tag{1–25}$$

解 第 1 步，先写下方程组的系数行列式，记作 D，即

$$D=\begin{vmatrix}1 & 1 & 1 & 1\\1 & -1 & -2 & 3\\2 & 3 & -1 & 2\\3 & -2 & 2 & -1\end{vmatrix},$$

并据此求出其第 1 列各元素的代数余子式，分别为

$$A_{11}=\begin{vmatrix}-1 & -2 & 3\\3 & -1 & 2\\-2 & 2 & -1\end{vmatrix},\ A_{21}=-\begin{vmatrix}1 & 1 & 1\\3 & -1 & 2\\-2 & 2 & -1\end{vmatrix},\ A_{31}=\begin{vmatrix}1 & 1 & 1\\-1 & -2 & 3\\-2 & 2 & -1\end{vmatrix},\ A_{41}=-\begin{vmatrix}1 & 1 & 1\\-1 & -2 & 3\\3 & -1 & 2\end{vmatrix},$$

再用它组成一个四维的行向量

$$\boldsymbol{A}_1=\begin{bmatrix}A_{11} & A_{21} & A_{31} & A_{41}\end{bmatrix}。\tag{1–26}$$

第 2 步，将方程组改写成列向量表示式，即

$$\begin{bmatrix}1\\1\\2\\3\end{bmatrix}x_1+\begin{bmatrix}1\\-1\\3\\-2\end{bmatrix}x_2+\begin{bmatrix}1\\-2\\-1\\2\end{bmatrix}x_3+\begin{bmatrix}1\\3\\2\\-1\end{bmatrix}x_4=\begin{bmatrix}5\\7\\3\\6\end{bmatrix},\tag{1–27}$$

或简记为

$$\boldsymbol{a}_1x_1+\boldsymbol{a}_2x_2+\boldsymbol{a}_3x_3+\boldsymbol{a}_4x_4=\boldsymbol{b}。\tag{1–28}$$

第 3 步，求向量 $\boldsymbol{A}_1$ 同方程组（1–28）的数量积，有

$$\boldsymbol{A}_1\cdot(\boldsymbol{a}_1x_1+\boldsymbol{a}_2x_2+\boldsymbol{a}_3x_3+\boldsymbol{a}_4x_4)=\boldsymbol{A}_1\cdot\boldsymbol{b}。$$

根据等式（1–24），上式化为

$$\boldsymbol{A}_1\cdot\boldsymbol{a}_1x_1=\boldsymbol{A}_1\cdot\boldsymbol{b},$$

而其行列式表示式为

$$\begin{vmatrix} 1 & 1 & 1 & 1 \\ 1 & -1 & -2 & 3 \\ 2 & 3 & -1 & 2 \\ 3 & -2 & 2 & -1 \end{vmatrix} x_1 = \begin{vmatrix} 5 & 1 & 1 & 1 \\ 7 & -1 & -2 & 3 \\ 3 & 3 & -1 & 2 \\ 6 & -2 & 2 & -1 \end{vmatrix}。$$

上式等号右边的行列式实际就是将系数行列式 D 的第 1 列 $\boldsymbol{a}_1$ 换成 $\boldsymbol{b}$ 的结果，简记为 D_1，则得

$$x_1 = \frac{D_1}{D} = \frac{68}{68} = 1。$$

同理可得

$$x_2 = \frac{D_2}{D} = -1，\ x_3 = \frac{D_3}{D} = 2，\ x_4 = \frac{D_4}{D} = 3。$$

式中，D_2、D_3 和 D_4 分别是把 D 的第 2、第 3 和第 4 列的 $\boldsymbol{a}_2$、$\boldsymbol{a}_3$ 和 $\boldsymbol{a}_4$ 代换为 $\boldsymbol{b}$ 的结果。

题解完后有必要再次强调一下，任何行列式本身都是数。例如，将向量 $\boldsymbol{A}_1$ 中的分量 A_{11}，A_{21}，A_{31} 和 A_{41} 算出来之后就是

$$\boldsymbol{A}_1 = [17 \quad 0 \quad -17 \quad -17] = 17[1 \quad 0 \quad -1 \quad -1]。$$

至此，大家不妨借助上式直接验算一番等式（1–24），以加深理解，同时再把它的行列式表示式

$$\boldsymbol{A}_1\boldsymbol{a}_2 = \begin{vmatrix} 1 & 1 & 1 & 1 \\ -1 & -1 & -2 & 3 \\ 3 & 3 & -1 & 2 \\ -2 & -2 & 2 & -1 \end{vmatrix}，\ \boldsymbol{A}_1\boldsymbol{a}_3 = \begin{vmatrix} 1 & 1 & 1 & 1 \\ -2 & -1 & -2 & 3 \\ -1 & 3 & -1 & 2 \\ 2 & -2 & 2 & -1 \end{vmatrix}，\ \boldsymbol{A}_1\boldsymbol{a}_4 = \begin{vmatrix} 1 & 1 & 1 & 1 \\ 3 & -1 & -2 & 3 \\ 2 & 3 & -1 & 2 \\ -1 & -2 & 2 & -1 \end{vmatrix}$$

逐一写出，就会看到，其中每个都存在两列完全相同。这正是等式（1–24）成立的原因，也是向量 $\boldsymbol{A}_1$ 能够同时与向量 $\boldsymbol{a}_2$、$\boldsymbol{a}_3$ 和 $\boldsymbol{a}_4$ 正交的依据。

综上所述，线性方程组的规范解法呼之而出，欲问是啥？请看下文。

克拉默法则　含 n 个未知量和方程的线性方程组

$$\begin{cases} a_{11}x_1 + a_{12}x_2 + \cdots + a_{1n}x_n = b_1, \\ a_{21}x_1 + a_{22}x_2 + \cdots + a_{2n}x_n = b_2, \\ \cdots\cdots\cdots\cdots \\ a_{n1}x_1 + a_{n2}x_2 + \cdots + a_{nn}x_n = b_n, \end{cases} \tag{1–29}$$

若其系数行列式

$$D=\begin{vmatrix} a_{11} & a_{12} & \cdots & a_{1n} \\ a_{21} & a_{22} & \cdots & a_{2n} \\ \vdots & \vdots & & \vdots \\ a_{n1} & a_{n2} & \cdots & a_{nn} \end{vmatrix}\neq 0$$

则存在唯一解

$$x_1=\frac{D_1}{D},\ x_2=\frac{D_2}{D},\ \cdots,\ x_n=\frac{D_n}{D}, \tag{1-30}$$

式（1–30）中，D_j（$j=1,\ 2,\ \cdots,\ n$）是把行列式 D 中第 j 列元素换成方程右端的常数项后所得到的行列式。

证明 第 1 步，把方程组改写成列向量表示式

$$\begin{bmatrix} a_{11} \\ a_{21} \\ \vdots \\ a_{n1} \end{bmatrix}x_1+\begin{bmatrix} a_{12} \\ a_{22} \\ \vdots \\ a_{n2} \end{bmatrix}x_2+\cdots+\begin{bmatrix} a_{1j} \\ a_{2j} \\ \vdots \\ a_{nj} \end{bmatrix}x_j+\cdots+\begin{bmatrix} a_{1n} \\ a_{2n} \\ \vdots \\ a_{nn} \end{bmatrix}x_n=\begin{bmatrix} b_1 \\ b_2 \\ \vdots \\ b_n \end{bmatrix}, \tag{1-31}$$

并简记为

$$\boldsymbol{a}_1x_1+\boldsymbol{a}_2x_2+\cdots+\boldsymbol{a}_jx_j+\cdots+\boldsymbol{a}_nx_n=\boldsymbol{b}。 \tag{1-32}$$

第 2 步，不失一般性，设欲求解未知量 x_j，按已有的思路，首先应该找到向量 $\boldsymbol{A}_j$，能同时与向量 $\boldsymbol{a}_1$，$\boldsymbol{a}_2$，$\cdots$，$\boldsymbol{a}_{j-1}$，$\boldsymbol{a}_{j+1}$，$\cdots$，$\boldsymbol{a}_n$ 正交。大家一定会说，这个向量就是

$$\boldsymbol{A}_j=\begin{bmatrix} A_{1j} & A_{2j} & \cdots & A_{nj} \end{bmatrix}。 \tag{1-33}$$

式（1–33）中，A_{ij}（$i=1,\ 2,\ \cdots,\ n$）为行列式 D 第 j 列元素 $\boldsymbol{a}_j$ 的代数余子式。

接下来用向量 $\boldsymbol{A}_j$ 右乘方程（1–31），或说求两者的数量积。计算一点不难，根据等式（1–32），马上就有

$$\boldsymbol{A}_j\cdot\boldsymbol{a}_jx_j=\boldsymbol{A}_j\cdot\boldsymbol{b}, \tag{1-34}$$

即

$$Dx_j=D_j,\ x_j=\frac{D_j}{D},$$

同理可得

$$x_1=\frac{D_1}{D},\ x_2=\frac{D_2}{D},\ \cdots,\ x_{j-1}=\frac{D_{j-1}}{D},\ x_{j+1}=\frac{D_{j+1}}{D},\ \cdots,\ x_n=\frac{D_n}{D}。$$

证完。

例 1.16　同例 1.15，试求未知量 x_2、x_3 和 x_4。

解　根据克拉默法则，直接有

$$x_2=\frac{D_2}{D}=-1,\quad x_3=\frac{D_3}{D}=2,\quad x_4=\frac{D_4}{D}=3,$$

具体的计算留给读者，务希自己动手，以便掌握这种有用的解法。

1.6　习题

1. 计算下列行列式

$$D_1=\begin{vmatrix}1&0&1\\1&-2&3\\-1&4&6\end{vmatrix},\quad D_2=\begin{vmatrix}x&y&z\\y&z&x\\z&x&y\end{vmatrix}。$$

（1）用对角线法则；

（2）用拉普拉斯展开式。

2. 利用行列式性质计算下列行列式

$$D_1=\begin{vmatrix}1&1&1\\2&3&4\\4&9&17\end{vmatrix},\quad D_2=\begin{vmatrix}a&b&a+b\\b&a+b&a\\a+b&a&b\end{vmatrix},$$

并设法予以验证。

3. 证明

$$D_n=\begin{vmatrix}1&2&\cdots&n-1&n\\2&3&\cdots&n&1\\3&4&\cdots&1&2\\\vdots&\vdots&&\vdots&\vdots\\n&1&\cdots&n-2&n-1\end{vmatrix}=(-1)^{\frac{n(n-1)}{2}}\frac{n+1}{2}n^{n-1},$$

并用行列式

$$D_4=\begin{vmatrix}1&2&3&4\\2&3&4&1\\3&4&1&2\\4&1&2&3\end{vmatrix}$$

予以验证。

4. 证明：

（1）$\begin{vmatrix}1&1&1\\x^2&y^2&z^2\\x^4&y^4&z^4\end{vmatrix}=(x^2-z^2)(z^2-y^2)(y^2-x^2)$；

（2）$\begin{vmatrix} x^2 & xy & z^2 \\ 2x & x+y & 2y \\ 1 & 1 & 1 \end{vmatrix} = (x-y)^2$；

（3）$\begin{vmatrix} a & 0 & 0 & 0 & 1 \\ 0 & a & 0 & 0 & 0 \\ 0 & 0 & a & 0 & 0 \\ 0 & 0 & 0 & a & 0 \\ 1 & 0 & 0 & 0 & a \end{vmatrix} = a^3(a^2-1)$；

（3）的一般情况

（4）$\begin{vmatrix} a & & & & 1 \\ & & 0 & & \\ & a & & & \\ & 0 & \ddots & & \\ 1 & & & & a \end{vmatrix} = a^{n-2}(a^2-1)$；

（5）$\begin{vmatrix} x & -1 & 0 & \cdots & 0 & 0 \\ 0 & x & -1 & \cdots & 0 & 0 \\ \vdots & \vdots & \vdots & & \vdots & \vdots \\ 0 & 0 & 0 & \cdots & x & -1 \\ a_0 & a_1 & a_2 & \cdots & a_{n-1} & a_n \end{vmatrix} = a_n x^n + a_{n-1}x^{n-1} + \cdots + a_1 x + a_0$。

5. 试确定下列各行列式之间的关系：

$$D_1 = \begin{vmatrix} a_{11} & a_{12} & \cdots & a_{1n} \\ a_{21} & a_{22} & \cdots & a_{2n} \\ \vdots & \vdots & & \vdots \\ a_{n1} & a_{n2} & \cdots & a_{nn} \end{vmatrix},\quad D_2 = \begin{vmatrix} a_{n1} & a_{n2} & \cdots & a_{nn} \\ \vdots & \vdots & & \vdots \\ a_{21} & a_{22} & \cdots & a_{2n} \\ a_{11} & a_{12} & \cdots & a_{1n} \end{vmatrix},$$

$$D_3 = \begin{vmatrix} a_{1n} & a_{2n} & \cdots & a_{nn} \\ \vdots & \vdots & & \vdots \\ a_{12} & a_{22} & \cdots & a_{n2} \\ a_{11} & a_{21} & \cdots & a_{n1} \end{vmatrix},\quad D_4 = \begin{vmatrix} a_{nn} & \cdots & a_{2n} & a_{1n} \\ \vdots & & \vdots & \vdots \\ a_{n2} & \cdots & a_{22} & a_{12} \\ a_{n1} & \cdots & a_{21} & a_{11} \end{vmatrix}。$$

6. 设有二维向量

$$\boldsymbol{a}_1 = a_{11}\boldsymbol{i} + a_{12}\boldsymbol{j},\quad \boldsymbol{a}_2 = a_{21}\boldsymbol{i} + a_{22}\boldsymbol{j},$$

如图 1–5(a) 所示。现将向量 $\boldsymbol{a}_1$ 顺时针转 90°，得向量 $\boldsymbol{a}_3$，如图 1–5(b) 所示。试求向量 $\boldsymbol{a}_2$ 与 $\boldsymbol{a}_3$ 的数量积 $\boldsymbol{a}_2 \cdot \boldsymbol{a}_3$，说明其几何意义以及同二阶行列式

$$D = \begin{vmatrix} a_{11} & a_{12} \\ a_{21} & a_{22} \end{vmatrix}$$

的关系。

提示：向量 $\boldsymbol{i}$ 或 $\boldsymbol{j}$ 顺时针转 90°分别变为 $-\boldsymbol{j}$ 或 $\boldsymbol{i}$。

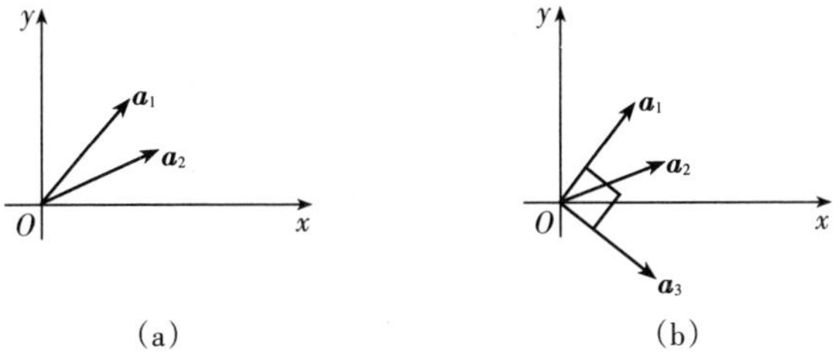

图 1–5

7. 知道行列式的几何意义后，对其性质有何新的认识？请多思考。比如，若行列式的两行或列的元素值非常相近。

8. 已知行列式

$$D=\begin{vmatrix}1&2&-4\\-2&2&1\\3&4&-2\end{vmatrix}=46,$$

试求下列行列式

$$D_1=\begin{vmatrix}1&3&-4\\-2&2&1\\-3&4&2\end{vmatrix},\ D_2=\begin{vmatrix}1&-4&2\\-2&2&1\\-3&4&-2\end{vmatrix}$$

并予以核实。

9. 试用克拉默法则求解方程组

$$\begin{cases}2x_1+x_2-5x_3+x_4=8,\\x_1-3x_2+x_3-6x_4=8,\\2x_2-x_3+2x_4=-5,\\x_1+4x_2-7x_3+6x_4=0。\end{cases}$$

第2章 矩 阵

2.1 概述

设想有一张中国地图，若取首都北京作为坐标原点，则沈阳位于其往东偏北之处，坐标为 $S(3,1)$，S 表示沈阳，单位为 200 千米（近似值），如图 2–1 所示。

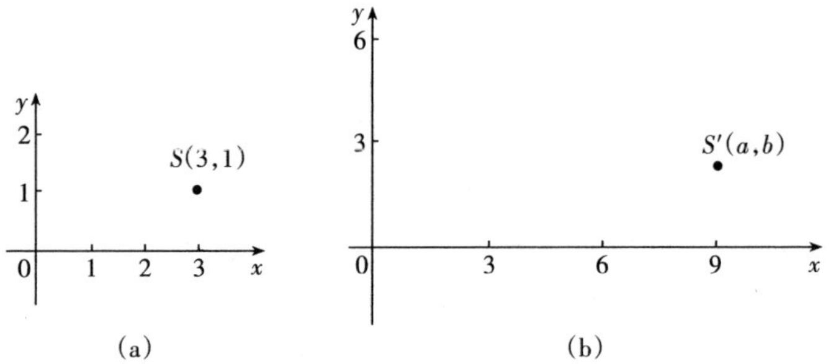

图 2–1

据上所述，让我们一齐来做一道思考题：地图是绘在橡皮上，能伸能缩。现将其以原点为中心沿水平轴拉长 3 倍，沿垂直轴拉长 2 倍，如图 2–1(b) 所示，请回答，地图经拉伸后，点 S' 的坐标应如何计算？在给出答案之前，为避免混淆，现将图 2–1(a) 和(b) 并在一起，如图 2–2 所示。在此情况下，同点 $S(3,1)$ 对比，只能取点 S' 的坐标为（9，2），而默认地图虽然经过拉伸，但坐标的尺度不受影响，仍如图 2–1(a) 所示。

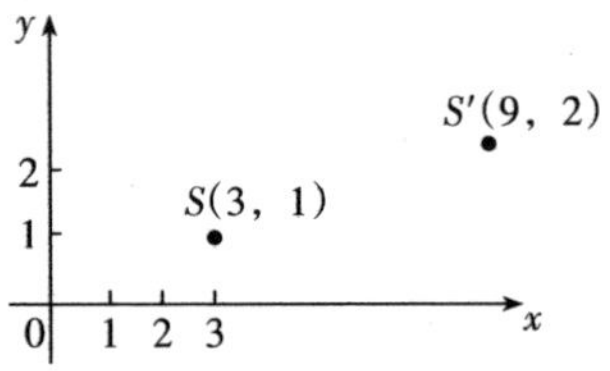

图 2–2

综上所述，一个新的问题发生了：知道了点 S 的坐标，如何计算点 S' 的坐标。就比例而言，问题简单，既然地图是沿横向拉伸 3 倍，纵向 2 倍，自然点 S' 的 x 坐标与 y 坐标相应是点 S 的 3 倍与 2 倍。可是，遇到复杂的情况，这种扳指头的办法，显然无能为力，于是数学家就请矩阵出山了。

2.2　矩阵

什么是矩阵？其实在第 1 章已经见过了，而今明确定义如下。

定义 2.1　由 $m\times n$ 个数 a_{ij}（$i=1, 2, \cdots, m$；$j=1, 2, \cdots, n$）排成的状如矩形的数表

$$\begin{bmatrix} a_{11} & a_{12} & \cdots & a_{1n} \\ a_{21} & a_{22} & \cdots & a_{2n} \\ \vdots & \vdots & & \vdots \\ a_{m1} & a_{m2} & \cdots & a_{mn} \end{bmatrix} \tag{2-1}$$

称为 m 行 n 列矩阵，a_{ij} 称为矩阵的（i，j）元素或元。当 $m=n$ 时，矩阵常称为方阵。为便于和行列式区别，在矩阵两旁常加以方括号。

2.2.1　几类特殊矩阵

（1）零矩阵。所有的元素全为零的矩阵，记作 $\boldsymbol{O}$，以下将简写其为 $\boldsymbol{A}_0$，即 $\boldsymbol{A}_0=\boldsymbol{O}$。

（2）单位矩阵。主对角线上的元素全是 1，余下全是零的方阵，记作 $\boldsymbol{E}$。若要指明其阶数（行数或列数）为 n 时，常记作 $\boldsymbol{E}_n$。

（3）对称矩阵。若 $\boldsymbol{A}$ 为方阵，且 $a_{ij}=a_{ji}$，则称为对称矩阵。此时有

$$\boldsymbol{A}=\begin{bmatrix} a_{11} & a_{12} & \cdots & a_{1n} \\ a_{21} & a_{22} & \cdots & a_{2n} \\ \vdots & \vdots & & \vdots \\ a_{n1} & a_{n2} & \cdots & a_{nn} \end{bmatrix}=\begin{bmatrix} a_{11} & a_{21} & \cdots & a_{n1} \\ a_{12} & a_{22} & \cdots & a_{n2} \\ \vdots & \vdots & & \vdots \\ a_{1n} & a_{2n} & \cdots & a_{nn} \end{bmatrix}=\boldsymbol{A}^{\mathrm{T}}。\tag{2-2}$$

式（2-2）中，$\boldsymbol{A}^{\mathrm{T}}$ 称为 $\boldsymbol{A}$ 的共轭矩阵。显然，共轭是相互的，即 $(\boldsymbol{A}^{\mathrm{T}})^{\mathrm{T}}=\boldsymbol{A}$。

（4）对角矩阵。若 $\boldsymbol{A}$ 是方阵，且当 $i\neq j$ 时，$a_{ij}=0$，则称为对角矩阵。

（5）逆矩阵。设 $\boldsymbol{A}$ 为方阵，$\boldsymbol{B}$ 为另一方阵，且

$$\boldsymbol{AB}=\boldsymbol{BA}=\boldsymbol{E} \tag{2-3}$$

成立，则称 $\boldsymbol{B}$ 是 $\boldsymbol{A}$ 的逆矩阵，记作 $\boldsymbol{A}^{-1}$。易知，$\boldsymbol{A}$ 与 $\boldsymbol{B}$ 互为逆矩阵，同阶并唯一。

例 2.1 下列两个矩阵

$$\boldsymbol{A}=\begin{bmatrix}1 & 1\\0 & 1\end{bmatrix},\ \boldsymbol{B}=\begin{bmatrix}1 & -1\\0 & 1\end{bmatrix}$$

互为逆矩阵。

（6）正交矩阵。设 $\boldsymbol{A}$ 为方阵，且

$$\boldsymbol{A}\boldsymbol{A}^{\mathrm{T}}=\boldsymbol{A}^{\mathrm{T}}\boldsymbol{A}=\boldsymbol{E}, \tag{2-4}$$

则称 $\boldsymbol{A}$ 为正交矩阵。将式（2–4）与式（2–3）对比，可见，矩阵 $\boldsymbol{A}$ 为正交矩阵等价于其逆矩阵等于其转置矩阵，即

$$\boldsymbol{A}^{-1}=\boldsymbol{A}^{\mathrm{T}}。 \tag{2-5}$$

例 2.2 已知矩阵

$$\boldsymbol{A}=\begin{bmatrix}\dfrac{1}{2} & -\dfrac{\sqrt{3}}{2}\\[2ex] \dfrac{\sqrt{3}}{2} & \dfrac{1}{2}\end{bmatrix}, \tag{2-6}$$

试求 $\boldsymbol{A}^{-1}$ 和 $\boldsymbol{A}^{\mathrm{T}}$，并证实其为正交矩阵。

解 设 $\boldsymbol{A}$ 的逆矩阵

$$\boldsymbol{A}^{-1}=\begin{bmatrix}a_1 & a_2\\a_3 & a_4\end{bmatrix},$$

则根据逆矩阵定义即式（2–3），有

$$\frac{1}{2}a_1-\frac{\sqrt{3}}{2}a_3=1,\ \frac{\sqrt{3}}{2}a_1+\frac{1}{2}a_3=0,$$

$$\frac{1}{2}a_2-\frac{\sqrt{3}}{2}a_4=0,\ \frac{\sqrt{3}}{2}a_2+\frac{1}{2}a_4=1,$$

由此得

$$a_1=\frac{1}{2},\ a_2=\frac{\sqrt{3}}{2},\ a_3=-\frac{\sqrt{3}}{2},\ a_4=\frac{1}{2},$$

即

$$\boldsymbol{A}^{-1}=\begin{bmatrix}\dfrac{1}{2} & \dfrac{\sqrt{3}}{2}\\[2ex] -\dfrac{\sqrt{3}}{2} & \dfrac{1}{2}\end{bmatrix}。 \tag{2-7}$$

将矩阵 $\boldsymbol{A}^{-1}$ 与 $\boldsymbol{A}$ 对比，显见

$$\boldsymbol{A}^{-1}=\boldsymbol{A}^{\mathrm{T}}。$$

上式表明：矩阵 $\boldsymbol{A}$ 是正交矩阵。至于证实，务希初学者亲自动手，以免错失锻炼的机会。

看到本例的结果，作者便陷入沉思：

（1）用三角函数表示矩阵 $\boldsymbol{A}$，有

$$\boldsymbol{A}=\begin{bmatrix}\dfrac{1}{2} & -\dfrac{\sqrt{3}}{2}\\ \dfrac{\sqrt{3}}{2} & \dfrac{1}{2}\end{bmatrix}=\begin{bmatrix}\cos 60^\circ & -\sin 60^\circ\\ \sin 60^\circ & \cos 60^\circ\end{bmatrix}。\tag{2-8}$$

请问，上面的矩阵有何实际意义？它具有非常丰富的几何意义，如下所述。

（2）先复习一下复数的指数式，设有复数

$$z_1=a_1+a_2\mathrm{i}=r\mathrm{e}^{\mathrm{i}\theta},\ z_2=r^{\mathrm{i}(\theta+60^\circ)},$$

如图 2–3 所示。从上式可知

$$\begin{aligned}z_2&=z_1\mathrm{e}^{\mathrm{i}60^\circ}=(a_1+a_2\mathrm{i})(\cos 60^\circ+\mathrm{i}\sin 60^\circ)\\&=a_1\cos 60^\circ-a_2\sin 60^\circ+\mathrm{i}(a_1\sin 60^\circ+a_2\cos 60^\circ)。\end{aligned}\tag{2-9}$$

（3）现在将式（2–8）中矩阵 $\boldsymbol{A}$ 作用于列向量

$$\boldsymbol{a}=a_1\boldsymbol{i}+a_2\boldsymbol{j},$$

有

$$\begin{aligned}\boldsymbol{Aa}&=\begin{bmatrix}\dfrac{1}{2} & -\dfrac{\sqrt{3}}{2}\\ \dfrac{\sqrt{3}}{2} & \dfrac{1}{2}\end{bmatrix}\begin{bmatrix}a_1\\ a_2\end{bmatrix}=\begin{bmatrix}\cos 60^\circ & -\sin 60^\circ\\ \sin 60^\circ & \cos 60^\circ\end{bmatrix}\begin{bmatrix}a_1\\ a_2\end{bmatrix}\\&=\begin{bmatrix}a_1\cos 60^\circ-a_2\sin 60^\circ & a_1\sin 60^\circ+a_2\cos 60^\circ\end{bmatrix}^{\mathrm{T}}。\end{aligned}\tag{2-10}$$

把得到的结果画在图 2–3 上，惊奇地发现，$\boldsymbol{Aa}$ 同 z_2 完全重合，对比两等式（2–9）同式（2–10）也完全一样！因此 $z_2=\boldsymbol{Aa}$。

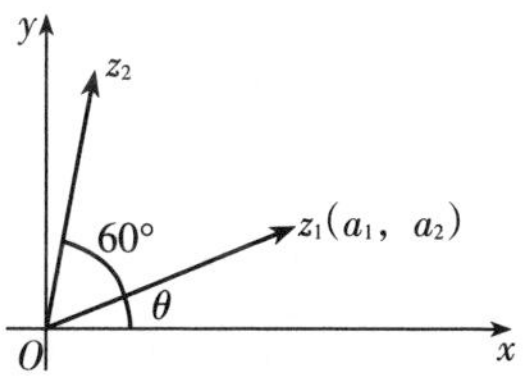

图 2–3

根据上述结果，沉思之后悟出来的第 1 个道理如下：任何二阶矩阵所起的作用对于一个列向量而言，就是将其在坐标平面上旋转一个角度，并予以拉伸或压缩。此例的矩阵 $\boldsymbol{A}$ 只将向量 z_1 逆时针旋转了 60°，并无伸缩。

再说悟出的第 2 个道理，逆矩阵 $\boldsymbol{A}^{-1}$ 所起的作用恰好与矩阵 $\boldsymbol{A}$ 相反，就是把经 $\boldsymbol{A}$ 变换过的向量，此例为 z_1 变换成了 z_2，再变换回去，即把 z_2 还原成 z_1，为排除疑虑，下面予以核实。从等式（2–7）可知

$$\boldsymbol{A}^{-1}=\begin{bmatrix}\dfrac{1}{2} & \dfrac{\sqrt{3}}{2}\\ -\dfrac{\sqrt{3}}{2} & \dfrac{1}{2}\end{bmatrix}=\begin{bmatrix}\cos 60^\circ & \sin 60^\circ\\ -\sin 60^\circ & \cos 60^\circ\end{bmatrix},$$

据此并参见等式（2–10），有

$$\begin{aligned}A^{-1}z_2&=\begin{bmatrix}\cos 60^\circ & \sin 60^\circ\\ -\sin 60^\circ & \cos 60^\circ\end{bmatrix}z_2\\&=\begin{bmatrix}\cos 60^\circ & \sin 60^\circ\\ -\sin 60^\circ & \cos 60^\circ\end{bmatrix}\begin{bmatrix}a_1\cos 60^\circ-a_2\sin 60^\circ & a_1\sin 60^\circ+a_2\cos 60^\circ\end{bmatrix}^{\mathrm T}\\&=\big[a_1\cos^2 60^\circ-a_2\cos 60^\circ\sin 60^\circ+a_1\sin^2 60^\circ+a_2\cos 60^\circ\sin 60^\circ\\&\quad -a_1\cos 60^\circ\sin 60^\circ+a_2\sin^2 60^\circ+a_1\cos 60^\circ\sin 60^\circ+a_2\cos^2 60^\circ\big]^{\mathrm T}\\&=\begin{bmatrix}a_1 & a_2\end{bmatrix}^{\mathrm T}=\boldsymbol{a}=z_1\text{。}\end{aligned}$$

第 2 个道理的核实尽管完成了，但作者惭愧，走了弯路。实际上，借助等式

$$\boldsymbol{A}^{-1}\boldsymbol{A}z_1=z_1$$

一目了然：逆矩阵 $\boldsymbol{A}^{-1}$ 与矩阵 $\boldsymbol{A}$ 所起的作用正好相反。

希望读者不要因本书走了弯路，轻视矩阵 $\boldsymbol{A}$ 的几何意义：将向量或复数旋转一个角度，并予以拉伸或压缩。不论 $\boldsymbol{A}$ 是多少阶的矩阵，这种说法永远成立。

再说悟出来的第 3 个道理。本例中的矩阵 $\boldsymbol{A}$ 同其逆矩阵 $\boldsymbol{A}^{-1}$ 的积

$$\boldsymbol{A}\boldsymbol{A}^{-1}=\begin{bmatrix}\frac{1}{2} & -\frac{\sqrt{3}}{2}\\ \frac{\sqrt{3}}{2} & \frac{1}{2}\end{bmatrix}\begin{bmatrix}\frac{1}{2} & \frac{\sqrt{3}}{2}\\ -\frac{\sqrt{3}}{2} & \frac{1}{2}\end{bmatrix}=\begin{bmatrix}1 & 0\\ 0 & 1\end{bmatrix}\text{。}\qquad(2\text{–}11)$$

再看另一矩阵 $\boldsymbol{B}$ 同其逆矩阵 $\boldsymbol{B}^{-1}$ 的积

$$\boldsymbol{B}\boldsymbol{B}^{-1}=\begin{bmatrix}1 & 1\\ 0 & 1\end{bmatrix}\begin{bmatrix}1 & -1\\ 0 & 1\end{bmatrix}=\begin{bmatrix}1 & 0\\ 0 & 1\end{bmatrix}\text{。}\qquad(2\text{–}12)$$

请比较等式（2–11）与式（2–12），为什么前者的矩阵 $\boldsymbol{A}$ 称为正交矩阵，而后者矩阵 $\boldsymbol{B}$ 却不是？因为前者

$$\boldsymbol{A}^{-1}=\boldsymbol{A}^{\mathrm T}=\begin{bmatrix}\frac{1}{2} & \frac{\sqrt{3}}{2}\\ -\frac{\sqrt{3}}{2} & \frac{1}{2}\end{bmatrix}$$

可以认为：$\boldsymbol{A}$ 是由两个行向量

$$\boldsymbol{a}_1=\left[\frac{1}{2},\ -\frac{\sqrt{3}}{2}\right],\ \boldsymbol{a}_2=\left[\frac{\sqrt{3}}{2},\ \frac{1}{2}\right]$$

或两个列向量

$$\boldsymbol{a}_3=\left[\frac{1}{2},\ \frac{\sqrt{3}}{2}\right]^{\mathrm T},\ \boldsymbol{a}_4=\left[-\frac{\sqrt{3}}{2},\ \frac{1}{2}\right]^{\mathrm T}$$

组成的，且具有如下性质：

（1）都是单位向量：

$$|\boldsymbol{a}_1|^2=\left(\frac{1}{2}\right)^2+\left(-\frac{\sqrt{3}}{2}\right)^2=1,\ |\boldsymbol{a}_2|^2=\left(\frac{\sqrt{3}}{2}\right)^2+\left(\frac{1}{2}\right)^2=1,$$
$$|\boldsymbol{a}_3|^2=\left(\frac{1}{2}\right)^2+\left(\frac{\sqrt{3}}{2}\right)^2=1,\ |\boldsymbol{a}_4|^2=\left(-\frac{\sqrt{3}}{2}\right)^2+\left(\frac{1}{2}\right)^2=1; \tag{2-13}$$

（2）相互正交：

$$\boldsymbol{a}_1\cdot\boldsymbol{a}_2=\left(\frac{1}{2}\boldsymbol{i}-\frac{\sqrt{3}}{2}\boldsymbol{j}\right)\cdot\left(\frac{\sqrt{3}}{2}\boldsymbol{i}+\frac{1}{2}\boldsymbol{j}\right)=0,$$
$$\boldsymbol{a}_3\cdot\boldsymbol{a}_4=\left(\frac{1}{2}\boldsymbol{i}+\frac{\sqrt{3}}{2}\boldsymbol{j}\right)\cdot\left(-\frac{\sqrt{3}}{2}\boldsymbol{i}+\frac{1}{2}\boldsymbol{j}\right)=0。 \tag{2-14}$$

据上所述，不难判定：矩阵 $\boldsymbol{A}$ 若具有上列两条性质，就是正交矩阵。换句话说，上列等式同等式

$$\boldsymbol{A}^{-1}=\boldsymbol{A}^{\mathrm{T}}$$

完全等价，且此结论适用于任何阶矩阵。

例 2.3 设有矩阵

$$\boldsymbol{A}=\begin{bmatrix}\frac{1}{\sqrt{2}} & 0 & \frac{1}{\sqrt{2}}\\ 0 & 1 & 0\\ -\frac{1}{\sqrt{2}} & 0 & \frac{1}{\sqrt{2}}\end{bmatrix},$$

试证实其为正交矩阵。

解 1 不难看出，此时有

$$\boldsymbol{A}^{-1}=\begin{bmatrix}\frac{1}{\sqrt{2}} & 0 & -\frac{1}{\sqrt{2}}\\ 0 & 1 & 0\\ \frac{1}{\sqrt{2}} & 0 & \frac{1}{\sqrt{2}}\end{bmatrix}=\boldsymbol{A}^{\mathrm{T}},$$

根据定义，$\boldsymbol{A}$ 是正交矩阵。

解 2 易知矩阵 $\boldsymbol{A}$ 的 3 个行向量分别是

$$\boldsymbol{a}_1=\left[\frac{1}{\sqrt{2}},\ 0,\ \frac{1}{\sqrt{2}}\right],\ \boldsymbol{a}_2=[0,\ 1,\ 0],\ \boldsymbol{a}_3=\left[-\frac{1}{\sqrt{2}},\ 0,\ \frac{1}{\sqrt{2}}\right],$$

第一，它们都是单位向量：

$$|\boldsymbol{a}_1|^2=\left(\frac{1}{\sqrt{2}}\right)^2+\left(\frac{1}{\sqrt{2}}\right)^2=1,\ |\boldsymbol{a}_2|^2=1^2=1,\ |\boldsymbol{a}_3|^2=\left(-\frac{1}{\sqrt{2}}\right)^2+\left(\frac{1}{\sqrt{2}}\right)^2=1;$$

第二，它们相互正交：

$$\boldsymbol{a}_1\cdot\boldsymbol{a}_2=\left[\frac{1}{\sqrt{2}}\boldsymbol{i}+\frac{1}{\sqrt{2}}\boldsymbol{k}\right]\cdot\boldsymbol{j}=0,$$

$$\boldsymbol{a}_1\cdot\boldsymbol{a}_3=\left[\frac{1}{\sqrt{2}}\boldsymbol{i}+\frac{1}{\sqrt{2}}\boldsymbol{k}\right]\cdot\left[-\frac{1}{\sqrt{2}}\boldsymbol{i}+\frac{1}{\sqrt{2}}\boldsymbol{k}\right]=0,$$

$$\boldsymbol{a}_2\cdot a_3=\boldsymbol{j}\cdot\left[-\frac{1}{\sqrt{2}}\boldsymbol{i}+\frac{1}{\sqrt{2}}\boldsymbol{k}\right]=0。$$

根据上述结果显然可以判定矩阵 $\boldsymbol{A}$ 为正交矩阵。

现在书归正传，本章开始时，谈到经地图拉伸后，沈阳的坐标 $S(3,1)$ 如何表述？如今掌握了矩阵，易知沈阳的新坐标为

$$S'(9,2)=\begin{bmatrix}3&0\\0&2\end{bmatrix}\begin{bmatrix}3\\1\end{bmatrix}。$$

可见，借助矩阵解决类似的问题可谓易如反掌。

2.2.2 矩阵的运算

矩阵的运算是指其相加、相减和相乘的法则，矩阵没有除法，但有逆矩阵。事实上，这些全都用过了，不再重复，只举一个例子，用以说明矩阵乘法的原由。

例 2.4 设有线性方程组

$$\begin{cases}a_1x+a_2y=c_1,\\a_3x+a_4y=c_2,\end{cases}\tag{2-15}$$

试求经变量变换

$$\begin{cases}x=b_1u+b_2v,\\y=b_3u+b_4v\end{cases}\tag{2-16}$$

后的表达式。

解 将式（2-16）中的变量代入方程（2-15），得

$$a_1(b_1u+b_2v)+a_2(b_3u+b_4v)=c_1,$$

$$a_3(b_1u+b_2v)+a_4(b_3u+b_4v)=c_2,$$

归并同类项后，得

$$(a_1b_1+a_2b_3)u+(a_1b_2+a_2b_4)v=c_1,$$

$$(a_3b_1+a_4b_3)u+(a_3b_2+a_4b_4)v=c_2。$$

因为我们的目的在于，说清楚矩阵乘法的由来，将以上联立方程简化为矩阵表示式，有

$$\begin{bmatrix} a_1 & a_2 \\ a_3 & a_4 \end{bmatrix}\begin{bmatrix} b_1 & b_2 \\ b_3 & b_4 \end{bmatrix}\begin{bmatrix} u \\ v \end{bmatrix}=\begin{bmatrix} c_1 \\ c_2 \end{bmatrix}。$$

请读者将上列两组方程仔细对比并直接演算一遍，就会清楚矩阵乘法的缘由。

2.3 向量组的线性相关性

本节主要讲向量组的内在关系，具体地说，就是线性关系。本不难理解，但初学者往往歧义丛生。为此，特请读者先思考一些实例。

例 2.5 大家未必读过，但一定知道《百家姓》，上面记述了数以百计的姓氏，“赵钱孙李，周吴郑王……”，没有重复，用数学术语来概括，“百家姓”这本书线性无关。

再看“张家的长子，有一把弓”，这句话 9 个字，无一相同，是不是线性无关？数学老师摇头说，不是。因为其中

弓 + 长 = 张。

读者如果对此例心有灵犀的话，拿下“线性相关”与“线性无关”，当不在话下。

例 2.6 参阅普通物理学，其中谈到：可见光红、橙、黄、绿、蓝、靛、紫 7 种颜色都可用红、黄、蓝 3 种颜色按不同比例调配而成。

针对例 2.6，数学家说，红、橙、黄、绿、蓝、靛、紫 7 色是线性相关的，而红、黄、蓝 3 色是线性独立的。讲完后，问台下的学生，希望他（她）们发表意见，谈点对线性相关的看法。

学生甲说：红、黄、蓝、绿、紫 5 种颜色是线性相关的。

学生乙说：从红、橙、黄、绿、蓝、靛、紫 7 种颜色中任选 4 种都是线性相关的。

学生丙说：氢和氧是线性独立的，而氢、氧和水三者却是线性相关的。

听完之后，数学家一一作了点评，但要听明白其中的道理，还得从头开始。

2.3.1 几个定义

定义 2.2 设有向量组 $\boldsymbol{A}$：$\boldsymbol{a}_1$，$\boldsymbol{a}_2$，…，$\boldsymbol{a}_n$，则表达式

$$k_1\boldsymbol{a}_1+k_2\boldsymbol{a}_2+\cdots+k_n\boldsymbol{a}_n=\boldsymbol{b}$$

左边称为组 $\boldsymbol{A}$ 的一个线性组合。式中，k_1，k_2，…，k_n 为任何一组实数，称为

上述组合的系数；右边的向量 $\boldsymbol{b}$ 称为能由向量组 $\boldsymbol{A}$ 线性表示，或简称 $\boldsymbol{A}$ 的线性组合。

例 2.7 设有向量组

$$\boldsymbol{A}:\ \boldsymbol{a}_1=\begin{bmatrix}1\\2\\3\end{bmatrix},\ \boldsymbol{a}_2=\begin{bmatrix}-3\\0\\4\end{bmatrix},\ \boldsymbol{a}_3=\begin{bmatrix}2\\-1\\-2\end{bmatrix},$$

则表达式

$$2\boldsymbol{a}_1+\boldsymbol{a}_2-3\boldsymbol{a}_3=2\begin{bmatrix}1\\2\\3\end{bmatrix}+\begin{bmatrix}-3\\0\\4\end{bmatrix}-3\begin{bmatrix}2\\-1\\-2\end{bmatrix}=\begin{bmatrix}-7\\7\\16\end{bmatrix}$$

左边为 $\boldsymbol{A}$ 的一个线性组合，右边的向量（-7，7，16）称能由向量组 $\boldsymbol{A}$ 线性表示，或 $\boldsymbol{A}$ 的一个线性组合

定义 2.3 设有向量组 $\boldsymbol{A}$：$\boldsymbol{a}_1$，$\boldsymbol{a}_2$，…，$\boldsymbol{a}_n$，则其全部线性组合称为由向量组 $\boldsymbol{A}$ 张成的空间。

例 2.8 由单位向量 $\boldsymbol{i}$、$\boldsymbol{j}$ 和 $\boldsymbol{k}$ 张成的空间就是大家熟知的三维欧氏空间。

需要说明，在我们写出一个向量时，已经默认了它所在的空间。本书用 Ω_n 表明 n 维空间。

在这里给读者留一个作业，试证明例 2.7 中的向量组 $\boldsymbol{A}$ 所张成的空间也是 3 维欧氏空间。提示：$\boldsymbol{A}$ 的任一线性组合都能用 $\boldsymbol{i}$、$\boldsymbol{j}$ 和 $\boldsymbol{k}$ 线性表示。

定义 2.4 设有向量组 $\boldsymbol{A}$：$\boldsymbol{a}_1$，$\boldsymbol{a}_2$，…，$\boldsymbol{a}_n$，若其张成的空间 Ω_m 维数等于 $m\leqslant n$，则称向量组的秩为 m。

例 2.9 由 $\boldsymbol{i}$、$\boldsymbol{j}$ 和 $\boldsymbol{k}$ 3 个单位向量所组成的向量组 $\boldsymbol{A}$，其张成的欧氏空间维数等于 3，因此向量组 $\boldsymbol{A}$ 的秩为 3。

例 2.10 试确定向量组

$$\boldsymbol{A}:\ \boldsymbol{a}_1=\begin{bmatrix}3\\2\\4\end{bmatrix},\ \boldsymbol{a}_2=\begin{bmatrix}1\\0\\-1\end{bmatrix},\ \boldsymbol{a}_3=\begin{bmatrix}5\\2\\2\end{bmatrix}$$

的秩。

解 首先，向量组 $\boldsymbol{A}$ 只含 3 个向量，1 个向量代表 1 维。因此，向量组 $\boldsymbol{A}$ 所能张成的空间不会超过向量组 $\boldsymbol{A}$ 中向量的维数，其维数最多等于 3。

其次，设向量组 $\boldsymbol{A}$ 所张成的空间其维数等于 3，这就意味着空间中的任一向量 $\boldsymbol{a}$ 都可用 $\boldsymbol{A}$ 中的 3 个向量 $\boldsymbol{a}_1$，$\boldsymbol{a}_2$ 和 $\boldsymbol{a}_3$ 线性表示。现在就选择一个最简单的向量——单位向量 $\boldsymbol{i}=[1,\ 0,\ 0]^{\mathrm{T}}$。看能否用向量组线性表示。若能表示，则应有

$$k_1\boldsymbol{a}_1+k_2\boldsymbol{a}_2+k_3\boldsymbol{a}_3=k_1\begin{bmatrix}3\\2\\4\end{bmatrix}+k_2\begin{bmatrix}1\\0\\-1\end{bmatrix}+k_3\begin{bmatrix}5\\2\\2\end{bmatrix}=\begin{bmatrix}1\\0\\0\end{bmatrix}。$$

式中，k_1、k_2和k_3是待定系数。这等价于如下线性方程组

$$\begin{cases}3k_1+k_2+5k_3=1,\\2k_1\qquad+2k_3=0,\\4k_1-k_2+2k_3=0\end{cases}$$

有解。可惜，上列方程组无解！原因读者心中有数，不需作者饶舌。

更有甚者，向量组连单位向量$\boldsymbol{j}=[0,\ 1,\ 0]$、$\boldsymbol{k}=[0,\ 0,\ 1]$也不能线性表示！问题自然产生了，这究竟是什么道理？向量组$\boldsymbol{A}$既然张不成三维空间，那它张成的空间在哪里？请给个说法。

端详向量组$\boldsymbol{A}$中的3个向量$\boldsymbol{a}_1$、$\boldsymbol{a}_2$和$\boldsymbol{a}_3$，久后就会发现一个特殊之处，即

$$\boldsymbol{a}_1+2\boldsymbol{a}_2=\boldsymbol{a}_3,\ \boldsymbol{a}_3-\boldsymbol{a}_1=2\boldsymbol{a}_2,\ \boldsymbol{a}_3-2\boldsymbol{a}_2=\boldsymbol{a}_1 \tag{2-15}$$

或

$$\boldsymbol{a}_1+2\boldsymbol{a}_2-\boldsymbol{a}_3=0, \tag{2-16}$$

这就是问题所在，式（2-16）表明：向量组$\boldsymbol{A}$中的3个向量实际上等于只有2个向量，因为其中任何1个都是余下2个的线性组合。因此，向量组$\boldsymbol{A}$所张成的空间只能是二维的，即包含向量组$\boldsymbol{A}$中3个向量的平面，而其秩为2。

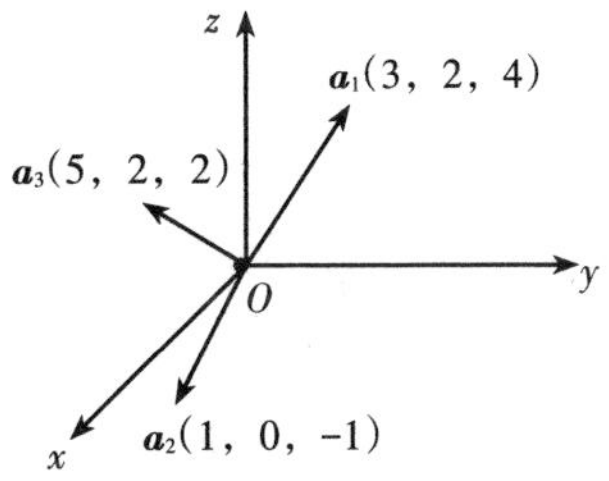

图 2-4

向量组$\boldsymbol{A}$的秩这个问题总算解决了，顺便验证一回，把包含$\boldsymbol{A}$中3个向量的空间平面求出了。为此，将$\boldsymbol{A}$中3个向量表示出来，如图2-4所示。从图上可见，3个向量都通过原点，表明原点在待求的平面上。据此，可设平面的方程为

$$c_1x+c_2y+c_3z=0。 \tag{2-17}$$

然后，从向量组$\boldsymbol{A}$中3个向量任选2个，比如$\boldsymbol{a}_1=(3,\ 2,\ 4)$和$\boldsymbol{a}_2=(1,\ 0,\ -1)$，将其视作$(x,\ y,\ z)$，并且代入方程（2-17），得联立方程组

$$\begin{cases}3c_1+2c_2+4c_3=0,\\c_1-c_3=0,\end{cases}$$

令$c_1=1$，得解

$$c_1=1,\ c_2=-\frac{7}{2},\ c_3=1,$$

再代回方程（2-17），有

$$x-\frac{7}{2}y+z=0。 \tag{2-18}$$

不难判定，这就是待求的平面方程，该平面包含向量组 $\boldsymbol{A}$ 中全部的3个向量。

再补充一下，上述求平面方程的求法有点“复古”。在此情况下，建议借力向量积。现在来求向量 $\boldsymbol{a}_1=(3,\ 2,\ 4)$ 和 $\boldsymbol{a}_2=(1,\ 0,\ -1)$ 两者的向量积，有

$$\boldsymbol{a}_1\times\boldsymbol{a}_2=\begin{bmatrix}\boldsymbol{i} & \boldsymbol{j} & \boldsymbol{k}\\ 3 & 2 & 4\\ 1 & 0 & -1\end{bmatrix}=-2\boldsymbol{i}+7\boldsymbol{j}-2\boldsymbol{k}。$$

上式说明，向量 $[-2,\ 7,\ -2]$ 同时与向量 $\boldsymbol{a}_1$，$\boldsymbol{a}_2$ 垂直，自然就是待求平面的法线。因此，其方程为

$$-2x+7y-2z=0,$$

简化后，有

$$x-\frac{7}{2}y+z=0,$$

同方程（2-18）完全一致！

行文至此，觉得有必要复习一下线性方程，也就是空间的平面方程

$$c_1x+c_2y+c_3z=b$$

或

$$c_1(x-x_0)+c_2(y-y_0)+c_3(z-z_0)=0。\tag{2-19}$$

初看一下，作者也忘了式（2-19）有什么几何意义，但对数量积情有独钟，于是联想到一个平面及其法线，如图2-5所示（参见《高数笔谈》，东北大学出版社，2016年12月第1版，160-161页）。对此图仔细研究一番，就会发现，直线 $\boldsymbol{C}(c_1,\ c_2,\ c_3)$ 是所论平面的法线，垂直于平面上的任何直线，而其中两点分别是点 $P_0(x_0,\ y_0,\ z_0)$ 和 $P(x,\ y,\ z)$，如图2-5所示，不言而喻，如此解释的根据是：将直线 $\boldsymbol{C}$ 和直线 $\overline{P_0P}$ 视作向量，其数量积

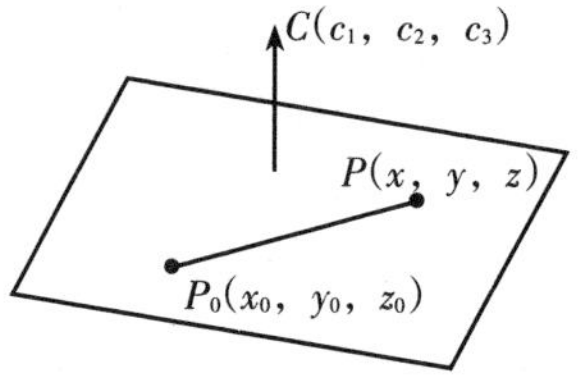

图2-5

$$\begin{aligned}\boldsymbol{C}&=(c_1\boldsymbol{i}+c_2\boldsymbol{j}+c_3\boldsymbol{k})\cdot\left[(x-x_0)\boldsymbol{i}+(y-y_0)\boldsymbol{j}+(z-z_0)\boldsymbol{k}\right]\\&=c_1(x-x_0)+c_2(y-y_0)+c_3(z-z_0)=0。\end{aligned}$$

以上所述是深入理解平面方程，自然也含直线方程的基础，为加深印象，务希初学者根据图2-6写出其上直线的方程，并取线上的点 $P(x,\ y)$，研究它变动的轨迹，做到举一隅而三隅反。

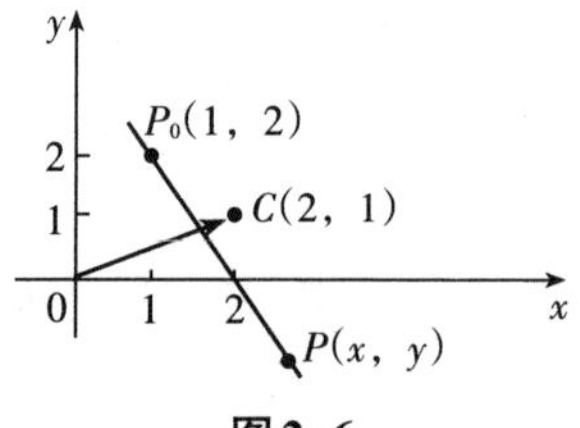

图2-6

话说远了，现在书归正传，原来的初衷是通过

例 2.9 和例 2.10 强调：向量组就其秩数而论分为两种情况，满秩的和欲秩的。此言何意？请看下列向量组：

$\boldsymbol{A}_1$：$\boldsymbol{a}_1(1, 0, 0)$，$\boldsymbol{a}_2(0, 1, 0)$，$\boldsymbol{a}_3(0, 0, 1)$；

$\boldsymbol{A}_2$：$\boldsymbol{a}_1(1, 0, 0)$，$\boldsymbol{a}_2(0, 1, 0)$，$\boldsymbol{a}_3(4, -2, 0)$；

$\boldsymbol{A}_3$：$\boldsymbol{a}_1(1, 0, 0, 0)$，$\boldsymbol{a}_2(0, 1, 0, 0)$，$\boldsymbol{a}_3(0, 0, 1, 0)$，$\boldsymbol{a}_4(0, 0, 0, 1)$；

$\boldsymbol{A}_4$：$\boldsymbol{a}_1(1, 0, 0, 0)$，$\boldsymbol{a}_2(3, 0, 5, 0)$，$\boldsymbol{a}_3(0, 0, 2, 0)$，$\boldsymbol{a}_4(1, 0, 0, 1)$。

细心一看，就会发现其中向量组 $\boldsymbol{A}_1$ 包含 3 个向量，张成的空间也是三维的，向量组 $\boldsymbol{A}_3$ 包含 4 个向量，张成的空间也是四维的；因此，两者都是满秩的，$\boldsymbol{A}_1$ 的秩为 3，$\boldsymbol{A}_3$ 的秩为 4。向量组 $\boldsymbol{A}_2$ 包含 3 个向量，张成的空间却是二维的，向量 $\boldsymbol{A}_4$ 包含 4 个向量，张成的空间却是三维的；因此，两者都是缺秩的，$\boldsymbol{A}_2$ 的秩为 2，$\boldsymbol{A}_4$ 的秩为 3。

鉴于以上所述，为了明确区分向量组是满秩或是缺秩，存在如下的定义。

定义 2.5 设有向量组 $\boldsymbol{A}$：$\boldsymbol{a}_1$，$\boldsymbol{a}_2$，…，$\boldsymbol{a}_n$，若是满秩的，或说其张成的空间维数等于 n，则称向量组 $\boldsymbol{A}$ 是线性独立的；若是缺秩的，或说其张成的空间维数小于 n，则称向量组 $\boldsymbol{A}$ 是线性相关的。线性独立有时也称线性无关的。

据定义可知：上列向量组 $\boldsymbol{A}_1$ 和 $\boldsymbol{A}_3$ 是线性独立或无关的；向量组 $\boldsymbol{A}_2$ 和 $\boldsymbol{A}_4$ 是线性相关的。需要强调，线性相关性是个重要概念，请吃透上述相关定义，做到心中有数。

看到这里，不少读者会有些困惑，要依靠向量组所张成空间的维数来判定向量组的线性相关性，实在过于烦琐了！难道没有更好的办法？办法总是有的，请矩阵出马，为何会马到成功，容本书一一道来。

2.3.2 矩阵的秩

在 2.2.1 节谈起矩阵的逆矩阵时，本该说到矩阵的秩。留待此时，意欲强调：秩乃矩阵的“禀性”，一句话难以表明，请先看例子。

例 2.11 试求下列矩阵

（1）$\boldsymbol{A}_1=\begin{bmatrix}1 & 2\\ -1 & 1\end{bmatrix}$，

（2）$\boldsymbol{A}_2=\begin{bmatrix}3 & -6\\ -1 & 2\end{bmatrix}$

的逆矩阵。

解 据逆矩阵含义，应有

$$\boldsymbol{A}_1\boldsymbol{A}_1^{-1}=\boldsymbol{E}，\boldsymbol{A}_2\boldsymbol{A}_2^{-1}=\boldsymbol{E}，$$

设逆矩阵

$$A_1^{-1}=\begin{bmatrix} a_1 & a_2 \\ a_3 & a_4 \end{bmatrix},\ A_2^{-1}=\begin{bmatrix} b_1 & b_2 \\ b_3 & b_4 \end{bmatrix},$$

代入前式，首先有

$$\begin{bmatrix} 1 & 2 \\ -1 & 1 \end{bmatrix}\begin{bmatrix} a_1 & a_2 \\ a_3 & a_4 \end{bmatrix}=\begin{bmatrix} 1 & 0 \\ 0 & 1 \end{bmatrix},$$

将上式展开：

$$a_1+2a_3=1,\ a_2+2a_4=0,$$
$$-a_1+a_3=0,\ -a_2+a_4=1,$$

从上列联立方程，易知

$$a_1=a_3=\frac{1}{3},\ a_2=-\frac{2}{3},\ a_4=\frac{1}{3}。$$

据此得

$$A_1^{-1}=\frac{1}{3}\begin{bmatrix} 1 & -2 \\ 1 & 1 \end{bmatrix};$$

其次有

$$\begin{bmatrix} 3 & -6 \\ -1 & 2 \end{bmatrix}\begin{bmatrix} b_1 & b_2 \\ b_3 & b_4 \end{bmatrix}=\begin{bmatrix} 1 & 0 \\ 0 & 1 \end{bmatrix},$$

将上式展开：

$$3b_1-6b_3=1,\ 3b_2-6b_4=0,$$
$$-b_1+2b_3=0,\ -b_2+2b_4=1。$$

仔细一看，问题就出来了。上列左方上下两个等式矛盾，右方上下两式同样矛盾。原因在于：例 2.11 中第 2 个矩阵 A_2 的行列式等于零，即

$$|A_2|=\begin{bmatrix} 3 & -6 \\ -1 & 2 \end{bmatrix}=0。$$

这意味着：将矩阵 A_2 的两列分别视作两个向量

$$\boldsymbol{a}_1=\begin{bmatrix} 3 \\ -1 \end{bmatrix},\ \boldsymbol{a}_2=\begin{bmatrix} -6 \\ 2 \end{bmatrix},$$

其线性组合

$$2\boldsymbol{a}_1+\boldsymbol{a}_2=0。\tag{2-20}$$

敬请注意，将矩阵 A_2 的两行分别视作两个向量 $\boldsymbol{a}_3$ 和 $\boldsymbol{a}_4$，照样存在如式（2-20）的结果

$$\boldsymbol{a}_3+3\boldsymbol{a}_4=0。\tag{2-21}$$

鉴于上述情况，为强调向量组，自然也包含矩阵的各个列向量或行向量之

间的这类组合关系，特作如下的定义。

定义 2.6　设存在向量组 $\boldsymbol{A}$：$\boldsymbol{a}_1$，$\boldsymbol{a}_2$，…，$\boldsymbol{a}_n$，及不全为零的 n 个实数 c_1，c_2，…，c_n，满足等式

$$c_1\boldsymbol{a}_1+c_2\boldsymbol{a}_2+\cdots+c_n\boldsymbol{a}_n=0, \tag{2-22}$$

则称向量组 $\boldsymbol{A}$ 是“线性相关”的；否则，向量组 $\boldsymbol{A}$ 称为“线性无关”。

写到此处，务请读者将此定义同定义 2.5 两相对比，并说明两者对线性相关或线性无关的定义是一脉相承的，完全同义，并作实例予以核实。

例 2.12　试判断下列矩阵的列向量组或行向量组的线性相关性：

（1）$\boldsymbol{A}_1=\begin{bmatrix}1&0&0\\0&1&0\\0&0&1\end{bmatrix}$；

（2）$\boldsymbol{A}_2=\begin{bmatrix}1&0&0&2&4\\0&1&0&-1&5\\0&0&1&6&-7\end{bmatrix}$；

（3）$\boldsymbol{A}_3=\begin{bmatrix}1&2&-1&0\\-1&0&2&4\\0&3&1&2\\0&-2&0&-2\end{bmatrix}$；

（4）$\boldsymbol{A}_4=\begin{bmatrix}1&2&-1&2\\-1&0&2&1\\0&3&1&4\\0&-2&0&-2\end{bmatrix}$。

解　（1）将矩阵 $\boldsymbol{A}_1$ 的 3 列分别视作 3 个向量，依次记作 $\boldsymbol{a}_1$，$\boldsymbol{a}_2$ 和 $\boldsymbol{a}_3$。显然，等式

$$c_1\boldsymbol{a}_1+c_2\boldsymbol{a}_2+c_3\boldsymbol{a}_3=0$$

只在 $c_1=c_2=c_3=0$ 的条件下方能成立。根据定义 2.6，矩阵 $\boldsymbol{A}_1$ 的 3 个列向量 $\boldsymbol{a}_1$、$\boldsymbol{a}_2$ 和 $\boldsymbol{a}_3$ 是线性无关或说线性独立的。

（2）将矩阵 $\boldsymbol{A}_2$ 的 5 列分别视作 5 个列向量 $\boldsymbol{a}_1$，$\boldsymbol{a}_2$，…，$\boldsymbol{a}_5$，则显然有

$$2\boldsymbol{a}_1-\boldsymbol{a}_2+6\boldsymbol{a}_3-\boldsymbol{a}_4=0。$$

根据定义 2.6，$\boldsymbol{A}_2$ 的列向量组是线性相关的。

其实，从 $\boldsymbol{A}_2$ 的 5 个列向量中任取 4 个组成的向量组，都是线性相关的。如若不信，不妨一试。

（3）矩阵 $\boldsymbol{A}_3$ 是方阵，此时可计算其行列式 $|\boldsymbol{A}_3|$ 用以推断其列向量组的线

性相关性。若有

$$|A_3|\neq 0 \text{ 或 } |A_3|=0,$$

则 A_3 的列向量组线性无关或线性相关。借助行列式性质，可知

$$|A_3|=\begin{vmatrix}1&2&-1&0\\-1&0&2&4\\0&3&1&2\\0&-2&0&-2\end{vmatrix}=\begin{vmatrix}1&2&-1&0\\0&2&1&4\\0&3&1&2\\0&-2&0&-2\end{vmatrix}$$

$$=\begin{vmatrix}2&1&4\\3&1&-2\\-2&0&-2\end{vmatrix}=-2(-1-2)=6\neq 0,$$

据上式结果，A_3 的列向量组线性无关。

（4）同上，求 A_4 的行列式。

$$A_4=\begin{vmatrix}1&2&-1&2\\-1&0&2&1\\0&3&1&4\\0&-2&0&-2\end{vmatrix}=\begin{vmatrix}1&2&-1&2\\0&2&1&3\\0&3&1&4\\0&-2&0&-2\end{vmatrix}$$

$$=\begin{vmatrix}2&1&3\\3&1&4\\-2&0&-2\end{vmatrix}=\begin{vmatrix}-1&1&3\\-1&1&4\\0&0&-2\end{vmatrix}=0,$$

据上式结果，A_4 的列向量组线性相关。

看完此例后，可能多数读者会产生两点疑问：

（1）一个矩阵 A_1 的列向量组和行向量组是否具有相同的线性相关性？

（2）一个方阵 A 为什么能凭其行列式 $|A|$ 是否为零来判定它的线性相关性？

为回答上列问题，让我们来探讨一下例 2.12 中矩阵 A_3 同 A_4 两者的行列式究竟存在什么区别。根据行列式的性质，有

$$|A_3|=\begin{vmatrix}1&2&-1&0\\-1&0&2&4\\0&3&1&2\\0&-2&0&-2\end{vmatrix}=\begin{vmatrix}1&2&-1&0\\0&2&1&4\\0&3&1&2\\0&-2&0&-2\end{vmatrix}=2\begin{vmatrix}1&2&-1&0\\0&1&\frac{1}{2}&2\\0&0&-\frac{1}{2}&-4\\0&0&1&2\end{vmatrix}$$

$$=2\left(-\frac{1}{2}\right)\begin{vmatrix}1&2&-1&0\\0&1&\frac{1}{2}&2\\0&0&1&8\\0&0&0&-6\end{vmatrix}=2\left(-\frac{1}{2}\right)(-6)\begin{vmatrix}1&2&-1&0\\0&1&\frac{1}{2}&2\\0&0&1&8\\0&0&0&1\end{vmatrix}$$

$$=6\begin{vmatrix}1&2&-1&0\\0&1&\frac{1}{2}&2\\0&0&1&8\\0&0&0&1\end{vmatrix}=6\begin{vmatrix}1&0&0&0\\0&1&0&0\\0&0&1&0\\0&0&0&1\end{vmatrix}\neq 0, \tag{2-23}$$

$$|\boldsymbol{A}_4|=\begin{vmatrix}1&2&-1&2\\-1&0&2&1\\0&3&1&4\\0&-2&0&-2\end{vmatrix}=\begin{vmatrix}1&2&-1&2\\0&2&1&3\\0&3&1&4\\0&-2&0&-2\end{vmatrix}=2\begin{vmatrix}1&2&-1&2\\0&1&\frac{1}{2}&\frac{3}{2}\\0&3&1&4\\0&-2&0&-2\end{vmatrix}$$

$$=2\begin{vmatrix}1&2&-1&2\\0&1&\frac{1}{2}&\frac{3}{2}\\0&0&-\frac{1}{2}&-\frac{1}{2}\\0&0&1&1\end{vmatrix}=-\begin{vmatrix}1&0&0&0\\0&1&0&0\\0&0&1&0\\0&0&0&0\end{vmatrix}=0。 \tag{2-24}$$

上述的矩阵 $\boldsymbol{A}_3$ 和 $\boldsymbol{A}_4$ 都是方阵，但得到“准标准型”式（2–23）和式（2–24）后，以下的一些重要结论自是顺理成章，不言自明。

任何一个 m 行 n 列的矩阵 $\boldsymbol{A}$ 都可通过行或列的代数运算变换成下面的“标准型”式（2–25）或式（2–26）：

$$\boldsymbol{D}_1=[\boldsymbol{E}_m \quad \boldsymbol{O}], \tag{2-25}$$

$$\boldsymbol{D}_2=\begin{bmatrix}\boldsymbol{E}_l & \boldsymbol{O}\\ \boldsymbol{O} & \boldsymbol{O}\end{bmatrix}。 \tag{2-26}$$

式（2–25）、式（2–26）中，$\boldsymbol{E}_m$ 和 $\boldsymbol{E}_l$ 分别为 $m\times m$ 和 $l\times l$ 的单位方阵，且 $l<m$。

例 2.13 试将矩阵变换成标准型：

$$\boldsymbol{A}=\begin{bmatrix}2&1&-3&-1&1\\1&2&-2&0&2\\-1&3&2&5&-2\end{bmatrix}\sim\begin{bmatrix}1&\frac{1}{2}&-\frac{3}{2}&-\frac{1}{2}&\frac{1}{2}\\1&2&-2&0&2\\-1&3&2&5&-2\end{bmatrix}$$

$$\sim\begin{bmatrix}1&\frac{1}{2}&-\frac{3}{2}&-\frac{1}{2}&\frac{1}{2}\\1&2&-2&0&2\\0&5&0&5&0\end{bmatrix}\sim\begin{bmatrix}1&\frac{1}{2}&-\frac{3}{2}&-\frac{1}{2}&\frac{1}{2}\\0&\frac{3}{2}&-\frac{1}{2}&\frac{1}{2}&\frac{3}{2}\\0&5&0&5&0\end{bmatrix}$$

$$\sim\begin{bmatrix}1&\frac{1}{2}&-\frac{3}{2}&-\frac{1}{2}&\frac{1}{2}\\0&1&-\frac{1}{3}&\frac{1}{3}&1\\0&1&0&1&0\end{bmatrix}\sim\begin{bmatrix}1&\frac{1}{2}&-\frac{3}{2}&-\frac{1}{2}&\frac{1}{2}\\0&1&-\frac{1}{3}&\frac{1}{3}&1\\0&0&\frac{1}{3}&\frac{2}{3}&-1\end{bmatrix}$$

$$\sim\begin{bmatrix}1 & \frac{1}{2} & -\frac{3}{2} & -\frac{1}{2} & \frac{1}{2}\\0 & 1 & -\frac{1}{3} & \frac{1}{3} & 1\\0 & 0 & 1 & 2 & -3\end{bmatrix}\sim\begin{bmatrix}1 & 0 & 0 & 0 & 0\\0 & 1 & 0 & 0 & 0\\0 & 0 & 1 & 0 & 0\end{bmatrix}$$

$$\sim[\boldsymbol{E}_3 \quad \boldsymbol{O}]。\tag{2-27}$$

此时，切望读者花点时间琢磨上例，或相互切磋片刻，如有领悟，笔者为大家高兴。否则，请看下文。

在本例中，未经交待就用到了矩阵的初等变换，即

（1）矩阵的任何两行（或列）可以对调位置；

（2）用任一实数 $c\neq0$ 通乘或除某一行（或列）的所有元素；

（3）对任意两行（或列）进行加减等代数运算。

首先，经过初等变换后，矩阵已“脱胎换骨”，但仍保留着自己的本质属性：行（或列）向量组的线性相关性丝毫未变。

其次，根据矩阵的标准型式（2–25）和式（2–26），回答上述的两个问题就易如反掌了：

（1）从标准型立即可见，行向量组同列向量组具有一样的线性相关性。如有怀疑，可参见式（2–27）；

（2）方阵的行列式不等于零，其标准型必为式（2–25）中的 $\boldsymbol{D}_1$，因此行（或列）线性无关；等于零，必为式（2–26）中的 $\boldsymbol{D}_2$，因此行（或列）线性相关。

最后，鉴于向量组的线性相关性极易让初学者彷徨，又常用到，希望读者将下列矩阵化为标准型，思考初等变换每一步的理论根据，并猜想对一给定矩阵有无其他可行的办法来判断其行（或列）向量组的线性相关性。盼读者就下列两矩阵一试身手：

$$\boldsymbol{A}_1=\begin{bmatrix}2 & -1 & 3\\1 & 2 & -2\\3 & 1 & 4\end{bmatrix},\ \boldsymbol{A}_2=\begin{bmatrix}1 & 2 & 3 & 7 & 8\\2 & 1 & 3 & 5 & 7\\3 & -1 & 2 & 0 & 3\end{bmatrix}。\tag{2-28}$$

上述种种，全是为一个重要概念“矩阵的秩”搭台，现在它可以出场了。

定义 2.7 设 $m\times n$ 阶矩阵 $\boldsymbol{A}$ 的标准型为

$$\boldsymbol{D}_1=[\boldsymbol{E}_r \quad \boldsymbol{O}]\text{或}\boldsymbol{D}_2=\begin{bmatrix}\boldsymbol{E}_r & \boldsymbol{O}\\\boldsymbol{O} & \boldsymbol{O}\end{bmatrix},$$

式中，$\boldsymbol{E}_r$ 代表 r 阶单位方阵，则数 r 称为矩阵 $\boldsymbol{A}$ 的秩，记作 $R(\boldsymbol{A})=r$。当 $r=m$ 或 n 时，矩阵 $\boldsymbol{A}$ 称为满秩的；当 $r<m$ 或 $r<n$ 时，矩阵 $\boldsymbol{A}$ 称为非满秩的，或

缺秩的。

大家如果对矩阵的初等变换了然于心的话，则不难给出另外一个完全等价的定义：矩阵 $\boldsymbol{A}$ 的秩 $R(\boldsymbol{A})=r$，其实际含义是说，$\boldsymbol{A}$ 至少存在一个 r 阶的子矩阵且它的行列式不等于 0，而任何大于 r 阶的子矩阵，行列式全等于 0。

现在我们就心中想着上述定义，验证一下刚才请大家一试身手的两个矩阵 $\boldsymbol{A}_1$ 和 $\boldsymbol{A}_2$，判定两者的秩各是多少。

先看矩阵 $\boldsymbol{A}_1$，一看便知道，它的秩至少等于 2，因为它有个由头两行和头两列组成的子矩阵的行列式

$$\begin{vmatrix} 2 & -1 \\ 1 & 2 \end{vmatrix} = 5 \neq 0,$$

而且根据三阶行列式的对角线计算法，有

$$\begin{aligned} |\boldsymbol{A}_1| &= 2\times2\times4+1\times1\times3+3\times(-1)\times(-2) \\ &\quad -(3\times2\times3)-(-2)\times1\times2-4\times1\times(-1) \\ &= 16+3+6-18+4+4=15\neq0, \end{aligned}$$

因此，$R(\boldsymbol{A}_1)=3$。

再看矩阵 $\boldsymbol{A}_2$，一看就知道，它的秩至少等于 2，因为它有个子矩阵，其行列式

$$\begin{vmatrix} 2 & 1 \\ 1 & 2 \end{vmatrix} = 3 \neq 0,$$

但是，另外的所有三阶子矩阵，其行列式

$$\begin{vmatrix} 1 & 2 & 3 \\ 2 & 1 & 3 \\ 3 & -1 & 2 \end{vmatrix} = 0,\quad \begin{vmatrix} 1 & 2 & 7 \\ 2 & 1 & 5 \\ 3 & -1 & 0 \end{vmatrix} = 0,\quad \begin{vmatrix} 1 & 2 & 8 \\ 2 & 1 & 7 \\ 3 & -1 & 3 \end{vmatrix} = 0,$$

据此判定，$R(\boldsymbol{A}_2)=2$。

在此请读者思考，矩阵 $\boldsymbol{A}_2$ 实际上存在 $\mathrm{C}_5^3=10$ 个三阶子矩阵，而上面只计算了 3 个子矩阵的行列式，其余 7 个并未计算，但却说是“所有三阶子矩阵”，且据此肯定 $R(\boldsymbol{A}_2)=2$，这是什么道理？书上所言，并非全对，盼大家给个说法。

一般地说，需要计算矩阵的秩宜于将矩阵化为标准型，但不常见。既然如此，为何一再强调“秩”的重要性？理由如下。

（1）用以判定矩阵的行（或列）的线性相关性。若矩阵满秩，则其行（或列）向量组线性无关；否则，相关。对于任何的向量组都可将其视作某一矩阵的行（或列）向量组，照样处理，以下同。

（2）一个向量组 $\boldsymbol{D}$，设有 n 个向量，其中 $m\leqslant n$ 个是线性独立的，多于 m 个（$m<n$）时必线性相关，则称向量组 $\boldsymbol{D}$ 内的该 m 个向量为 $\boldsymbol{D}$ 的最大线性无

关组。显然，$m=R(\boldsymbol{D})$。注意，此时已将向量组 $\boldsymbol{D}$ 等同矩阵 $\boldsymbol{D}$。

例 2.14 试求向量组

$$\boldsymbol{D}=\begin{bmatrix}1\\2\\3\end{bmatrix},\begin{bmatrix}2\\1\\-1\end{bmatrix},\begin{bmatrix}3\\3\\2\end{bmatrix},\begin{bmatrix}7\\5\\0\end{bmatrix},\begin{bmatrix}8\\7\\3\end{bmatrix}$$

的最大线性无关组。

解 将向量组 $\boldsymbol{D}$ 视为某矩阵的列向量，仍记为

$$\boldsymbol{D}=\begin{bmatrix}1&2&3&7&8\\2&1&3&5&7\\3&-1&2&0&3\end{bmatrix}。$$

已知 $R(\boldsymbol{D})=2$［参见式（2-28）］，因此其最大线性无关组只含 2 个向量。究竟是哪 2 个向量，这无关紧要，可选第 1 和第 2 个，也可选第 2 和第 5 个，只要两者相互独立就行。

（3）从以上讨论可知，在涉及“秩”的问题时，向量组 $\boldsymbol{D}$ 同矩阵 $\boldsymbol{A}$ 可以混为一谈，不分彼此。因此，定义向量组 $\boldsymbol{D}$ 的秩时，其含义同定义矩阵的秩一模一样，也就是 $\boldsymbol{D}$ 内最大线性无关组的所有向量的个数。如例 2.14 中向量组 $\boldsymbol{D}$ 的秩 $R(\boldsymbol{D})=2$。秩之所以重要，除前述的原因以外，它还代表一个向量组所张成的空间的维数。如例 2.14 中的向量组 $\boldsymbol{D}$，它所张成的空间就是一个空间平面，组中的 5 个三维向量悉数位列其上。若有想法，则请动手，看是否便是下面的平面

$$5(x-1)-7(y-2)+3(z-3)=0。$$

2.4 相似矩阵

读者也许还有印象，在本章开头时曾介绍一道思考题：将地图沿水平方向拉长 3 倍，沿垂直方向拉长 2 倍，沈阳原来在地图上的坐标，记作 $S(3，1)$，设地图经拉伸后其坐标尺度不变，则沈阳的新坐标为 $S'(9，2)$，因为

$$\begin{bmatrix}3&0\\0&2\end{bmatrix}\begin{bmatrix}3\\1\end{bmatrix}=\begin{bmatrix}9\\2\end{bmatrix}。$$

事有巧合，有个县城在 x 轴上，坐标为 $C_1(4，0)$，另有县城在 y 轴上，坐标为 $C_2(0，5)$，则地图经拉伸后，两县城的坐标分别变换为 $C_1'(12，0)$ 和 $C_2'(0，10)$，因为

$$\begin{bmatrix}3&0\\0&2\end{bmatrix}\begin{bmatrix}4\\0\end{bmatrix}=\begin{bmatrix}12\\0\end{bmatrix},\begin{bmatrix}3&0\\0&2\end{bmatrix}\begin{bmatrix}0\\5\end{bmatrix}=\begin{bmatrix}0\\10\end{bmatrix}。$$

由此可知，所论矩阵伴随着两个特殊方向：水平方向和垂直方向。凡在特殊方向上的向量，所论矩阵只变换其大小，而保留方向不变。自然会想，是否 n 阶矩阵都将伴随着 n 个特殊方向？马上就回答这个问题，办法是：假定命题是真的，然后予以证实。若不能证实，则命题是假的。也存在这种情况，既不能证实，又不能否定。例如：有人看见过外星人；宇宙是有界的。

例 2.15 设有二阶矩阵 $\boldsymbol{A}$，伴随着 2 个特殊方向 $\boldsymbol{B}_1$ 和 $\boldsymbol{B}_2$：

$$\boldsymbol{A}=\begin{bmatrix}4 & -2\\ 3 & -1\end{bmatrix},\ \boldsymbol{B}_1=\begin{bmatrix}b_{11}\\ b_{21}\end{bmatrix},\ \boldsymbol{B}_2=\begin{bmatrix}b_{12}\\ b_{22}\end{bmatrix},$$

请予以核实。

解 根据给定条件及对特殊方向的理解，应有

$$\boldsymbol{AB}_1=\lambda_1\boldsymbol{B}_1,\ \boldsymbol{AB}_2=\lambda_2\boldsymbol{B}_2, \tag{2-29}$$

将给定数据代入上列第 1 等式，得

$$\begin{cases}4b_{11}-2b_{21}=\lambda_1 b_{11},\\ 3b_{11}-b_{21}=\lambda_1 b_{21},\end{cases} \tag{2-30}$$

由此消去以上联立方程中的 b_{11} 和 b_{21}，有

$$\lambda_1^2-3\lambda_1+2=0,$$

可知 $\lambda_1=1$ 或 $\lambda_1=2$。

取 $\lambda_1=1$，从方程组（2-30）得解

$$b_{11}=2,\ b_{21}=3。$$

取 $\lambda_1=2$，得解

$$b_{11}=1,\ b_{21}=1,$$

将其代入式（2-29）的第 1 等式，分别有

$$\begin{bmatrix}4 & -2\\ 3 & -1\end{bmatrix}\begin{bmatrix}2\\ 3\end{bmatrix}=1\cdot\begin{bmatrix}2\\ 3\end{bmatrix},\ \begin{bmatrix}4 & -2\\ 3 & -1\end{bmatrix}\begin{bmatrix}1\\ 1\end{bmatrix}=2\cdot\begin{bmatrix}1\\ 1\end{bmatrix}。$$

不言而喻，上列结果符合要求，表明矩阵 $\boldsymbol{A}$ 伴随着 2 个特殊方向，分别由向量

$$\boldsymbol{a}_1^{\mathrm{T}}=[2,\ 3] \text{ 和 } \boldsymbol{a}_2^{\mathrm{T}}=[1,\ 1]$$

表示。

综上所述，已经核实例中的矩阵 $\boldsymbol{A}$ 伴随着 2 个特殊方向，但必须说明：

（1）这只是核实，离证明还远着呢。是不是任何一个二阶矩阵都伴随着 2 个特殊方向？一般的 n 阶方阵又如何呢？这些全是迄今没有讲到的问题，今后肯定彻底交待。

（2）一个方阵必然伴随着特殊方向，这是其本质属性。有鉴于此，定义如下。

2.4.1　特征值和特征向量

定义 2.8　设有 n 阶方阵 $\boldsymbol{A}$，若存在数λ和非零 n 维列向量 $\boldsymbol{a}$ 满足关系式

$$\boldsymbol{A}\boldsymbol{a}=\lambda\boldsymbol{a},\tag{2-31}$$

则称数λ为矩阵 $\boldsymbol{A}$ 的特征值，向量 $\boldsymbol{a}$ 为矩阵 $\boldsymbol{A}$ 对应于特征值λ的特征向量。

式（2–31）又可改写为

$$[\boldsymbol{A}-\lambda\boldsymbol{E}]\boldsymbol{a}=0,\ \boldsymbol{E}\triangleq\text{单位矩阵。}\tag{2-32}$$

式（2–32）中符号 ≜ 意为“简记为”。这是个含 n 个未知数 n 个方程的齐次线性方程组，据此就能求出方阵 $\boldsymbol{A}$ 的特征值和特征向量，如例 2.16 所示。

例 2.16　求二阶方阵

$$\boldsymbol{A}=\begin{bmatrix}3 & -1\\ -1 & 3\end{bmatrix}$$

的特征值和特征向量。

解　记矩阵的特征值为λ，特征向量 $\boldsymbol{a}^{\mathrm{T}}=[a_1\quad a_2]$，则根据定义 2.8，有

$$\begin{bmatrix}3 & -1\\ -1 & 3\end{bmatrix}\begin{bmatrix}a_1\\ a_2\end{bmatrix}=\lambda\begin{bmatrix}a_1\\ a_2\end{bmatrix}$$

或化简为

$$\begin{bmatrix}3-\lambda & -1\\ -1 & 3-\lambda\end{bmatrix}\begin{bmatrix}a_1\\ a_2\end{bmatrix}=0,\quad [\boldsymbol{A}-\lambda\boldsymbol{E}]\boldsymbol{a}=0。\tag{2-33}$$

请读者注意，式（2–33）就是等式（2–32）在此例中的具体形式，是个含 2 个未知数 a_1 和 a_2 的齐次线性方程组，有非零解的充要条件为系数行列式

$$\begin{vmatrix}3-\lambda & -1\\ -1 & 3-\lambda\end{vmatrix}=(3-\lambda)^2-1=\lambda^2-6\lambda+8=0,$$

其解 $\lambda_1=2$，$\lambda_2=4$ 就是矩阵 $\boldsymbol{A}$ 的 2 个特征值。

取$\lambda_1=2$ 时，代入方程（2–33），得

$$\begin{bmatrix}3-2 & -1\\ -1 & 3-2\end{bmatrix}\begin{bmatrix}a_1\\ a_2\end{bmatrix}=0,$$

即

$$a_1-a_2=0,$$
$$-a_1+a_2=0,$$

其解为 $a_1=a_2$，采用最简单的 $a_1=a_2=1$，得矩阵 $\boldsymbol{A}$ 对应特征值 $\lambda_1=2$ 的特征向量，记作 $\boldsymbol{p}_1$，即

$$\boldsymbol{p}_1=\begin{bmatrix}1\\ 1\end{bmatrix}。$$

同理，取 $\lambda_2=4$ 时，矩阵 $\boldsymbol{A}$ 对应特征值 $\lambda_2=4$ 的特征向量 $\boldsymbol{p}_2$ 采用最简单值时为

$$\boldsymbol{p}_2=\begin{bmatrix}-1\\1\end{bmatrix}。$$

上述两例已经把计算一个方阵 $\boldsymbol{A}$ 的特征值 λ 和特征向量 $\boldsymbol{p}$ 的思路和方法展示无遗，照章办理不是问题。但是，方阵 $\boldsymbol{A}$ 与其特征值 λ 两者之间有无关联？特征向量 $\boldsymbol{p}$ 有何属性？诸如此类。

为回答上列问题，让我们从头再来，讨论一下一般的情况。设矩阵

$$\boldsymbol{A}=\begin{bmatrix}a_{11} & a_{12} & \cdots & a_{1n}\\ a_{21} & a_{22} & \cdots & a_{2n}\\ \vdots & \vdots & & \vdots\\ a_{n1} & a_{n} & \cdots & a_{nn}\end{bmatrix},$$

则

$$|\boldsymbol{A}-\lambda\boldsymbol{E}|=\begin{vmatrix}a_{11}-\lambda & a_{12} & \cdots & a_{1n}\\ a_{21} & a_{22}-\lambda & \cdots & a_{2n}\\ \vdots & \vdots & & \vdots\\ a_{n1} & a_{n2} & \cdots & a_{nn}-\lambda\end{vmatrix}=0 \tag{2-34}$$

是个以 λ 为未知数的一元 n 次方程，称为矩阵 $\boldsymbol{A}$ 的特征方程，其左端 $|\boldsymbol{A}-\lambda\boldsymbol{E}|$ 是个 λ 的 n 次多项式，常记作 $f(\lambda)$，称为矩阵 $\boldsymbol{A}$ 的特征多项式，借助因式分解，可将其化为

$$f(\lambda)=(\lambda-\lambda_1)(\lambda-\lambda_2)\cdots(\lambda-\lambda_n)。 \tag{2-35}$$

式（2–35）中 $\lambda_i(i=1，2，\cdots，n)$ 就是矩阵 $\boldsymbol{A}$ 的 n 个特征值，也是矩阵 $\boldsymbol{A}$ 的特征方程（2–34）的 n 个根。显然，矩阵的特征值既可能是实数，也可能是复数。

行文至此，务请读者注意，矩阵 $\boldsymbol{A}$ 的特征多项式（2–35）实际上就是等式（2–34）中行列式的展开式。如有疑问，尚希自己动手解决。如无疑问，则不难想到：

（1）矩阵 $\boldsymbol{A}$ 的 n 个特征值之和

$$\lambda_1+\lambda_2+\cdots+\lambda_n=a_{11}+a_{22}+\cdots+a_{nn} \tag{2-36}$$

等于矩阵 $\boldsymbol{A}$ 主对角线上全部元素之和；

（2）矩阵 $\boldsymbol{A}$ 的 n 个特征值之积

$$\lambda_1\lambda_2\cdots\lambda_n=|\boldsymbol{A}|$$

等于矩阵 $\boldsymbol{A}$ 的行列式。

证明上述结论不难，建议试将矩阵 $\boldsymbol{A}$ 的特征方程

$$|\boldsymbol{A}-\lambda\boldsymbol{E}|=\begin{vmatrix}1-\lambda & 2 & 3\\ 2 & 1-\lambda & 3\\ 3 & 3 & 6-\lambda\end{vmatrix}=0$$

展开，细看其中 λ^{n-1} 和 λ^0 两项的系数，再进行因式分解，把矩阵 $\boldsymbol{A}$ 的特征值计算出来，逐一同上述结论对比，定会豁然开朗。

前面已经把矩阵的特征方程、特征多项式，特别是特征值和特征向量都讨论过了，并强调后者为矩阵的本质属性。本质究竟表现在哪？表现在于：知道了矩阵 $\boldsymbol{A}$ 的特征值和特征向量，则矩阵 $\boldsymbol{A}$ 就唯一地确定了。对此，可能有人会将信将疑，看完例 2.17，必然疑虑顿消。

例 2.17 已知二阶矩阵具有特征值 $\lambda_1=2$ 和 $\lambda_2=4$，对应的特征向量分别是

$$\boldsymbol{p}_1=\begin{bmatrix}1\\1\end{bmatrix},\ \boldsymbol{p}_2=\begin{bmatrix}-1\\1\end{bmatrix},$$

试求矩阵 $\boldsymbol{A}$。

解 根据特征值和特征向量的含义，显然应有

$$\boldsymbol{A}\boldsymbol{p}_1=\lambda_1\boldsymbol{p}_1,\ \boldsymbol{A}\boldsymbol{p}_2=\lambda_2\boldsymbol{p}_2,$$

由此可知

$$\boldsymbol{A}[\boldsymbol{p}_1\quad\boldsymbol{p}_2]=[\lambda_1\boldsymbol{p}_1\quad\lambda_2\boldsymbol{p}_2]。\tag{2-37}$$

设矩阵 $\boldsymbol{A}$ 的具体表达式为

$$\boldsymbol{A}=\begin{bmatrix}a_1 & a_2\\ a_3 & a_4\end{bmatrix},$$

据此将给定条件代入等式（2–37），得

$$\begin{bmatrix}a_1 & a_2\\ a_3 & a_4\end{bmatrix}\begin{bmatrix}1 & -1\\ 1 & 1\end{bmatrix}=\begin{bmatrix}1 & -1\\ 1 & 1\end{bmatrix}\begin{bmatrix}2 & 0\\ 0 & 4\end{bmatrix}。\tag{2-38}$$

在式（2–38）两端都出现了一个以矩阵 $\boldsymbol{A}$ 的特征向量 $\boldsymbol{p}_1$ 和 $\boldsymbol{p}_2$ 作为两列的二阶矩阵，记作

$$\boldsymbol{P}=\begin{bmatrix}1 & -1\\ 1 & 1\end{bmatrix},$$

显然，在等式（2–38）两端同时右乘 $\boldsymbol{P}$ 的逆矩阵 $\boldsymbol{P}^{-1}$，则得矩阵

$$\boldsymbol{A}=\begin{bmatrix}1 & -1\\ 1 & 1\end{bmatrix}\begin{bmatrix}2 & 0\\ 0 & 4\end{bmatrix}\begin{bmatrix}1 & -1\\ 1 & 1\end{bmatrix}^{-1}=\begin{bmatrix}2 & -4\\ 2 & 4\end{bmatrix}\begin{bmatrix}\frac{1}{2} & \frac{1}{2}\\ -\frac{1}{2} & \frac{1}{2}\end{bmatrix}=\begin{bmatrix}3 & -1\\ -1 & 3\end{bmatrix}。$$

读者可能已经察觉此例实际上是例 2.16 的“逆例”。那时，给定了矩阵 $\boldsymbol{A}$，求其特征值和特征向量，这时，给定了特征值 λ_1 和 λ_2 及相应的特征向量 $\boldsymbol{p}_1$ 和 $\boldsymbol{p}_2$，逆过来求矩阵。

鉴于上述两例的重要性，必须予以总结，并请大家把在上例中用过的矩阵运算

$$\boldsymbol{A}\boldsymbol{p}_1 = 2\begin{bmatrix}1\\1\end{bmatrix} = \begin{bmatrix}2\\2\end{bmatrix},\ \boldsymbol{A}\boldsymbol{p}_2 = 4\begin{bmatrix}-1\\1\end{bmatrix} = \begin{bmatrix}-4\\4\end{bmatrix}$$

及

$$\boldsymbol{A}[\boldsymbol{p}_1 \quad \boldsymbol{p}_2] = \boldsymbol{A}\begin{bmatrix}1 & -1\\1 & 1\end{bmatrix} = \begin{bmatrix}2 & -4\\2 & 4\end{bmatrix} = \begin{bmatrix}1 & -1\\1 & 1\end{bmatrix}\begin{bmatrix}2 & 0\\0 & 4\end{bmatrix}$$

自己动手验算两遍，彻底理解运算中每一步的根据。这对深入掌握矩阵的关键概念是大有裨益的。

现在开始，简记由 $\boldsymbol{A}$ 的特征向量 $\boldsymbol{p}_1$，$\boldsymbol{p}_2$，…，$\boldsymbol{p}_n$ 作为列向量的矩阵为 $\boldsymbol{P}$，则我们的总结就是下列三个等式：

（1）$\boldsymbol{AP} = \boldsymbol{P\lambda}$； （2–39）

（2）$\boldsymbol{A} = \boldsymbol{P\lambda P}^{-1}$； （2–40）

（3）$\boldsymbol{P}^{-1}\boldsymbol{AP} = \boldsymbol{\lambda}$。 （2–41）

式（2–39）至式（2–41）中，$\boldsymbol{\lambda}$是个对角阵，由矩阵 $\boldsymbol{A}$ 的特征值作为其主对角线上的元素，即

$$\boldsymbol{\lambda} = \begin{bmatrix}\lambda_1 & & & \\ & \lambda_2 & 0 & \\ & 0 & \ddots & \\ & & & \lambda_n\end{bmatrix}。$$

读者必然已经看出，矩阵$\boldsymbol{\lambda}$的特征值与矩阵 $\boldsymbol{A}$ 的完全相同，但其特征向量显然就是

$$\boldsymbol{p}_1 = [1 \quad 0 \quad \cdots \quad 0]^{\mathrm{T}},\ \boldsymbol{p}_2 = [0 \quad 1 \quad 0 \quad \cdots \quad 0]^{\mathrm{T}},\ \boldsymbol{p}_n = [0 \quad 0 \quad \cdots \quad 1]^{\mathrm{T}},$$

即 n 维空间的 n 个单位向量。不言而喻，矩阵 $\boldsymbol{A}$ 与矩阵$\boldsymbol{\lambda}$之间这种内在联系一定有其实际含义，为了探个究竟，让我们先从简单情况开始。

记得在本章开头时，介绍了一个地图拉伸的例子，值得再引用一次，这有助于澄清上述等式的实际含义。

不过，这次拉伸地图的方向有点变化，水平方向仍然拉长为 2 倍；其次，沿 xOy 平面坐标系的第 1 象限分角线方向拉长为 3 倍，意则以第 2 象限分角线为界线沿其垂直方向拉伸，如图 2–7(a) 所示。

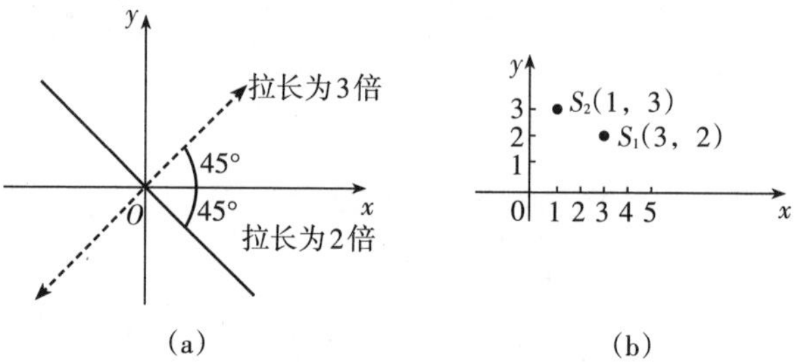

图 2–7

这时，地图上有两座城市，分别是 $S_1(3,2)$ 和 $S_2(1,3)$，如图 2–7(b) 所示。试问，地图经拉伸后，S_1 和 S_2 坐标各等于多少？该如何计算？

如何计算是个新问题，思前想后，忽然顿悟，这不正是已知特征值为 2 与 3，特征向量为

$$\boldsymbol{p}_1=\begin{bmatrix}1\\0\end{bmatrix},\ \boldsymbol{p}_2=\begin{bmatrix}1\\1\end{bmatrix},\ \boldsymbol{P}=[\boldsymbol{p}_1\quad \boldsymbol{p}_2]=\begin{bmatrix}1&1\\0&1\end{bmatrix},$$

反过来求矩阵 $\boldsymbol{A}$ 吗？设矩阵

$$\boldsymbol{A}=\begin{bmatrix}a_1&a_2\\a_3&a_4\end{bmatrix},$$

则根据已知条件应有

$$\boldsymbol{A}[\boldsymbol{p}_1\quad \boldsymbol{p}_2]=[2\boldsymbol{p}_1\quad 3\boldsymbol{p}_2]=\boldsymbol{AP}=\boldsymbol{P\lambda},\ \boldsymbol{\lambda}=\begin{bmatrix}2&0\\0&3\end{bmatrix},$$

$$\begin{bmatrix}a_1&a_2\\a_3&a_4\end{bmatrix}\begin{bmatrix}1&1\\0&1\end{bmatrix}=\begin{bmatrix}1&1\\0&1\end{bmatrix}\begin{bmatrix}2&0\\0&3\end{bmatrix},\tag{2-42}$$

在式（2–42）两边右乘以 $\boldsymbol{P}^{-1}$，则得

$$\boldsymbol{A}=\begin{bmatrix}1&1\\0&1\end{bmatrix}\begin{bmatrix}2&0\\0&3\end{bmatrix}\begin{bmatrix}1&1\\0&1\end{bmatrix}^{-1}=\begin{bmatrix}2&3\\0&3\end{bmatrix}\begin{bmatrix}1&-1\\0&1\end{bmatrix}=\begin{bmatrix}2&1\\0&3\end{bmatrix},\tag{2-43}$$

据此可知城市 $S_1(3,2)$ 经地图拉伸后变换为

$$\begin{bmatrix}2&1\\0&3\end{bmatrix}\begin{bmatrix}3\\2\end{bmatrix}=\begin{bmatrix}8\\6\end{bmatrix},\ \text{即}S_1'(8,6);$$

城市 $S_2(1,3)$ 变换为

$$\begin{bmatrix}2&1\\0&3\end{bmatrix}\begin{bmatrix}1\\3\end{bmatrix}=\begin{bmatrix}5\\9\end{bmatrix},\ \text{即}S_2'(5,9)。$$

实际上可将上列两式合并，写成

$$\boldsymbol{A}[S_1(3,2)\quad S_2(1,3)]=\begin{bmatrix}2&1\\0&3\end{bmatrix}\begin{bmatrix}3&1\\2&3\end{bmatrix}=\begin{bmatrix}8&5\\6&9\end{bmatrix}=[S_1'(8,6)\quad S_2'(5,9)]。$$

至此，遇到的新问题可谓已经解决了，总结一下，收获颇丰：

（1）上面的等式（2–42）就是等式（2–39）；

（2）等式（2–43）就是等式（2–40）；

（3）在等式（2–42）两边右乘以 $\boldsymbol{P}^{-1}$ 就是等式（2–40）。

这时，务希读者费心，在看上列的总结时，一定要联系问题中的实际数据，并仔细思考其中的实际含义，形成自己的见解。

刚才所述，目的在于探讨一个矩阵在坐标变化下，其新的表达式以及两者的关系；同时强调，一个矩阵是由其特征值和特征向量所唯一确定的。

2.4.2 定义

定义 2.9 设 $\boldsymbol{A}$ 和 $\boldsymbol{B}$ 是等阶矩阵，若存在可逆矩阵 $\boldsymbol{P}$ 能使

$$\boldsymbol{P}^{-1}\boldsymbol{A}\boldsymbol{P}=\boldsymbol{B}, \tag{2–44}$$

则 $\boldsymbol{A}$ 和 $\boldsymbol{B}$ 互称相似矩阵或相似；对 $\boldsymbol{A}$ 进行上述运算称为进行相似变换，$\boldsymbol{P}$ 称为把 $\boldsymbol{A}$ 变换成 $\boldsymbol{B}$ 的相似变换矩阵。

矩阵间的相似变换，在前一节已经见到多次了，如等式（2–41），但由于其重要性，下面再举个例子，以加深理解。

例 2.18 试判定

（1）$\boldsymbol{A}=\begin{bmatrix}1 & 2\\ 1 & -1\end{bmatrix}$，$\boldsymbol{B}=\begin{bmatrix}1 & 0\\ 2 & 1\end{bmatrix}$；

（2）$\boldsymbol{A}=\begin{bmatrix}1 & 2\\ 0 & 2\end{bmatrix}$，$\boldsymbol{B}=\begin{bmatrix}3 & 1\\ -2 & 0\end{bmatrix}$

是否互为相似矩阵。

解（1） 根据相似定义，若矩阵 $\boldsymbol{A}$ 和 $\boldsymbol{B}$ 相似，则存在可逆矩阵 $\boldsymbol{P}$ 满足等式（2–44），现设

$$\boldsymbol{P}=\begin{bmatrix}a_1 & a_2\\ a_3 & a_4\end{bmatrix},$$

并把例 2.18（1）中给定的 $\boldsymbol{A}$ 和 $\boldsymbol{B}$ 代入该等式，则得

$$\begin{bmatrix}a_1 & a_2\\ a_3 & a_4\end{bmatrix}^{-1}\begin{bmatrix}1 & 2\\ 1 & -1\end{bmatrix}\begin{bmatrix}a_1 & a_2\\ a_3 & a_4\end{bmatrix}=\begin{bmatrix}1 & 0\\ 2 & 1\end{bmatrix}$$

或

$$\begin{bmatrix}1 & 2\\ 1 & -1\end{bmatrix}\begin{bmatrix}a_1 & a_2\\ a_3 & a_4\end{bmatrix}=\begin{bmatrix}a_1 & a_2\\ a_3 & a_4\end{bmatrix}\begin{bmatrix}1 & 0\\ 2 & 1\end{bmatrix},$$

展开后有

$$\begin{bmatrix}a_1+2a_3 & a_2+2a_4\\ a_1-a_3 & a_2-a_4\end{bmatrix}=\begin{bmatrix}a_1+2a_2 & a_2\\ a_3+2a_4 & a_4\end{bmatrix}。$$

令上式两方的矩阵对应的元素相等，得

$$a_1+2a_3=a_1+2a_2,\ a_2+2a_4=a_2,\ a_1-a_3=a_3+2a_4,\ a_2-a_4=a_4。$$

从上列联立方程可知

$$a_3=a_2,\ a_4=0,\ a_1=2a_3,\ a_2=0,$$

即

$$a_1=a_2=a_3=a_4=0。$$

这样的答案并无矛盾，因为满足等式（2-44）。有人会说，虽无矛盾，但也毫无价值。难道果真如此？思考之后，有读者会发现，它的价值在于：证实了给定的矩阵 $\boldsymbol{A}$ 同 $\boldsymbol{B}$ 并不相似，因为其相似变换矩阵 $\boldsymbol{P}$ 不存在！此结论同时意味着，相似矩阵需要满足相应的条件。什么样的条件？大家不妨结合例 2.17 及相关内容猜猜看，即使猜错了，也有收获。

解（2） 同解（1），有

$$\begin{bmatrix}1 & 2\\0 & 2\end{bmatrix}\begin{bmatrix}a_1 & a_2\\a_3 & a_4\end{bmatrix}=\begin{bmatrix}a_1 & a_2\\a_3 & a_4\end{bmatrix}\begin{bmatrix}3 & 1\\-2 & 0\end{bmatrix},\qquad(2\text{-}45)$$

将式（2-45）两边展开，得

$$\begin{bmatrix}a_1+2a_3 & a_2+2a_4\\2a_3 & 2a_4\end{bmatrix}=\begin{bmatrix}3a_1-2a_2 & a_1\\3a_3-2a_4 & a_3\end{bmatrix},$$

令等式两边矩阵的对应元素相等，并予以化简，可知矩阵 $\boldsymbol{P}$ 的 4 个元素满足下列联立方程

$$a_1-a_2=a_3,\ a_1-a_2=2a_4。$$

上面只有 2 个方程，却有 4 个未知数。因此，可任意指定其中 2 个未知数的值，条件是必须保证矩阵 $\boldsymbol{P}$ 可逆，为简单计，选

$$a_1=2,\ a_2=0,$$

据此，得

$$a_3=2,\ a_4=1,$$

因此，相似变换矩阵

$$\boldsymbol{P}=\begin{bmatrix}2 & 0\\2 & 1\end{bmatrix}。$$

笔者有个习惯，得到答案后，必须核实。现将其代入等式（2-45）：

$$\begin{bmatrix}1 & 2\\0 & 2\end{bmatrix}\begin{bmatrix}2 & 0\\2 & 1\end{bmatrix}=\begin{bmatrix}2 & 0\\2 & 1\end{bmatrix}\begin{bmatrix}3 & 1\\-2 & 0\end{bmatrix},$$

$$\begin{bmatrix}6 & 2\\4 & 2\end{bmatrix}=\begin{bmatrix}6 & 2\\4 & 2\end{bmatrix},$$

可见，等式（2-45）成立，得到的矩阵 $\boldsymbol{P}$ 是正确的。表明例 2.18（2）的矩阵

$\boldsymbol{A}$ 和 $\boldsymbol{B}$ 相似。

前不久，曾建议大家猜想：两个矩阵 $\boldsymbol{A}$ 和 $\boldsymbol{B}$ 相似应满足什么样的条件？猜出来了，值得点赞。没有猜出来，请继续努力，并回想一下，在例 2.17 中曾强调，一个矩阵是由其特征值和特征向量唯一确定的，并总结了 3 个等式（2–39）、式（2–40）和式（2–41）。接着，我们讨论了地图拉伸的问题。其目的全在于渗透一个概念，即矩阵 $\boldsymbol{A}$ 经式（2–46）

$$\boldsymbol{P}^{-1}\boldsymbol{A}\boldsymbol{P}=\boldsymbol{B},\ \boldsymbol{A}\boldsymbol{P}=\boldsymbol{P}\boldsymbol{B} \tag{2-46}$$

变换为另一矩阵 $\boldsymbol{B}$，其实际含义为

（1）相似变换式（2–46）本身就是坐标变换。对此，今后将有专门的叙述；

（2）矩阵 $\boldsymbol{A}$ 是原坐标系下的表达式，矩阵 $\boldsymbol{B}$ 是坐标变换后的表达式，两者的本质属性应是相同的。但是特征向量在不同的坐标系下难于一样，可是特征值却不会因坐标变换而改变，因此，合理的猜想为：相似矩阵具有相同的特征值。究竟对不对，请看下面的核对。

已知矩阵

$$\boldsymbol{A}=\begin{bmatrix}1 & 2\\0 & 2\end{bmatrix},\ \boldsymbol{B}=\begin{bmatrix}3 & 1\\-2 & 0\end{bmatrix}$$

两者相似，而各自的特征多项式为

$$|\boldsymbol{A}-\lambda\boldsymbol{E}|=\begin{vmatrix}1-\lambda & 2\\0 & 2-\lambda\end{vmatrix}=(1-\lambda)(2-\lambda)=\lambda^2-3\lambda+2,$$

$$|\boldsymbol{B}-\lambda\boldsymbol{E}|=\begin{vmatrix}3-\lambda & 1\\-2 & -\lambda\end{vmatrix}=-\lambda(3-\lambda)+2=(\lambda-1)(\lambda-2)=\lambda^2-3\lambda+2。$$

可见，相似矩阵 $\boldsymbol{A}$ 和 $\boldsymbol{B}$ 有相同的特征多项式 $\lambda^2-3\lambda+2$，相同的特征值 1 和 2。

务请注意，举一个例子核实，说明自己的猜想是合理的，但绝不能认为自己的猜想就是正确的。再多的例子也不行，只能表明没有出现矛盾而已！这样说来，举例核实还有何用？用处大着呢，因为它有“一票否决权”，最著名的一件历史事件，绝对权威亚里士多德的学说“物体下落的速度和质量成正比”千百余年被视为圭臬，从未有人敢怀疑权威、提出异议。直至 16 世纪意大利物理学家伽利略独具慧眼，不迷信，勤思考，自问道：“烧饼比芝麻重，下落速度比芝麻快。如果把芝麻贴在烧饼上，那烧饼是下落快了抑或慢了？根据权威学说，一方面烧饼贴上芝麻后，变重了，应该下落得快点，另一方面芝麻下落慢，应该连累着烧饼也下落得慢点。出现了矛盾，何去何从？”（伽利略的奇

思妙想，笔者闻所未闻，杜撰了烧饼贴上芝麻的故事，主观上在于说明问题，自勉对于学术问题应有独立的见解，但客观混淆了视听，深觉愧疚。）

伽利略毕竟是伽利略，化解矛盾、走出困境的唯一通道就是推翻挡在前进路上的亚里士多德学说，大声宣告“所有物体下落的速度和质量无关，都是一样”。此言一出，举世哗然，万众声讨。

伽利略满怀信心，毫无惧色，再次宣告“决定在比萨斜塔定期进行实验，用事实证明，真理是在自己手中”。当时，比萨斜塔下人山人海，多数是凑热闹，也不乏亚里士多德的粉丝们同样满怀信心，翘首以待，盼着伽利略当众出丑，遭人耻笑。

值得纪念的时刻终于到来，伽利略从比萨斜塔上同时抛下的、一大一小的两个金属球砰的一声同时落地！顷刻间掌声雷动，伽利略获得成功。此后，公认他是经典力学和实验物理学的先驱。

上述历史事件，不但证实了“实践是检验真理的唯一标准”的客观论断，同时也赋予人们无限的启示。

回归正题，再来说我们的相似矩阵，首先肯定，读者对相似矩阵相似条件的猜想完全正确，存在下面的定理就是佐证。

定理 2.1 若矩阵 $\boldsymbol{A}$ 与 $\boldsymbol{B}$ 相似，则两者的特征多项式相同，特征值相同。

证明 因矩阵 $\boldsymbol{A}$ 和 $\boldsymbol{B}$ 相似，必然存在可逆矩阵 $\boldsymbol{P}$，满足等式

$$\boldsymbol{P}^{-1}\boldsymbol{A}\boldsymbol{P}=\boldsymbol{B}。\tag{2-47}$$

由上式则得

$$\begin{aligned}|\boldsymbol{B}-\lambda\boldsymbol{E}|&=|\boldsymbol{P}^{-1}\boldsymbol{A}\boldsymbol{P}-\boldsymbol{P}^{-1}\lambda\boldsymbol{E}\boldsymbol{P}|=|\boldsymbol{P}^{-1}(\boldsymbol{A}-\lambda\boldsymbol{E})\boldsymbol{P}|\\&=|\boldsymbol{P}^{-1}||\boldsymbol{A}-\lambda\boldsymbol{E}||\boldsymbol{P}|=|\boldsymbol{A}-\lambda\boldsymbol{E}|,\end{aligned}$$

证完。

推论 若 n 阶矩阵 $\boldsymbol{A}$ 与对角阵

$$\boldsymbol{\lambda}=\begin{bmatrix}\lambda_1&&&\\&\lambda_2&&\\&&\ddots&\\&&&\lambda_n\end{bmatrix}$$

相似，则对角阵的特征值λ_1，λ_2，…，λ_n就是矩阵 $\boldsymbol{A}$ 的特征值。

看完定理 2.1 后，需要注意：

（1）满足定理中等式（2–47）的相似变换矩阵 $\boldsymbol{P}$ 不是唯一的。对此，请参见例 2.18 解（2）中关于矩阵 $\boldsymbol{P}$ 的计算方法；

（2）矩阵 $\boldsymbol{A}$ 与 $\boldsymbol{B}$ 相似是两者特征值相同的充分条件。这就是说，矩阵 $\boldsymbol{A}$

与矩阵 $\boldsymbol{B}$ 有相同的特征值，但不一定存在可逆矩阵 $\boldsymbol{P}$，满足定理所要求的条件。有兴趣的读者可以探讨一番下列两个矩阵

$$\boldsymbol{A}=\begin{bmatrix}1 & 0\\0 & 1\end{bmatrix},\ \boldsymbol{B}=\begin{bmatrix}3 & 4\\-1 & 1\end{bmatrix}$$

是否有相同的特征值，能否求出可逆矩阵 $\boldsymbol{P}$，证实两者相似。

（3）若矩阵 $\boldsymbol{A}$ 与 $\boldsymbol{B}$ 相似，$\boldsymbol{B}$ 与 $\boldsymbol{C}$ 相似，则 $\boldsymbol{A}$ 与 $\boldsymbol{C}$ 相似。如有疑问，请细看有关矩阵相似的论述，真正理解此推断的实际含义。

2.5 习题

1. 设有二阶矩阵 $\boldsymbol{A}$，其特征值 λ_1 和 λ_2 及特征向量 $\boldsymbol{P}_1$ 和 $\boldsymbol{P}_2$ 分别为

（1）$\lambda_1=1$，$\lambda_2=2$，$\boldsymbol{P}_1=[1\quad 2]$，$\boldsymbol{P}_2=[-1\quad 3]$；

（2）$\lambda_1=-1$，$\lambda_2=3$，$\boldsymbol{P}_1=[-1\quad 3]$，$\boldsymbol{P}_2=[2\quad 1]$；

（3）$\lambda_1=2$，$\lambda_2=-3$，$\boldsymbol{P}_1=[1\quad -1]$，$\boldsymbol{P}_2=[1\quad 1]$。

试求矩阵 $\boldsymbol{A}$，并核实所得的结果。

2. 计算下列乘积：

（1）$\begin{bmatrix}4 & 3 & 1\\1 & -2 & 3\\5 & 7 & 0\end{bmatrix}\begin{bmatrix}7\\2\\1\end{bmatrix}$；（2）$[3\quad 1\quad -1]\begin{bmatrix}2\\1\\3\end{bmatrix}$；

（3）$[x_1\quad x_2\quad x_3]\begin{bmatrix}a_{11} & a_{12} & a_{13}\\a_{12} & a_{22} & a_{23}\\a_{13} & a_{23} & a_{33}\end{bmatrix}\begin{bmatrix}x_1\\x_2\\x_3\end{bmatrix}$；（4）$\begin{bmatrix}3\\-1\\4\end{bmatrix}[2\quad -1\quad 3]$。

3. 求逆矩阵：

（1）$\begin{bmatrix}3 & -1\\2 & 1\end{bmatrix}^{-1}$，（2）$\begin{bmatrix}a & b\\c & d\end{bmatrix}^{-1}$，

并思考所得的结果，为以后快速计算二阶矩阵的逆矩阵打下基础。

4. 解下列矩阵方程

（1）$\begin{bmatrix}2 & -1 & 3\\4 & 0 & 1\\1 & 2 & -3\end{bmatrix}\begin{bmatrix}x_1\\x_2\\x_3\end{bmatrix}=\begin{bmatrix}1\\14\\2\end{bmatrix}$；（2）$[x_1\quad x_2\quad x_3]\begin{bmatrix}1 & 2 & 3\\2 & 1 & 4\\3 & 4 & 1\end{bmatrix}=\begin{bmatrix}2 & 5 & 0\\2 & 2 & -2\end{bmatrix}$。

5. 设有两矩阵

$$\boldsymbol{A}=\begin{bmatrix}1 & -2\\0 & 3\end{bmatrix},\ \boldsymbol{B}=\begin{bmatrix}-1 & 1\\0 & -3\end{bmatrix}。$$

（1）$\boldsymbol{AB}=\boldsymbol{BA}$；

(2) $(\boldsymbol{A}+\boldsymbol{B})^2=\boldsymbol{A}^2+2\boldsymbol{AB}+\boldsymbol{B}^2$;

(3) $(\boldsymbol{A}+\boldsymbol{B})(\boldsymbol{A}-\boldsymbol{B})=\boldsymbol{A}^2-\boldsymbol{B}^2$。

试问，上列 3 个等式是否成立?

6. 请回答下列命题是否正确：

(1) 若 $\boldsymbol{A}^2=0$，则 $\boldsymbol{A}=0$;

(2) 若 $\boldsymbol{A}^2=\boldsymbol{A}$，则 $\boldsymbol{A}=0$ 或 $\boldsymbol{A}=\boldsymbol{E}$;

(3) 若 $\boldsymbol{AX}=\boldsymbol{AY}$，且 $\boldsymbol{A}\neq 0$，则 $\boldsymbol{X}=\boldsymbol{Y}$;

(4) 若 $\boldsymbol{AB}=0$，且 $\boldsymbol{A}\neq 0$，则 $\boldsymbol{B}=0$。

提示：若认为该命题正确，则必须证明；若认为该命题不正确，举反例则可。

7. 设矩阵

$$\boldsymbol{A}=\begin{bmatrix}0 & a_1 & 0 & \cdots & 0\\ 0 & 0 & a_2 & \cdots & 0\\ \vdots & \vdots & \vdots & & \vdots\\ 0 & 0 & 0 & \cdots & a_{n-1}\\ a_n & 0 & 0 & \cdots & 0\end{bmatrix},$$

其中的元素均不为零，试证明 $\boldsymbol{A}$ 可逆，并求逆矩阵 $\boldsymbol{A}^{-1}$。

8. 试以二阶矩阵

$$\boldsymbol{A}=\begin{bmatrix}a_1 & a_2\\ a_3 & a_4\end{bmatrix},\ \boldsymbol{B}=\begin{bmatrix}b_1 & b_2\\ b_3 & b_4\end{bmatrix}$$

为例，核实 $(\boldsymbol{AB})^{\mathrm{T}}=\boldsymbol{B}^{\mathrm{T}}\boldsymbol{A}^{\mathrm{T}}$。

9. 已知

$$\left(\boldsymbol{A}_i\boldsymbol{A}_j\right)^{\mathrm{T}}=\boldsymbol{A}_j^{\mathrm{T}}\boldsymbol{A}_i^{\mathrm{T}},\ 1\leqslant i,\ j\leqslant n,$$

试证明

$$\left(\boldsymbol{A}_1\boldsymbol{A}_2\cdots\boldsymbol{A}_n\right)^{\mathrm{T}}=\boldsymbol{A}_n^{\mathrm{T}}\cdots\boldsymbol{A}_2^{\mathrm{T}}\boldsymbol{A}_1^{\mathrm{T}}。$$

10. 若将第 9 题中的转置 “T” 改变为逆 “-1”，试问其中的等式是否成立?

11. 设有矩阵

$$\boldsymbol{A}_1=\begin{bmatrix}1 & 0\\ \lambda & 1\end{bmatrix},\ \boldsymbol{A}_2=\begin{bmatrix}\lambda & 1 & 0\\ 0 & \lambda & 1\\ 0 & 0 & \lambda\end{bmatrix},$$

试求 $\boldsymbol{A}_1^n$ 和 $\boldsymbol{A}_2^n$。

12. 设矩阵 $\boldsymbol{A}$ 的相似矩阵

$$\bar{\boldsymbol{A}}=\begin{bmatrix}-1 & 0\\ 0 & 2\end{bmatrix},$$

相似变换矩阵为

$$\boldsymbol{P}=\begin{bmatrix}-1 & -4\\ 1 & 1\end{bmatrix},$$

试求 $\boldsymbol{A}^{11}$。

13. 已知下列 2 个矩阵

$$\boldsymbol{A}_1=\begin{bmatrix}-2 & 0 & 0\\ 0 & 1 & 0\\ 0 & 0 & 1\end{bmatrix},\ \boldsymbol{A}_2=\begin{bmatrix}0 & -1 & 1\\ -1 & 0 & 1\\ 1 & 1 & 0\end{bmatrix}$$

相似，试求两者的相似变换矩阵 $\boldsymbol{P}$，并核实所得的结果。

14. 已知三阶矩阵 $\boldsymbol{A}$，其特征值为 $\lambda_1=2$，$\lambda_2=-2$，$\lambda_3=1$，相应的特征向量分别为

$$\boldsymbol{P}_1=\begin{bmatrix}0\\ 1\\ 1\end{bmatrix},\ \boldsymbol{P}_2=\begin{bmatrix}1\\ 1\\ 1\end{bmatrix},\ \boldsymbol{P}_3=\begin{bmatrix}1\\ 1\\ 0\end{bmatrix},$$

试求 $\boldsymbol{A}$ 的表达式。

15. 已知三阶矩阵

$$\boldsymbol{A}=\begin{bmatrix}-2 & 3 & -3\\ -4 & 5 & -3\\ -4 & 4 & -2\end{bmatrix}$$

同对角阵

$$\boldsymbol{B}=\begin{bmatrix}2 & 0 & 0\\ 0 & -2 & 0\\ 0 & 0 & 1\end{bmatrix}$$

相似，试求两者的相似变换矩阵。

第 3 章　坐标变换

在总结相似变换时说过，其实质是一种坐标变换。确信，有不少读者学习过坐标变换，且有愈学愈难理解的感觉。笔者也不例外，于是琢磨出一个笨办法，就是咬定几个例子。

3.1　实例

例 3.1　以尺为单位，测量出一矩形客厅的长 y 是宽 x 的 $\bar{A}$ 倍，即

$$y=\bar{A}x,$$

现改用米为单位，试问上式如何变化？

解　众所周知，1 米等于 3 尺。原先用尺测量时，如客厅长为 6 尺，则用米测量时，应改变为 $\frac{1}{3}\times 6$米。因此，上式变为

$$3y=\bar{A}3x。$$

到此，可能会有人发笑，是不是笔者犯糊涂了，把小学生数学放在大学课本上。发笑虽然有理，但且慢作出结论。

现在我们把前一等式两边同乘以 3^{-1}，得

$$y=(3^{-1}\bar{A}3)x,$$

并将 $3^{-1}\bar{A}3$ 加上括号，再同相似变换

$$\boldsymbol{B}=\boldsymbol{P}^{-1}\boldsymbol{AP}$$

中的 $\boldsymbol{P}^{-1}\boldsymbol{AP}$ 两相对比，不知发笑的看众是否会思绪万千？此例确实简单，但务请咬定。其实，把单位为米换成单位为尺正是原型的坐标变换。

例 3.2　在平面上，存在向量 $\boldsymbol{V}_1$ 和 $\boldsymbol{V}_2$，其表达式为

$$\boldsymbol{V}_1=\boldsymbol{i}+\boldsymbol{j},\quad \boldsymbol{V}_2=4\boldsymbol{i}-2\boldsymbol{j}。$$

此时，默认的坐标系是平面上的直角正交坐标系，如图 3–1(a) 所示。现进行坐标变换，改变为以

$$\boldsymbol{e}_1=2\boldsymbol{i},\quad \boldsymbol{e}_2=2\boldsymbol{i}+\boldsymbol{j}$$

为基的坐标系，如图 3–1(b) 所示。试求 $\boldsymbol{V}_1$ 和 $\boldsymbol{V}_2$ 在新坐标系下的表达式。

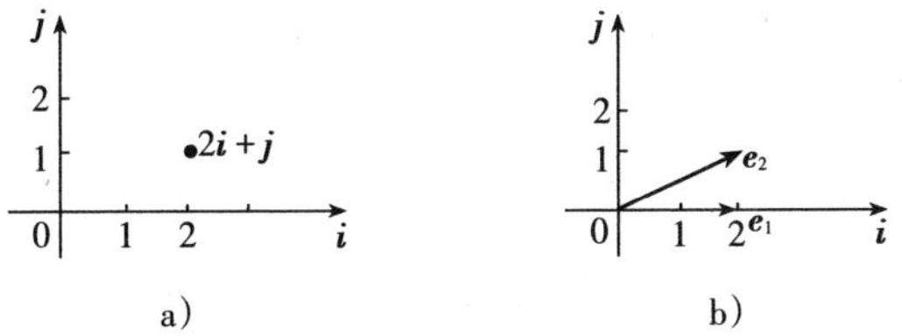

图 3–1

存在现成公式，求解此例不难，但对初学者而言，看完之后，犹雾里观花，水中望月，知其然而不知其所以然。有感于此，必须做点铺陈，以求读者洞察秋毫。

在讨论二维或二维空间的问题时，通常是引入坐标系。如三维的正交坐标系，这样一来，空间中的任一向量 $\boldsymbol{a}$ 均可表示为

$$\boldsymbol{a}=a_1\boldsymbol{i}+a_2\boldsymbol{j}+a_3\boldsymbol{k}。\tag{3–1}$$

式中，a_1、a_2 和 a_3 称为向量 $\boldsymbol{a}$ 的坐标，常简记为

$$\boldsymbol{a}=\begin{bmatrix}a_1 & a_2 & a_3\end{bmatrix}^{\mathrm{T}}\tag{3–2}$$

在研究更高维 n 维空间的问题时，只能把坐标系淡化，并改称为基（类比坐标系），其单位向量多记作 $\boldsymbol{e}_i$（$i=1$，2，⋯，n）（类比 $\boldsymbol{i}$、$\boldsymbol{j}$ 和 $\boldsymbol{k}$）。依此，n 维空间向量 $\boldsymbol{X}$ 记作［参见等式（3–1）］

$$\boldsymbol{X}=x_1\boldsymbol{e}_1+x_2\boldsymbol{e}_2+\cdots+x_n\boldsymbol{e}_n\tag{3–3}$$

经常出现这种情况，为使问题简化或引入新概念，如相似矩阵，必须换用新基，如例 3.1 所示。写到这里，需要强调：

（1）体会下列两式的联系和含义。

1 米 = 3 尺，将“米”“尺”视作坐标单位，（3–4）

3 ·（用米测量的结果）= 1 ·（用尺测量的结果）。

（2）存在一个概念，并不深奥，却困惑笔者多年，幸经老师点化，略有领悟，写出来同大家共议。

一人身高 1.8 米，或 180 厘米。将单位为米改为单位为厘米实际上就是坐标变换。试问，经坐标变换后，此人身高有无变化？答案是明摆着的，不用多说。但对于一个向量而言，经坐标变换后是否仍然没有变化？真是个令人发晕的问题。欲知详情，请看下文。

该讲的都讲了，还是得用事实说话，回到刚才的例子，如图 3–2 所示，求向量

$$\boldsymbol{V}_1=\boldsymbol{i}+\boldsymbol{j}\text{ 和 }\boldsymbol{V}_2=4\boldsymbol{i}-2\boldsymbol{j}$$

在新坐标系以 e_1 和 e_2 为单位向量

$$e_1=2i,\ e_2=2i+j$$

时的表达式。

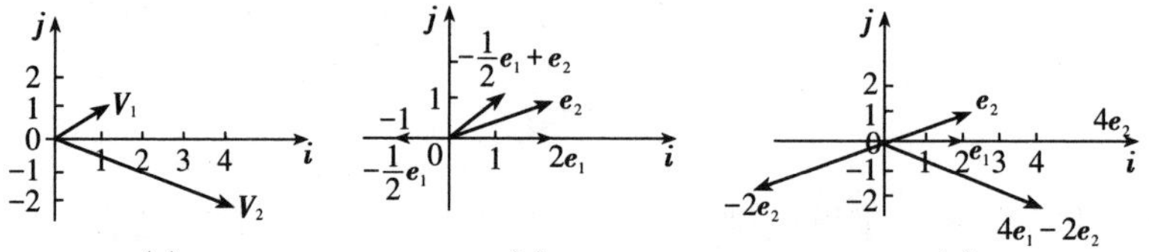

(a)　(b)　(c)

图 3-2

写到这里，休息片刻，让我们大家一齐来思考个问题：设 V_1 和 V_2 在新坐标系的表达式分别为

$$V_1=x_1e_1+x_2e_2,\ V_2=y_1e_1+y_2e_2,$$

试问下列等式是否成立？

$$[i\quad j]\begin{bmatrix}1\\1\end{bmatrix}=V_1=[e_1\quad e_2]\begin{bmatrix}x_1\\x_2\end{bmatrix},\ [i\quad j]\begin{bmatrix}4\\-2\end{bmatrix}=V_2=[e_1\quad e_2]\begin{bmatrix}y_1\\y_2\end{bmatrix}。\tag{3-5}$$

遇到这样的问题，必须表态，对或错并不重要，总结经验，就是进步，打好基础十分关键。一时拿不定主意，何妨把它算出来再说。

解 1　用待定系数法，设

$$\begin{cases}V_1=i+j=x_1e_1+x_2e_2,\\V_2=4i-2j=y_1e_1+y_2e_2。\end{cases}\tag{3-6}$$

式（3-6）中，x_1，x_2，y_1，y_2 是待定系数。

将给定条件

$$e_1=2i,\ e_2=2i+j$$

代入上式，经简单计算，比较系数，可知

$$x_1=-\frac{1}{2},\ x_2=1;\ y_1=4,\ y_2=-2。\tag{3-7}$$

其结果如图 3-2 所示。可见，答案是正确的。

解完之后，犹有余兴。将等式（3-6）改写成向量式，并参用等式（3-7），得

$$V_1=[i\quad j]\begin{bmatrix}1\\1\end{bmatrix}=[e_1\quad e_2]\begin{bmatrix}-\frac{1}{2}\\1\end{bmatrix};\ V_2=[i\quad j]\begin{bmatrix}4\\-2\end{bmatrix}=[e_1\quad e_2]\begin{bmatrix}4\\-2\end{bmatrix}。$$

见到上式，不觉眼前一亮，这不正是我们梦绕魂牵的等式（3-5）！问题解决了，欣慰之余，趁机乘胜追击，将其推广为如下的定则。

3.2　向量守恒

任一向量 $\boldsymbol{V}$，若其在以坐标系 $\boldsymbol{E}[\boldsymbol{e}_1, \boldsymbol{e}_2, \cdots, \boldsymbol{e}_n]$ 和 $\boldsymbol{E}'[\boldsymbol{e}_1', \boldsymbol{e}_2', \cdots, \boldsymbol{e}_n']$ 下的表达式分别为

$$\boldsymbol{V} = x_1\boldsymbol{e}_1 + x_2\boldsymbol{e}_2 + \cdots + x_n\boldsymbol{e}_n$$

和

$$\boldsymbol{V} = x_1'\boldsymbol{e}_1' + x_2'\boldsymbol{e}_2' + \cdots + x_n'\boldsymbol{e}_n,$$

则必有

$$\sum_{i=1}^{n} x_i\boldsymbol{e}_i = \sum_{i=1}^{n} x_i'\boldsymbol{e}_i',$$

其向量式为

$$\begin{bmatrix}\boldsymbol{e}_1 & \boldsymbol{e}_2 & \cdots & \boldsymbol{e}_n\end{bmatrix}\begin{bmatrix}x_1\\ x_2\\ \vdots\\ x_n\end{bmatrix} = \begin{bmatrix}\boldsymbol{e}_1' & \boldsymbol{e}_2' & \cdots & \boldsymbol{e}_n'\end{bmatrix}\begin{bmatrix}x_1'\\ x_2'\\ \vdots\\ x_n'\end{bmatrix}, \tag{3-8}$$

或简写为

$$\boldsymbol{E}\cdot\boldsymbol{X} = \boldsymbol{E}'\boldsymbol{X}'。 \tag{3-9}$$

式中

$$\boldsymbol{E} \leftrightarrow \begin{bmatrix}\boldsymbol{e}_1 & \boldsymbol{e}_2 & \cdots & \boldsymbol{e}_n\end{bmatrix},\ \boldsymbol{E}' \leftrightarrow \begin{bmatrix}\boldsymbol{e}_1' & \boldsymbol{e}_2' & \cdots & \boldsymbol{e}_n'\end{bmatrix},$$

$$\boldsymbol{X} \leftrightarrow \begin{bmatrix}x_1 & x_2 & \cdots & x_n\end{bmatrix}^{\mathrm{T}},\ \boldsymbol{X}' \leftrightarrow \begin{bmatrix}x_1' & x_2' & \cdots & x_n'\end{bmatrix}^{\mathrm{T}}。$$

向量守恒的实际意义异常直观，但仍应铭记，使之成为求解坐标变换的“看家本领”。如若不信，请看下文，便知此言不虚。

解 2　根据向量守恒定则式（3-8），直接可知

$$\begin{bmatrix}\boldsymbol{i} & \boldsymbol{j}\end{bmatrix}\begin{bmatrix}1\\ 1\end{bmatrix} = \boldsymbol{V}_1 = \begin{bmatrix}\boldsymbol{e}_1 & \boldsymbol{e}_2\end{bmatrix}\begin{bmatrix}x_1\\ x_2\end{bmatrix},\ \begin{bmatrix}\boldsymbol{i} & \boldsymbol{j}\end{bmatrix}\begin{bmatrix}4\\ -2\end{bmatrix} = \boldsymbol{V}_2 = \begin{bmatrix}\boldsymbol{e}_1 & \boldsymbol{e}_2\end{bmatrix}\begin{bmatrix}y_1\\ y_2\end{bmatrix}, \tag{3-10}$$

再利用给定条件

$$\boldsymbol{e}_1 = 2\boldsymbol{i},\ \boldsymbol{e}_2 = 2\boldsymbol{i} + \boldsymbol{j},$$

由此便可解出

$$x_1 = -\frac{1}{2},\ x_2 = 1;\ y_1 = 4,\ y_2 = -2。$$

这同解 1 的结果完全一样，但解题的思路却大相径庭。再者，受到向量守恒等式（3-10）的启发，发现了一个更规范化的解法。

解 3 将解 2 中的坐标系［$\boldsymbol{e}_1$，$\boldsymbol{e}_2$］写成矩阵式

$$[\boldsymbol{e}_1 \quad \boldsymbol{e}_2]=[\boldsymbol{i} \quad \boldsymbol{j}]\begin{bmatrix}2 & 2\\0 & 1\end{bmatrix}, \tag{3-11}$$

并代入向量守恒等式（3–10），得

$$[\boldsymbol{i} \quad \boldsymbol{j}]\begin{bmatrix}1\\1\end{bmatrix}=[\boldsymbol{i} \quad \boldsymbol{j}]\begin{bmatrix}2 & 2\\0 & 1\end{bmatrix}\begin{bmatrix}x_1\\x_2\end{bmatrix},$$

$$[\boldsymbol{i} \quad \boldsymbol{j}]\begin{bmatrix}4\\-2\end{bmatrix}=[\boldsymbol{i} \quad \boldsymbol{j}]\begin{bmatrix}2 & 2\\0 & 1\end{bmatrix}\begin{bmatrix}y_1\\y_2\end{bmatrix}。$$

在上式上消去［$\boldsymbol{i} \quad \boldsymbol{j}$］后，有

$$\begin{bmatrix}1\\1\end{bmatrix}=\begin{bmatrix}2 & 2\\0 & 1\end{bmatrix}\begin{bmatrix}x_1\\x_2\end{bmatrix};\ \begin{bmatrix}4\\-2\end{bmatrix}=\begin{bmatrix}2 & 2\\0 & 1\end{bmatrix}\begin{bmatrix}y_1\\y_2\end{bmatrix}, \tag{3-12}$$

据此求出

$$\begin{aligned}\begin{bmatrix}x_1\\x_2\end{bmatrix}&=\begin{bmatrix}2 & 2\\0 & 1\end{bmatrix}^{-1}\begin{bmatrix}1\\1\end{bmatrix}=\frac{1}{2}\begin{bmatrix}1 & -2\\0 & 2\end{bmatrix}\begin{bmatrix}1\\1\end{bmatrix}=\begin{bmatrix}-\dfrac{1}{2}\\1\end{bmatrix},\\ \begin{bmatrix}y_1\\y_2\end{bmatrix}&=\begin{bmatrix}2 & 2\\0 & 1\end{bmatrix}^{-1}\begin{bmatrix}4\\-2\end{bmatrix}=\begin{bmatrix}4\\-2\end{bmatrix}。\end{aligned} \tag{3-13}$$

上列 3 种解法一脉相承。是否还有“续篇”可供借鉴？有兴趣的读者请静坐片刻，回想等式（3–4）：

$$\begin{cases}1米=3尺，将“米”“尺”视作坐标单位；\\3\cdot(用米测量的结果)=1\cdot(用尺测量的结果),\end{cases}$$

并与上解中的等式（3–11）和式（3–12）一一对比：

$$[\boldsymbol{e}_1 \quad \boldsymbol{e}_2]=[\boldsymbol{i} \quad \boldsymbol{j}]\begin{bmatrix}2 & 2\\0 & 1\end{bmatrix},$$

$$\begin{bmatrix}2 & 2\\0 & 1\end{bmatrix}\begin{bmatrix}x_1\\x_2\end{bmatrix}=\begin{bmatrix}1\\1\end{bmatrix},\quad \begin{bmatrix}2 & 2\\0 & 1\end{bmatrix}\begin{bmatrix}y_1\\y_2\end{bmatrix}=\begin{bmatrix}4\\-2\end{bmatrix},$$

$$[\boldsymbol{e}_1 \quad \boldsymbol{e}_2]\leftrightarrow“米”,\ [\boldsymbol{i} \quad \boldsymbol{j}]\leftrightarrow“尺”,\ \begin{bmatrix}2 & 2\\0 & 1\end{bmatrix}\leftrightarrow“3”,$$

$$\begin{bmatrix}x_1\\x_2\end{bmatrix}、\begin{bmatrix}y_1\\y_2\end{bmatrix}\leftrightarrow“用米量”的结果,\ \begin{bmatrix}1\\1\end{bmatrix}、\begin{bmatrix}4\\-2\end{bmatrix}\leftrightarrow“用尺量”的结果,$$

这样一揣摩，解 3 的结果、等式（3–13）便顺理成章，天衣无缝，一个新的解法也由此降生。

例 3.3 已知二维向量

$$V = 5i + 11j = \begin{bmatrix} i & j \end{bmatrix} \begin{bmatrix} 5 \\ 11 \end{bmatrix},\ V_{[i\ j]} = \begin{bmatrix} 5 \\ 11 \end{bmatrix},$$

试求在新坐标系

$$e_1 = 4i + j,\ e_2 = -i + 3j$$

下的表达式。

解　采用新的解法，参照等式（3–4）的思路，并将给定条件改写为

$$\begin{bmatrix} e_1 & e_2 \end{bmatrix} = \begin{bmatrix} i & j \end{bmatrix} \begin{bmatrix} 4 & -1 \\ 1 & 3 \end{bmatrix},$$

直接便得

$$\begin{bmatrix} 4 & -1 \\ 1 & 3 \end{bmatrix} V_{[e_1\ e_2]} = V_{[i\ j]} = \begin{bmatrix} 5 \\ 11 \end{bmatrix},$$

即

$$V_{[e_1\ e_2]} = \begin{bmatrix} 4 & -1 \\ 1 & 3 \end{bmatrix}^{-1} \begin{bmatrix} 5 \\ 11 \end{bmatrix} = \frac{1}{13} \begin{bmatrix} 3 & 1 \\ -1 & 4 \end{bmatrix} \begin{bmatrix} 5 \\ 11 \end{bmatrix} = \begin{bmatrix} 2 \\ 3 \end{bmatrix}$$

答案是否正确？验证如下：

$$V_{[e_1\ e_2]} = \begin{bmatrix} 2 \\ 3 \end{bmatrix} \leftrightarrow V = 2e_1 + 3e_2 = 2(4i + j) + 3(-i + 3j)$$
$$= 5i + 11j。$$

对比给定条件，千真万确，如图 3–3 所示。

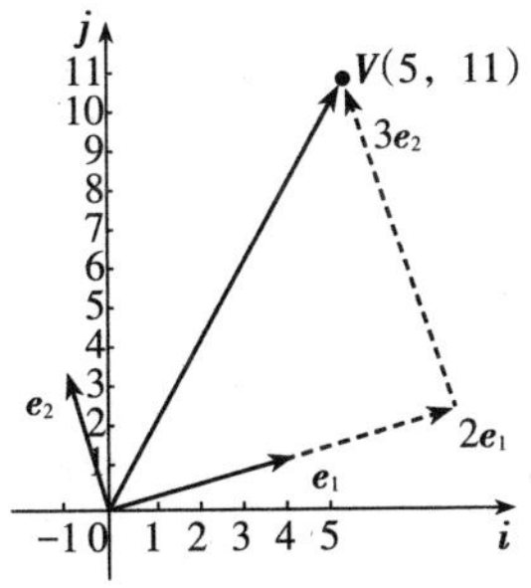

图 3–3

值得一提，读者也可能已经领悟，上述解法的实际含义在于：坐标系单位向量的值乘测量值等于被测向量［联想等式（3–4）］。当然，这事实上正是向量守恒定则。

例 3.4　平面上存在两组坐标系，分别为

$$\begin{aligned} &e_1 = 4i - j,\ e_2 = 2i + 3j; \\ &e_1' = 3i + j,\ e_2' = -2i - 3j, \end{aligned} \tag{3-14}$$

且已知向量

$$V=2e_1-e_2=[e_1\quad e_2]\begin{bmatrix}2\\-1\end{bmatrix},\quad V_{[e_1\ \ e_2]}=\begin{bmatrix}2\\-1\end{bmatrix},$$

如图 3–4 所示。试求 $V_{[e_1'\ \ e_2']}$。

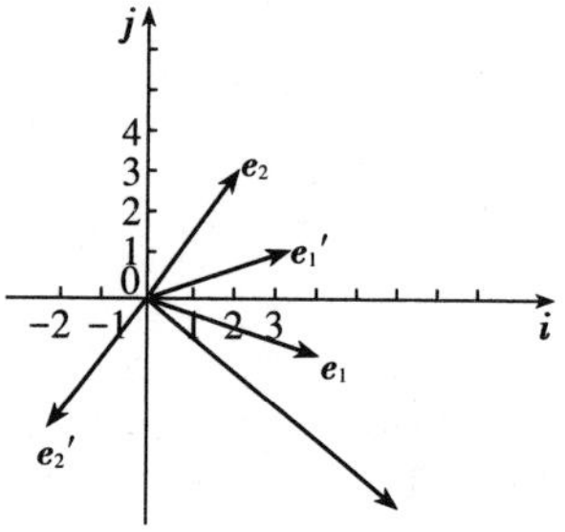

图 3–4

解 1 根据向量守恒定则式（3–8），如设

$$V_{[e_1'\ \ e_2']}=\begin{bmatrix}x_1\\x_2\end{bmatrix},$$

则必有

$$[e_1'\quad e_2']\begin{bmatrix}x_1\\x_2\end{bmatrix}=[e_1\quad e_2]\begin{bmatrix}2\\-1\end{bmatrix},$$

再将给定条件（3–14）写成矩阵式

$$[e_1\quad e_2]=[i\quad j]\begin{bmatrix}4&2\\-1&3\end{bmatrix},\ [e_1'\quad e_2']=[i\quad j]\begin{bmatrix}3&-2\\1&-3\end{bmatrix},\tag{3–15}$$

并代入前式，整理后，得

$$V_{[e_1'\ \ e_2']}=\begin{bmatrix}x_1\\x_2\end{bmatrix}=\begin{bmatrix}3&-2\\1&-3\end{bmatrix}^{-1}\begin{bmatrix}4&2\\-1&3\end{bmatrix}\begin{bmatrix}2\\-1\end{bmatrix}$$
$$=-\frac{1}{7}\begin{bmatrix}-3&2\\-1&3\end{bmatrix}\begin{bmatrix}4&2\\-1&3\end{bmatrix}\begin{bmatrix}2\\-1\end{bmatrix}=\frac{1}{7}\begin{bmatrix}14&0\\7&-7\end{bmatrix}\begin{bmatrix}2\\-1\end{bmatrix}=\begin{bmatrix}4\\3\end{bmatrix}。$$

上述答案的正确性，请读者判定。此外，下面提供的解法，其正确性也有劳大家思考。

解 2 从题设条件易知

$$[e_1\quad e_2]=[e_1'\quad e_2']\begin{bmatrix}3&-2\\1&-3\end{bmatrix}^{-1}\begin{bmatrix}4&2\\-1&3\end{bmatrix}=[e_1'\quad e_2']\begin{bmatrix}2&0\\1&-1\end{bmatrix},$$

因此，得

$$V_{[e_1'\ \ e_2']}=\begin{bmatrix}2&0\\1&-1\end{bmatrix}V_{[e_1\ \ e_2]}=\begin{bmatrix}2&0\\1&-1\end{bmatrix}\begin{bmatrix}2\\-1\end{bmatrix}=\begin{bmatrix}4\\3\end{bmatrix}。$$

例 3.5 试求矩阵

$$A=\begin{bmatrix}3 & 2\\ -1 & 0\end{bmatrix} \tag{3-16}$$

在新基

$$\boldsymbol{e}_1=2\boldsymbol{i},\ \boldsymbol{e}_2=2\boldsymbol{i}+\boldsymbol{j} \tag{3-17}$$

下的表达式。

解 给定一个矩阵，若没有指明坐标系或基，则默认为

$\boldsymbol{e}_1=[1,\ 0,\ 0,\ \cdots,\ 0]$，$\boldsymbol{e}_2=[0,\ 1,\ 0,\ \cdots,\ 0]$，$\cdots$，$\boldsymbol{e}_n=[0,\ 0,\ \cdots,\ 1]$，当 $n=2$ 时，则 $\boldsymbol{e}_1=\boldsymbol{i}$，$\boldsymbol{e}_2=\boldsymbol{j}$；$n=3$ 时，自然就是 $\boldsymbol{i}$、$\boldsymbol{j}$ 和 $\boldsymbol{k}$ 了。

此例的矩阵 A 是二阶的，根据给定条件式（3–17）可知基变换矩阵为

$$H=\begin{bmatrix}2 & 2\\ 0 & 1\end{bmatrix}。$$

什么是基（坐标）变换矩阵？请拭目以待。当把给定坐标系式（3–17）写成矩阵式

$$[\boldsymbol{e}_1\quad \boldsymbol{e}_2]=[\boldsymbol{i}\quad \boldsymbol{j}]\begin{bmatrix}2 & 2\\ 0 & 1\end{bmatrix}=[\boldsymbol{i}\quad \boldsymbol{j}]H \tag{3-18}$$

就清楚地看到，将旧坐标系［$\boldsymbol{i}\quad \boldsymbol{j}$］变换成新坐标系［$\boldsymbol{e}_1\quad \boldsymbol{e}_2$］时，必于其上右乘一个相应的矩阵 H，即基变换矩阵。

需要注意，有些教材把等式（3–18）写成

$$\begin{bmatrix}\boldsymbol{e}_1\\ \boldsymbol{e}_2\end{bmatrix}=\begin{bmatrix}2 & 0\\ 2 & 1\end{bmatrix}\begin{bmatrix}\boldsymbol{i}\\ \boldsymbol{j}\end{bmatrix}=H^{\mathrm{T}}\begin{bmatrix}\boldsymbol{i}\\ \boldsymbol{j}\end{bmatrix}, \tag{3-19}$$

两种写法式（3–18）和式（3–19）各有所取。本书为工科读者设想，只用前者，并将据此有序地给出本例的答案。

（1）求式（3–16）中矩阵 A 在新基式（3–17）的表达式，其实际含义是什么？这必须交待，首先出场的是向量 V，如图 3–5 所示，显然可见，其上存在两组坐标系（基）［$\boldsymbol{i}\quad \boldsymbol{j}$］以及［$\boldsymbol{e}_1\quad \boldsymbol{e}_2$］，且

$$V=\boldsymbol{i}-2\boldsymbol{j}=\frac{5}{2}\boldsymbol{e}_1-2\boldsymbol{e}_2;\ \boldsymbol{e}_1=2\boldsymbol{i},\ \boldsymbol{e}_2=2\boldsymbol{i}+\boldsymbol{j}, \tag{3-20}$$

即

$$V_{[\boldsymbol{i}\ \ \boldsymbol{j}]}=\begin{bmatrix}1\\ -2\end{bmatrix}\leftrightarrow V_{[\boldsymbol{e}_1\ \ \boldsymbol{e}_2]}=\begin{bmatrix}\frac{5}{2}\\ -2\end{bmatrix}, \tag{3-21}$$

式（3–21）中符号“↔”表示“对应于”，实则相等。

向量 V 经矩阵 A 作用后，变化为

$$AV_{[i\ \ j]}=\begin{bmatrix}3&2\\-1&0\end{bmatrix}\begin{bmatrix}1\\-2\end{bmatrix}=\begin{bmatrix}-1\\-1\end{bmatrix},\tag{3-22}$$

经计算后可知

$$-\boldsymbol{i}-\boldsymbol{j}=\frac{1}{2}\boldsymbol{e}_1-\boldsymbol{e}_2,\tag{3-23}$$

即

$$V_{[i\ \ j]}=\begin{bmatrix}-1\\-1\end{bmatrix}\leftrightarrow V_{[e_1\ \ e_2]}=\begin{bmatrix}\frac{1}{2}\\-1\end{bmatrix}。\tag{3-24}$$

至此，就劳大家回答一个问题：如果矩阵 $\boldsymbol{A}$ 在新坐标下的表达式为 $\boldsymbol{A}'$，它必须满足什么条件？一时答不上来，也很正常，不妨多思忖一会，共同讨论。

讨论之后，答案如下：如果向量

$$V_{[i\ \ j]}\leftrightarrow V_{[e_1\ \ e_2]},\tag{3-25}$$

则矩阵 $\boldsymbol{A}'$必须满足条件

$$A'V_{[e_1\ \ e_2]}\leftrightarrow AV_{[i\ \ j]}。\tag{3-26}$$

为具体起见，借用刚才的数据式（3-21），两式分别为

$$V_{[i\ \ j]}=\begin{bmatrix}1\\-2\end{bmatrix},\ V_{[e_1\ \ e_2]}=\begin{bmatrix}\frac{5}{2}\\-2\end{bmatrix},\tag{3-27}$$

矩阵 $\boldsymbol{A}'$必须满足的条件是

$$A'\begin{bmatrix}\frac{5}{2}\\-2\end{bmatrix}\leftrightarrow\begin{bmatrix}3&2\\-1&0\end{bmatrix}\begin{bmatrix}1\\-2\end{bmatrix}。$$

为让大家获得直观认识，特将上列结果绘制成图，如图 3-5 所示。

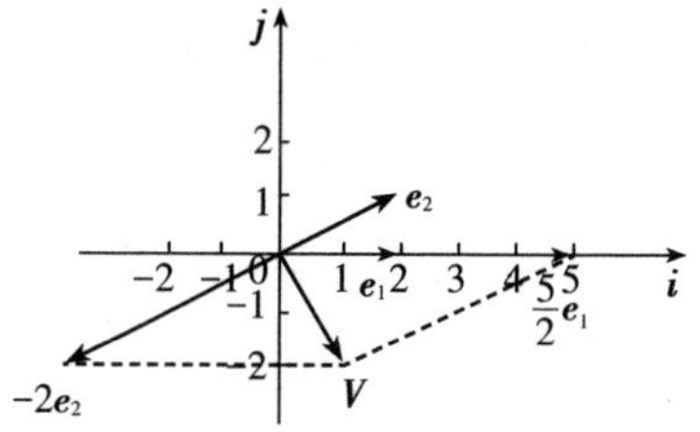

图 3-5

看过图后，读者一定已经意识到，向量

$$V_{[i\ \ j]}=\begin{bmatrix}1\\-2\end{bmatrix}\leftrightarrow V_{[e_1\ \ e_2]}=\begin{bmatrix}\frac{5}{2}\\-2\end{bmatrix}\tag{3-28}$$

经矩阵 $\boldsymbol{A}$ 和 $\boldsymbol{A}'$作用后，得到的是同一个向量

$$\boldsymbol{V}'_{[i\ \ j]}=-\begin{bmatrix}1\\1\end{bmatrix}\leftrightarrow\boldsymbol{V}'_{[e_1\ \ e_2]}=\begin{bmatrix}\frac{1}{2}\\-1\end{bmatrix},\tag{3-29}$$

不同之处在于，坐标系不同而已。

弄明白了矩阵 $\boldsymbol{A}'$的实际含义，也为我们提供了解法，下面就将循序渐进逐一介绍。

（2）中学程度的解法。

用待定系数法，设矩阵

$$\boldsymbol{A}'=\begin{bmatrix}a_1 & a_2\\a_3 & a_4\end{bmatrix},$$

其中的 4 个元素待定。根据等式（3-28）和等式（3-29）可知应有

$$\boldsymbol{A}'\begin{bmatrix}\frac{5}{2}\\-2\end{bmatrix}=\begin{bmatrix}a_1 & a_2\\a_3 & a_4\end{bmatrix}\begin{bmatrix}\frac{5}{2}\\-2\end{bmatrix}=\begin{bmatrix}\frac{1}{2}\\-1\end{bmatrix},$$

再找一个类似的条件，则矩阵 $\boldsymbol{A}'$的 4 个元素就全部确定了，问题也就解决了。

经大家讨论后，认为上述办法虽然可以，但计算量大，应该动脑筋想一下，寻求两个特殊的条件。

不难想到，最特殊的两个条件分别是：

$$\boldsymbol{V}_1=\boldsymbol{i}=\frac{1}{2}\boldsymbol{e}_1：\ \boldsymbol{V}_{1[i\ \ j]}=\begin{bmatrix}1\\0\end{bmatrix}\leftrightarrow\boldsymbol{V}_{1[e_1\ \ e_2]}=\begin{bmatrix}\frac{1}{2}\\0\end{bmatrix};\tag{3-30}$$

$$\boldsymbol{V}_2=\boldsymbol{j}=-\boldsymbol{e}_1+\boldsymbol{e}_2：\ \boldsymbol{V}_{2[i\ \ j]}=\begin{bmatrix}0\\1\end{bmatrix}\leftrightarrow\boldsymbol{V}_{2[e_1\ \ e_2]}=\begin{bmatrix}-1\\1\end{bmatrix}。\tag{3-31}$$

据此有

$$\boldsymbol{A}\boldsymbol{V}_{1[i\ \ j]}=\begin{bmatrix}3 & 2\\-1 & 0\end{bmatrix}\begin{bmatrix}1\\0\end{bmatrix}=\begin{bmatrix}3\\-1\end{bmatrix}=\boldsymbol{V}'_{1[i\ \ j]}\leftrightarrow\boldsymbol{V}'_{1[e_1\ \ e_2]}=\begin{bmatrix}\frac{5}{2}\\-1\end{bmatrix},\tag{3-32}$$

$$\boldsymbol{A}\boldsymbol{V}_{2[i\ \ j]}=\begin{bmatrix}3 & 2\\-1 & 0\end{bmatrix}\begin{bmatrix}0\\1\end{bmatrix}=\begin{bmatrix}2\\0\end{bmatrix}=\boldsymbol{V}'_{2[i\ \ j]}\leftrightarrow\boldsymbol{V}'_{2[e_1\ \ e_2]}=\begin{bmatrix}1\\0\end{bmatrix}。\tag{3-33}$$

上面讲过，在新坐标下的矩阵 $\boldsymbol{A}'$应满足以下要求：

$$\boldsymbol{A}'\boldsymbol{V}_{1[e_1\ \ e_2]}=\boldsymbol{V}'_{1[e_1\ \ e_2]},\ \boldsymbol{A}'\boldsymbol{V}_{2[e_1\ \ e_2]}=\boldsymbol{V}'_{2[e_1\ \ e_2]}。\tag{3-34}$$

将已知数据式（3-30）至式（3-33）代入式（3-34），得

$$\boldsymbol{A}'\begin{bmatrix}\frac{1}{2}\\0\end{bmatrix}=\begin{bmatrix}\frac{5}{2}\\-1\end{bmatrix},\ \boldsymbol{A}'\begin{bmatrix}-1\\1\end{bmatrix}=\begin{bmatrix}1\\0\end{bmatrix},\tag{3-35}$$

把上列两式合二而一：

$$\boldsymbol{A}'\begin{bmatrix}\frac{1}{2} & -1\\ 0 & 1\end{bmatrix}=\begin{bmatrix}\frac{5}{2} & 1\\ -1 & 0\end{bmatrix}。$$

由此有

$$\boldsymbol{A}'=\begin{bmatrix}\frac{5}{2} & 1\\ -1 & 0\end{bmatrix}\begin{bmatrix}\frac{1}{2} & -1\\ 0 & 1\end{bmatrix}^{-1}=\begin{bmatrix}\frac{5}{2} & 1\\ -1 & 0\end{bmatrix}\begin{bmatrix}2 & 2\\ 0 & 1\end{bmatrix}$$

$$=\begin{bmatrix}5 & 6\\ -2 & -2\end{bmatrix}。$$

答案是否正确？读者在判定之前，请先详察如图 3–6 所示的关系，以求脉络清晰，成竹在胸。

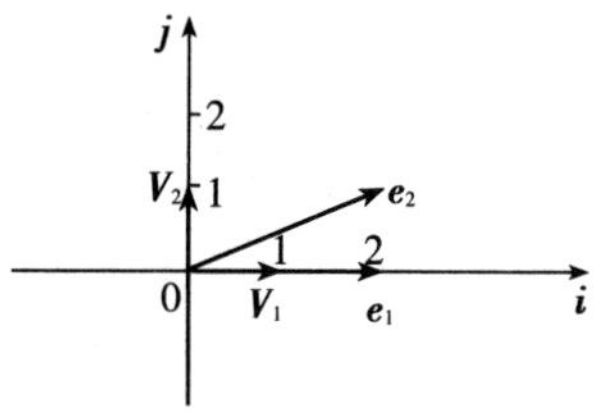

图 3–6

$$\boldsymbol{V}_1=\boldsymbol{i}=\frac{1}{2}\boldsymbol{e}_1，\ \boldsymbol{V}_2=\boldsymbol{j}=-\boldsymbol{e}_1+\boldsymbol{e}_2$$

总结一下，此解思路明确，可惜计算量稍大，经讨论后，认为可以选择如下的两个特殊向量 $\boldsymbol{V}_1$ 和 $\boldsymbol{V}_2$：

$$\boldsymbol{V}_1=2\boldsymbol{i}=\boldsymbol{e}_1：\ \boldsymbol{V}_{1[i\ \ j]}=\begin{bmatrix}2\\ 0\end{bmatrix}，\ \boldsymbol{V}_{1[e_1\ \ e_2]}=\begin{bmatrix}1\\ 0\end{bmatrix}；$$

$$\boldsymbol{V}_2=2\boldsymbol{i}+\boldsymbol{j}=\boldsymbol{e}_2：\ \boldsymbol{V}_{1[i\ \ j]}=\begin{bmatrix}2\\ 1\end{bmatrix}，\ \boldsymbol{V}_{2[e_1\ \ e_2]}=\begin{bmatrix}0\\ 1\end{bmatrix}。$$

据此有

$$\boldsymbol{AV}_{1[i\ \ j]}=\begin{bmatrix}3 & 2\\ -1 & 0\end{bmatrix}\begin{bmatrix}2\\ 0\end{bmatrix}=\begin{bmatrix}6\\ -2\end{bmatrix}=\boldsymbol{V}'_{1[i\ \ j]}\leftrightarrow\boldsymbol{V}'_{1[e_1\ \ e_2]}=\begin{bmatrix}5\\ -2\end{bmatrix}，$$

$$\boldsymbol{AV}_{2[i\ \ j]}=\begin{bmatrix}3 & 2\\ -1 & 0\end{bmatrix}\begin{bmatrix}2\\ 1\end{bmatrix}=\begin{bmatrix}8\\ -2\end{bmatrix}=\boldsymbol{V}'_{2[i\ \ j]}\leftrightarrow\boldsymbol{V}'_{2[e_1\ \ e_2]}=\begin{bmatrix}6\\ -2\end{bmatrix}。$$

同理，矩阵 $\boldsymbol{A}'$ 应满足以下要求：

$$\boldsymbol{A}'\boldsymbol{V}_{1[e_1\ \ e_2]}=\boldsymbol{V}'_{1[e_1\ \ e_2]}，\ \boldsymbol{A}'\boldsymbol{V}_{2[e_1\ \ e_2]}=\boldsymbol{V}'_{2[e_1\ \ e_2]}。$$

将上列数据代入前式，得

$$A'\begin{bmatrix}1\\0\end{bmatrix}=\begin{bmatrix}5\\-2\end{bmatrix},\ A'\begin{bmatrix}0\\1\end{bmatrix}=\begin{bmatrix}6\\-2\end{bmatrix},$$

即

$$A'\begin{bmatrix}1&0\\0&1\end{bmatrix}=\begin{bmatrix}5&6\\-2&-2\end{bmatrix}\leftrightarrow A'=\begin{bmatrix}5&6\\-2&-2\end{bmatrix}。$$

以上结果如图 3-7 所示。可见，总结之后，解法又胜一筹，一题多解，精益求精，值得称道。

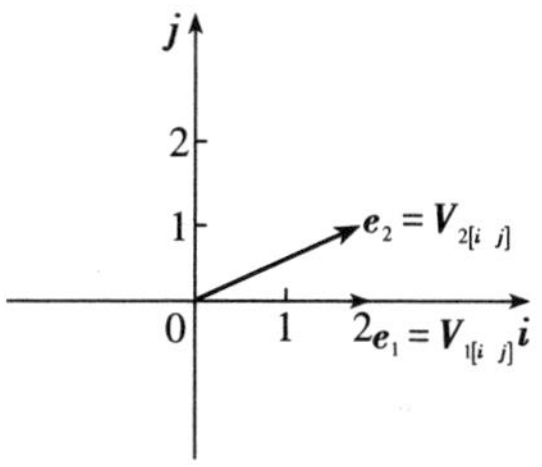

图 3-7

（3）大学程度的解法。

（ⅰ）问题。

给定矩阵 A，试求在新坐标系

$$e_1=p_1i+p_2j,\ e_2=p_3i+p_4j, \tag{3-36}$$

$$[e_1\ \ e_2]=[i\ \ j]\begin{bmatrix}p_1&p_3\\p_2&p_4\end{bmatrix}=[i\ \ j]P;\ P\triangleq\begin{bmatrix}p_1&p_3\\p_2&p_4\end{bmatrix} \tag{3-37}$$

下的表达式。

（ⅱ）求解。

设在原坐标系中的向量 V_1 经矩阵 A 作用后转化为向量 V_2，即

$$AV_1=V_2。 \tag{3-38}$$

现在面临的问题是如何求出 V_1 和 V_2 在新坐标系（3-36）下的表达式？读者可能已经不爱听了，因此直接写出，两者的新表达式为

$$V_1'=P^{-1}V_1,\ V_2'=P^{-1}V_2 \tag{3-39}$$

或

$$V_1=PV_1',\ V_2=PV_2' \tag{3-40}$$

将式（3-39）、式（3-40）代入等式（3-38），得

$$APV_1'=PV_2',$$

由此可知，矩阵 $\boldsymbol{A}$ 在新坐标系的表达式为

$$\boldsymbol{A}'=\boldsymbol{P}^{-1}\boldsymbol{A}\boldsymbol{P}。\tag{3-41}$$

上面的结果是否正确，就用本例一试，将相关数据

$$\boldsymbol{A}=\begin{bmatrix}3&2\\-1&0\end{bmatrix},\ \boldsymbol{P}=\begin{bmatrix}2&2\\0&1\end{bmatrix}$$

代入等式（3–41），得

$$\begin{aligned}\boldsymbol{A}'&=\begin{bmatrix}2&2\\0&1\end{bmatrix}^{-1}\begin{bmatrix}3&2\\-1&0\end{bmatrix}\begin{bmatrix}2&2\\0&1\end{bmatrix}\\&=\frac{1}{2}\begin{bmatrix}1&-2\\0&2\end{bmatrix}\begin{bmatrix}6&8\\-2&-2\end{bmatrix}=\begin{bmatrix}5&6\\-2&-2\end{bmatrix},\end{aligned}$$

可见，答案完全正确。

大功告成，但还需饶舌几句：

① 一题多解，各有优劣。为什么说刚才的解法具有大学水平？因为它咬住坐标变换，穷追不舍，路数稳实；得到的结论既实用，而且深含理论价值。

② 在求解的过程中，我们没有明示，直接用了“向量守恒”，或者说以“米”换“尺”的道理，请读者详察，并参见等式（3–4）。

③ 再一次证实了所谓相似矩阵，就是同一矩阵在不同的坐标系下的相似表达。需要说明这里讲的同一矩阵是指：所有的特征值相同，特征向量相同，但后者的表达式是随坐标系而异的。

例 3.6 在平面上存在两组坐标系

$$\begin{matrix}\boldsymbol{e}_1=\boldsymbol{i}+\boldsymbol{j}\\\boldsymbol{e}_2=-\boldsymbol{i}+2\boldsymbol{j}\end{matrix}\leftrightarrow[\boldsymbol{e}_1\quad\boldsymbol{e}_2]=[\boldsymbol{i}\quad\boldsymbol{j}]\begin{bmatrix}1&-1\\1&2\end{bmatrix},\tag{3-42}$$

$$\begin{matrix}\boldsymbol{e}_1'=2\boldsymbol{i}-\boldsymbol{j}\\\boldsymbol{e}_2'=\boldsymbol{i}+2\boldsymbol{j}\end{matrix}\leftrightarrow[\boldsymbol{e}_1'\quad\boldsymbol{e}_2']=[\boldsymbol{i}\quad\boldsymbol{j}]\begin{bmatrix}2&1\\-1&2\end{bmatrix},\tag{3-43}$$

已知在［$\boldsymbol{e}_1\quad\boldsymbol{e}_2$］坐标系的矩阵

$$\boldsymbol{A}=\begin{bmatrix}2&-2\\0&1\end{bmatrix},\tag{3-44}$$

试求其在［$\boldsymbol{e}_1'\quad\boldsymbol{e}_2'$］坐标系的表达式。

解 1 思路：这是新题型，设法将其转变成例 3.5 的模式，轻车熟路，求解不在话下。为此目的，设

$$\boldsymbol{e}_1'=a_1\boldsymbol{e}_1+a_2\boldsymbol{e}_2,\ \boldsymbol{e}_2'=a_3\boldsymbol{e}_1+a_4\boldsymbol{e}_2,\tag{3-45}$$

式（3–45）中，所有系数全部待定。为此，将等式（3–42）和等式（3–43）代入式（3–45），比较系数后，可知

$$a_1=1,\ a_2=-1,\ a_3=\frac{4}{3},\ a_4=\frac{1}{3},$$

据此，有

$$\begin{bmatrix}e_1' & e_2'\end{bmatrix}=\begin{bmatrix}e_1 & e_2\end{bmatrix}\begin{bmatrix}1 & \frac{4}{3}\\ -1 & \frac{1}{3}\end{bmatrix}。\tag{3-46}$$

这样一来，就同例 3.5 完全同型了！照章办事，马上解出矩阵 $\boldsymbol{A}$ 在坐标系 $[\boldsymbol{e}_1' \quad \boldsymbol{e}_2']$ 的表达式

$$\begin{aligned}\boldsymbol{A}'&=\begin{bmatrix}1 & \frac{4}{3}\\ -1 & \frac{1}{3}\end{bmatrix}^{-1}\begin{bmatrix}2 & -2\\ 0 & 1\end{bmatrix}\begin{bmatrix}1 & \frac{4}{3}\\ -1 & \frac{1}{3}\end{bmatrix}\\ &=\frac{3}{5}\begin{bmatrix}\frac{1}{3} & -\frac{4}{3}\\ 1 & 1\end{bmatrix}\begin{bmatrix}4 & 2\\ -1 & \frac{1}{3}\end{bmatrix}=\frac{1}{5}\begin{bmatrix}8 & \frac{2}{3}\\ 9 & 7\end{bmatrix}。\end{aligned}\tag{3-47}$$

解完之后，留下两个问题，尚希读者关注：一是答案是否正确，如何判定？二是有无更简便的解法，从何思考？

解 2 遇到坐标变换的问题，切莫忘记自己的撒手锏“向量守恒”，即

$$\begin{bmatrix}e_1 & e_2\end{bmatrix}\begin{bmatrix}x_1\\ x_2\end{bmatrix}=\begin{bmatrix}e_1' & e_2'\end{bmatrix}\begin{bmatrix}y_1\\ y_2\end{bmatrix}\leftrightarrow x_1e_1+x_2e_2=y_1e_1'+y_2e_2',$$

其中，$[x_1 \quad x_2]^{\mathrm T}$ 和 $[y_1 \quad y_2]^{\mathrm T}$ 正是同一向量 $\boldsymbol{V}$ 分别对应于坐标系 $[\boldsymbol{e}_1 \quad \boldsymbol{e}_2]$ 和 $[\boldsymbol{e}_1' \quad \boldsymbol{e}_2']$ 的表达式。此时，借助关系式（3–42）和式（3–43），则上式化为

$$\begin{bmatrix}i & j\end{bmatrix}\begin{bmatrix}1 & -1\\ 1 & 2\end{bmatrix}\begin{bmatrix}x_1\\ x_2\end{bmatrix}=\begin{bmatrix}i & j\end{bmatrix}\begin{bmatrix}2 & 1\\ -1 & 2\end{bmatrix}\begin{bmatrix}y_1\\ y_2\end{bmatrix},$$

经适当整理，据此可知

$$\begin{aligned}\begin{bmatrix}x_1\\ x_2\end{bmatrix}&=\begin{bmatrix}1 & -1\\ 1 & 2\end{bmatrix}^{-1}\begin{bmatrix}2 & 1\\ -1 & 2\end{bmatrix}\begin{bmatrix}y_1\\ y_2\end{bmatrix}=\frac{1}{3}\begin{bmatrix}2 & 1\\ -1 & 1\end{bmatrix}\begin{bmatrix}2 & 1\\ -1 & 2\end{bmatrix}\begin{bmatrix}y_1\\ y_2\end{bmatrix}\\ &=\frac{1}{3}\begin{bmatrix}3 & 4\\ -3 & 1\end{bmatrix}\begin{bmatrix}y_1\\ y_2\end{bmatrix}。\end{aligned}\tag{3-48}$$

式（3–48）意义非凡，其价值在于：建立了同一向量 $\boldsymbol{V}$ 在坐标变换前后两种表达式之间的关系，据此，分如下两步便可直达目的地，解决问题。

（1）设在坐标系 $[\boldsymbol{e}_1 \quad \boldsymbol{e}_2]$ 下向量 $\boldsymbol{X}$ 经矩阵 $\boldsymbol{A}$ 作用后转化为 $\boldsymbol{Y}$，则

$$\boldsymbol{AX}=\boldsymbol{Y}。\tag{3-49}$$

（2）进行坐标变换，改用坐标系 $[\boldsymbol{e}_1' \quad \boldsymbol{e}_2']$，并设式（3–49）中向量 $\boldsymbol{X}$ 和

Y分别变换为X'和Y'，则根据关系式（3-48）应有

$$X=\frac{1}{3}\begin{bmatrix}3&4\\-3&1\end{bmatrix}X',\quad Y=\frac{1}{3}\begin{bmatrix}3&4\\-3&1\end{bmatrix}Y',$$

将上式代入等式（3-49），并简记

$$\frac{1}{3}\begin{bmatrix}3&4\\-3&1\end{bmatrix}=P, \tag{3-50}$$

则得

$$APX'=PY',\quad P^{-1}APX'=Y',$$

这正是大家熟习的相似矩阵，据此可知，矩阵A经坐标变换后转变为矩阵

$$A'=P^{-1}AP, \tag{3-51}$$

再代入矩阵P的具体表达式（3-50）后，则知此例的解为

$$\begin{aligned}A'&=\left(\frac{1}{3}\begin{bmatrix}3&4\\-3&1\end{bmatrix}\right)^{-1}\begin{bmatrix}2&-2\\0&1\end{bmatrix}\left(\frac{1}{3}\begin{bmatrix}3&4\\-3&1\end{bmatrix}\right)\\&=\frac{1}{5}\begin{bmatrix}8&\frac{2}{3}\\9&7\end{bmatrix}。\end{aligned} \tag{3-52}$$

式（3-47）和式（3-52）的解完全相同，但方法互异，孰是孰非，请暂且不议，待看完下文，再分伯仲。

解 3 首先，审视两组坐标系式（3-42）和式（3-43）。其次，静思将“尺”换为“米”后，测量值的变化。最后，经过上列两步走来，从两组坐标系一眼就看出

$$[e_1\quad e_2]\begin{bmatrix}1&-1\\1&2\end{bmatrix}^{-1}=[i\quad j]=[e_1'\quad e_2']\begin{bmatrix}2&1\\-1&2\end{bmatrix}^{-1}$$

及其真面目

$$\begin{aligned}[e_1'\quad e_2']&=[e_1\quad e_2]\begin{bmatrix}1&-1\\1&2\end{bmatrix}^{-1}\begin{bmatrix}2&1\\-1&2\end{bmatrix}\\&=[e_1\quad e_2]\frac{1}{3}\begin{bmatrix}3&4\\-3&1\end{bmatrix}=[e_1\quad e_2]P;\ P=\frac{1}{3}\begin{bmatrix}3&4\\-3&1\end{bmatrix}。\end{aligned} \tag{3-53}$$

余下的可能读者从解 2 中已经知道了，将坐标系［e_1'　e_2'］视作“米”，［e_1　e_2］视作“尺”，则在［e_1　e_2］的表达式

$$AX=Y$$

变换到［e_1'　e_2'］时，自然变换为

$$APX'=PY',$$

也就是

$$P^{-1}APX'=Y',$$

这表明：在坐标系［e_1'　e_2'］下，矩阵 A 变换为

$$A' = P^{-1}AP,$$

显然，上式同解 2 的答案完全一样，见等式（3–52）。

解完后，尚存在两个问题有待思考。首先，答案是否正确；其次，解法是否完美。

头一个问题，破解之道，需视实际情况，并力求简便。此例为两个矩阵 A 和 A' 互为相似矩阵，特征多项式必然相等，这不失为验证答案的一个重要依据。除此之外，还有什么利器？

（1）相似矩阵的行列式应该相等，请看

$$|A'| = |P^{-1}AP| = |P^{-1}||A||P| = |A|,$$

再看本例中矩阵 A 和 A' 的行列式，分别如下所示：

$$|A| = \begin{vmatrix} 2 & -2 \\ 0 & 1 \end{vmatrix} = 2;\quad |A'| = \left| \frac{1}{5}\begin{bmatrix} 8 & \frac{2}{3} \\ 9 & 7 \end{bmatrix} \right| = \frac{1}{25}(56-6) = 2,$$

可见

$$|A| = |A'|。$$

头一关过了，再闯下一关。

（2）计算矩阵 A 和 A' 的特征多项式，分别是

$$|A-\lambda E| = \begin{vmatrix} 2-\lambda & -2 \\ 0 & 1-\lambda \end{vmatrix} = (2-\lambda)(1-\lambda) = \lambda^2 - 3\lambda + 2,$$

$$|A'-\lambda E| = \begin{vmatrix} \frac{8}{5}-\lambda & \frac{2}{15} \\ \frac{9}{5} & \frac{7}{5}-\lambda \end{vmatrix} = \lambda^2 - 3\lambda + 2,$$

可见

$$|A-\lambda E| = |A'-\lambda E|。$$

第二关过了，闯下一关时得多说几句。

在此，请读者休息片刻，听一下“猪八戒照镜子，两面不是人”的故事，其中自然离不开坐标变换，但总会轻松一些。

例 3.7　追随唐僧西天取经，功德圆满，猪八戒将功补过，官复原职，重登天蓬元帅宝座。欣喜之余，一日亲赴天宫，欲向玉皇大帝叩首谢恩。刚进入前厅，忽见另一位仙人，既与己相像又不相像，诡异之处在于：猪八戒举手投足，他也举手投足；猪八戒挤眉弄眼，他也挤眉弄眼。可谓一模一样，天生一对。正当猪八戒惊愕之际，旁边的仙童笑道：“八戒元帅您是在照镜子。”

上述传说是出自我国古代地理名著《山海经》，或纯属杜撰，本书无可奉告，但却为作者提供了一份论证坐标变换难得的素材。此话怎讲？请看下文。

想把照镜子这件事讲明白，难也不难，首先必须把像数字化。就猪八戒而言，身高、腿长、腰围、体重，项目繁多，不易全部数字化。好在我们只关心概念，不失一般化，只选身高和腰围就足矣，并分别记为 c_1 和 c_2，且将猪八戒视作一个二维向量，记作 $\boldsymbol{C}$：

$$\text{猪八戒} \triangleq \begin{bmatrix} c_1 & c_2 \end{bmatrix}^{\mathrm{T}} = \boldsymbol{C}。\tag{3-54}$$

其次，镜子也得数字化。如何数字化？这不失为一个最好的训练思维的机会。就日常应用来说，能在镜子里看到的猪八戒，连他自己都难分真伪，您说这面镜子的数学模型应该是啥？须知，猪八戒本人的数学模型已经是二维向量 $\boldsymbol{C}$，见式（3-54）。

提示一句，我们现在正讨论矩阵的坐标变换，对猪八戒这个二维向量，自然会想到二阶矩阵。真巧，猪八戒在天宫所照镜子的数学模型正好是二阶矩阵

$$\boldsymbol{A} = \begin{bmatrix} 1.6 & -0.6 \\ 0.3 & 0.7 \end{bmatrix}。\tag{3-55}$$

设猪八戒的身高 $c_1 = 1.8$ 米，腰围 $c_2 = 1.5$ 米，则其在镜中的像 $\boldsymbol{C}'$ 为

$$\boldsymbol{C}' = \boldsymbol{AC} = \begin{bmatrix} 1.6 & -0.6 \\ 0.3 & 0.7 \end{bmatrix}\begin{bmatrix} 1.8 \\ 1.5 \end{bmatrix} = \begin{bmatrix} 1.98 \\ 1.59 \end{bmatrix}。\tag{3-56}$$

不料，猪八戒看后，甚是不快，自认身高不足两米，有失元帅尊严，立令马上整改。

正当大家犯难之际，一人忽然笑道：“刚学了坐标变换，何不一试。”

将默认的坐标系 $[\boldsymbol{i} \quad \boldsymbol{j}]$ 变换为新坐标系 $[\boldsymbol{e}_1 \quad \boldsymbol{e}_2]$，并设

$$\boldsymbol{e}_1 = 2\boldsymbol{i} + \boldsymbol{j}，\ \boldsymbol{e}_2 = \boldsymbol{i} + \boldsymbol{j}，\tag{3-57}$$

据此可知

$$\begin{bmatrix} \boldsymbol{e}_1 & \boldsymbol{e}_2 \end{bmatrix} = \begin{bmatrix} \boldsymbol{i} & \boldsymbol{j} \end{bmatrix}\begin{bmatrix} 2 & 1 \\ 1 & 1 \end{bmatrix};\ \begin{bmatrix} 2 & 1 \\ 1 & 1 \end{bmatrix} \triangleq \boldsymbol{P}。\tag{3-58}$$

有了式（3-58）的结果，直接仿例 3.6 的解法，则得式（3-55）中矩阵 $\boldsymbol{A}$ 在经坐标变换 $[\boldsymbol{e}_1 \quad \boldsymbol{e}_2]$ 后的表达式

$$\begin{aligned} \boldsymbol{A}' = \boldsymbol{P}^{-1}\boldsymbol{AP} &= \begin{bmatrix} 2 & 1 \\ 1 & 1 \end{bmatrix}^{-1}\begin{bmatrix} 1.6 & -0.6 \\ 0.3 & 0.7 \end{bmatrix}\begin{bmatrix} 2 & 1 \\ 1 & 1 \end{bmatrix} \\ &= \begin{bmatrix} 1 & -1 \\ -1 & 2 \end{bmatrix}\begin{bmatrix} 2.6 & 1 \\ 1.3 & 1 \end{bmatrix} = \begin{bmatrix} 1.3 & 0 \\ 0 & 1 \end{bmatrix}。\end{aligned}\tag{3-59}$$

众人深知，同一个镜面，纵然换了坐标系，猪八戒的像也不会改变，只好

仿 $\boldsymbol{A}'$ 的模型改用一个放大镜，骗猪八戒出镜。

猪八戒见此镜面 $\bar{\boldsymbol{A}}$，眼前一亮，镜前一照：

$$\bar{\boldsymbol{A}}\boldsymbol{C}=\begin{bmatrix}1.3 & 0\\0 & 1\end{bmatrix}\begin{bmatrix}1.8\\1.5\end{bmatrix}=\begin{bmatrix}2.34\\1.5\end{bmatrix}\triangleq\boldsymbol{C}''。\tag{3-60}$$

耳听大家夸他变成了身高 2 米有余、腰围不变的“高大帅”，大喜过望，下令重奖诸人，席间饮酒过度，至今未醒。

故事就此息鼓，却仍有余音。里面出现了三个猪八戒：

（1）二维向量模型 $\boldsymbol{C}=[1.8\quad 1.5]^{\mathrm{T}}$；

（2）在镜面 $\boldsymbol{A}$ 中的像式（3-56）：$\boldsymbol{AC}=\boldsymbol{C}'=[1.98\quad 1.59]^{\mathrm{T}}$；

（3）在镜面 $\bar{\boldsymbol{A}}$ 中的幻影式（3-60）：$\bar{\boldsymbol{A}}\boldsymbol{C}=\boldsymbol{C}''=[2.34\quad 1.5]^{\mathrm{T}}$。

试问，其间有何关联？答曰：“如图 3-8 所示。”

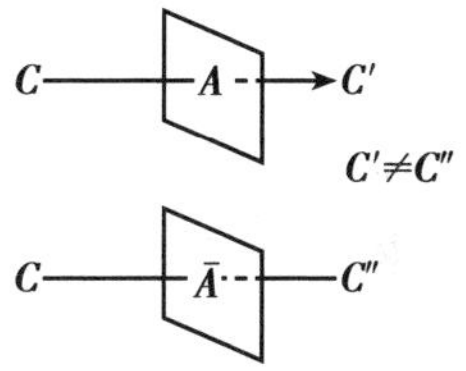

图3-8

图 3-8 上已清楚可见，三者并非一体，但为分出彼此，必须予以定量的解读。这很关键，务请把关。

头一个猪八戒 $\boldsymbol{C}=[1.8\quad 1.5]^{\mathrm{T}}$ 客观存在，第二个猪八戒是头一个在镜面 $\boldsymbol{A}$ 的像，两者的关联就是如此，非常明确。

第三个猪八戒是头一个在镜面 $\bar{\boldsymbol{A}}$ 的像，两者的关联就是如此，非常明确。

麻烦来了，第二个猪八戒

$$\boldsymbol{C}'=\boldsymbol{AC}=[1.98\quad 1.59]^{\mathrm{T}}\tag{3-61}$$

与第三个猪八戒

$$\boldsymbol{C}''=\bar{\boldsymbol{A}}\boldsymbol{C}=[2.34\quad 1.5]^{\mathrm{T}}\ （幻影）\tag{3-62}$$

两者成像的镜面虽然互异，但都是头一个的像，必然存在关联。既然如此，就一定要讲个明白，休想蒙混过关。作者行文至此，忽然眼前发黑，等一会再议，即同一镜面在不同坐标系的情况。

休息片刻，脑洞大张，双眼发光，居然看透了“向量守恒定则”的本质，正好也需要它参与。

（1）猪八戒向量 $\boldsymbol{C}=[1.8\quad 1.5]^{\mathrm{T}}$ 客观存在，根据向量守恒定则，在将坐标系从 $[\boldsymbol{i}\quad \boldsymbol{j}]$ 变换为 $[\boldsymbol{e}_1\quad \boldsymbol{e}_2]$ 时，见等式（3-57），也丝毫不变。因此，存在等式

$$\begin{aligned}\boldsymbol{C}&=[1.8\quad 1.5]^{\mathrm{T}}=1.8\boldsymbol{i}+1.5\boldsymbol{j}=x\boldsymbol{e}_1+y\boldsymbol{e}_2\\&=x(2\boldsymbol{i}+\boldsymbol{j})+y(\boldsymbol{i}+\boldsymbol{j}),\end{aligned}$$

经比较系数，可知 $x=0.3$，$y=1.2$。由此得向量守恒等式

$$[\boldsymbol{i}\quad \boldsymbol{j}]\begin{bmatrix}1.8\\1.5\end{bmatrix}=[\boldsymbol{e}_1\quad \boldsymbol{e}_2]\begin{bmatrix}0.3\\1.2\end{bmatrix};\ \boldsymbol{C}'\triangleq[0.3\quad 1.2]^{\mathrm{T}}。\tag{3-63}$$

（幸好没有人告诉猪八式，在新坐标系中身高仅 0.3，而腰围 1.2，腰围是身高的 4 倍。）

（2）从向量守恒等式可见，坐标系［$\boldsymbol{i}\quad \boldsymbol{j}$］和坐标系［$\boldsymbol{e}_1\quad \boldsymbol{e}_2$］是对等的，无伯仲之分。因此，同一个镜面，采用坐标系［$\boldsymbol{i}\quad \boldsymbol{j}$］表达的矩阵模型和采用坐标系［$\boldsymbol{e}_1\quad \boldsymbol{e}_2$］表达的矩阵模型 $\boldsymbol{A}'$ 应该是对等的，无伯仲之分。

不言而喻，依据上述推理，猪八戒在同一个镜面里的像是确定的，不论是用模型镜面 $\boldsymbol{A}$ 还是用模型镜面 $\boldsymbol{A}'$，只是前者以坐标系［$\boldsymbol{i}\quad \boldsymbol{j}$］表达，后者以坐标系［$\boldsymbol{e}_1\quad \boldsymbol{e}_2$］表达。

空口无凭，下面用事实说话：

用模型镜面 $\boldsymbol{A}$ 时，猪八戒的像是

$$\boldsymbol{AC}=\begin{bmatrix}1.6 & -0.6\\0.3 & 0.7\end{bmatrix}\begin{bmatrix}1.8\\1.5\end{bmatrix}=\begin{bmatrix}1.98\\1.59\end{bmatrix},\tag{3-64}$$

坐标系为［$\boldsymbol{i}\quad \boldsymbol{j}$］。

用模型镜面 $\boldsymbol{A}'$ 时，猪八戒的像是

$$\boldsymbol{A}'\boldsymbol{C}'=\begin{bmatrix}1.3 & 0\\0 & 1\end{bmatrix}\begin{bmatrix}0.3\\1.2\end{bmatrix}=\begin{bmatrix}0.39\\1.2\end{bmatrix};\ \boldsymbol{C}'\triangleq\begin{bmatrix}0.3\\1.2\end{bmatrix},\tag{3-65}$$

坐标系为［$\boldsymbol{e}_1\quad \boldsymbol{e}_2$］。

从表面上看，两个镜面模型照出来的猪八戒并不相等：

$$\boldsymbol{AC}=[1.98\quad 1.59]^{\mathrm{T}}\neq[0.3\quad 1.2]^{\mathrm{T}}=\boldsymbol{A}'\boldsymbol{C}',$$

实际上是因为坐标系不同，犹如甲用尺量，乙用米量。

已知两坐标系的关系如式（3-58）：

$$[\boldsymbol{e}_1\quad \boldsymbol{e}_2]=[\boldsymbol{i}\quad \boldsymbol{j}]\begin{bmatrix}2 & 1\\1 & 1\end{bmatrix}\leftrightarrow[\boldsymbol{i}\quad \boldsymbol{j}]=[\boldsymbol{e}_1\quad \boldsymbol{e}_2]\begin{bmatrix}2 & 1\\1 & 1\end{bmatrix}^{-1},\tag{3-66}$$

据此，先把猪八戒在镜面 $\boldsymbol{A}$ 的像变换成［$\boldsymbol{e}_1\quad \boldsymbol{e}_2$］坐标系：

$$\begin{aligned}[\boldsymbol{i}\quad \boldsymbol{j}]\begin{bmatrix}1.98\\1.59\end{bmatrix}&=[\boldsymbol{e}_1\quad \boldsymbol{e}_2]\begin{bmatrix}2 & 1\\1 & 1\end{bmatrix}^{-1}\begin{bmatrix}1.98\\1.59\end{bmatrix}\\&=[\boldsymbol{e}_1\quad \boldsymbol{e}_2]\begin{bmatrix}1 & -1\\-1 & 2\end{bmatrix}\begin{bmatrix}1.98\\1.59\end{bmatrix}=[\boldsymbol{e}_1\quad \boldsymbol{e}_2]\begin{bmatrix}0.39\\1.2\end{bmatrix},\end{aligned}\tag{3-67}$$

这同猪八戒在镜面 $\boldsymbol{A}'$ 的像完全一致，见式（3-65）。再把猪八戒在镜面 $\boldsymbol{A}'$ 的像

变换成［i　j］坐标系

$$[\boldsymbol{e}_1 \quad \boldsymbol{e}_2]\begin{bmatrix}0.39\\1.2\end{bmatrix}=[\boldsymbol{i} \quad \boldsymbol{j}]\begin{bmatrix}2 & 1\\1 & 1\end{bmatrix}\begin{bmatrix}0.39\\1.2\end{bmatrix}=[\boldsymbol{i} \quad \boldsymbol{j}]\begin{bmatrix}1.98\\1.59\end{bmatrix}, \tag{3-68}$$

这同猪八戒在镜面 $\boldsymbol{A}$ 的像完全一致，见式（3–64）。

上列式（3–67）和式（3–68）最清楚地揭示了第二个和第三个猪八戒之间的关系：头一个猪八戒 $\boldsymbol{C}=[1.8 \quad 1.5]^{\mathrm{T}}$ 在镜面照了一张像，其在坐标系［$\boldsymbol{i}$　$\boldsymbol{j}$］的镜面 $\boldsymbol{A}$ 中的像 $\boldsymbol{C}'=[1.98 \quad 1.59]^{\mathrm{T}}$ 是第二个猪八戒，其在坐标系［$\boldsymbol{e}_1$　$\boldsymbol{e}_2$］的镜面 $\boldsymbol{A}'$ 中的像 $\boldsymbol{C}'=[0.3 \quad 1.2]^{\mathrm{T}}$ 是第三个猪八戒。两者可谓亲密无间，正如图 3–9 所示。

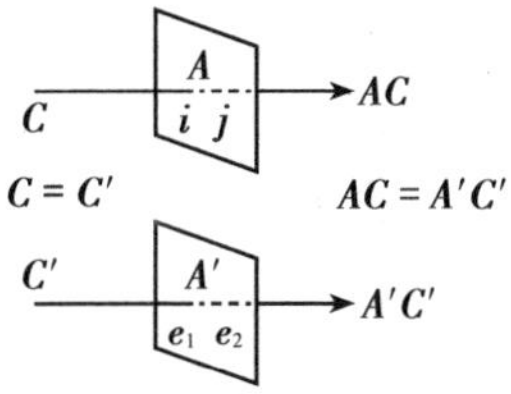

图3–9

希望重视上述那种亲密无间的关系，这正是相似矩阵的固有属性，可用之辨明真伪。有余力的读者正可凭此属性核实一下例 3.6 中的两个矩阵

$$\boldsymbol{A}=\begin{bmatrix}2 & -2\\0 & 1\end{bmatrix},\ \boldsymbol{A}'=\frac{1}{5}\begin{bmatrix}8 & \frac{2}{3}\\9 & 7\end{bmatrix}$$

的相似性，为作者代劳。

3.3　坐标变换定则

从上述可见，在处理坐标变换问题时，向量守恒定则是主力军，功不可没。其“孪生兄弟”坐标变换定则已迫不及待也想一显身手。

从前讲过，尺和米作为坐标系的长度单位，可以相互比较大小。推而广之，何不认为同阶的坐标系也可以比较大小。因此，特定义如下。

定义 3.1　设存在如下关系：

$$[\boldsymbol{e}_1' \quad \boldsymbol{e}_2']=[\boldsymbol{e}_1 \quad \boldsymbol{e}_2]\begin{bmatrix}p_1 & p_2\\p_3 & p_4\end{bmatrix}=[\boldsymbol{e}_1 \quad \boldsymbol{e}_2]\boldsymbol{P},\ \boldsymbol{P}\triangleq\begin{bmatrix}p_1 & p_2\\p_3 & p_4\end{bmatrix},$$

则可认为：坐标系 $[\boldsymbol{e}_1' \quad \boldsymbol{e}_2']$ 比 $[\boldsymbol{e}_1 \quad \boldsymbol{e}_2]$ 大矩阵 $\boldsymbol{P}$ 倍。反之，也可认为：坐标系［$\boldsymbol{e}_1$　$\boldsymbol{e}_2$］比［$\boldsymbol{e}_1'$　$\boldsymbol{e}_2'$］大矩阵 $\boldsymbol{P}^{-1}$ 倍。

显然，上述定义适用于任何阶的坐标系。据此，以后就可以根据

1“米” = 3“尺”，

用“尺”测量 = 3 用“米”测量

的道理大大简化坐标变换的程序。究竟是否如此？请往下看。

坐标变换定则 设空间存在两组坐标系 $[\boldsymbol{e}_1\quad \boldsymbol{e}_2\quad \cdots\quad \boldsymbol{e}_n]$ 和 $[\boldsymbol{e}_1'\quad \boldsymbol{e}_2'\quad \cdots\quad \boldsymbol{e}_n']$ 且后者比前者大矩阵 $\boldsymbol{P}$ 倍

$$[\boldsymbol{e}_1'\quad \boldsymbol{e}_2'\quad \cdots\quad \boldsymbol{e}_n'] = [\boldsymbol{e}_1\quad \boldsymbol{e}_2\quad \cdots\quad \boldsymbol{e}_n]\boldsymbol{P}, \tag{3-69}$$

则以前一坐标系表达的矩阵 $\boldsymbol{A}$，经坐标变换为后一坐标系时，其表达式为

$$\boldsymbol{A}' = \boldsymbol{P}^{-1}\boldsymbol{A}\boldsymbol{P}, \tag{3-70}$$

且 $\boldsymbol{A}$ 和 $\boldsymbol{A}'$ 互为相似矩阵。

证明 记 $\boldsymbol{X}$ 为空间任一向量，经矩阵 $\boldsymbol{A}$ 作用后，转化为向量 $\boldsymbol{Y}$，即

$$\boldsymbol{A}\boldsymbol{X} = \boldsymbol{Y}, \tag{3-71}$$

此时，向量 $\boldsymbol{X}$ 和 $\boldsymbol{Y}$ 都是用坐标系 $[\boldsymbol{e}_1\quad \boldsymbol{e}_2\quad \cdots\quad \boldsymbol{e}_n]$ 来表达的。

进行坐标变换，改用坐标系 $[\boldsymbol{e}_1'\quad \boldsymbol{e}_2'\quad \cdots\quad \boldsymbol{e}_n']$，此时则向量 $\boldsymbol{X}$ 与 $\boldsymbol{Y}$ 转变为向量 $\boldsymbol{X}'$ 与 $\boldsymbol{Y}'$，且两者存在如下的关系：

$$[\boldsymbol{e}_1\quad \boldsymbol{e}_2\quad \cdots\quad \boldsymbol{e}_n][\boldsymbol{X}\quad \boldsymbol{Y}] = [\boldsymbol{e}_1'\quad \boldsymbol{e}_2'\quad \cdots\quad \boldsymbol{e}_n'][\boldsymbol{X}'\quad \boldsymbol{Y}']。 \tag{3-72}$$

为什么会存在如此的关系？有读者应声道：这正是司空见惯的向量守恒定则。完全正确。

关系式（3-72）代入给定条件式（3-69）后，再经简化，立即化为

$$[\boldsymbol{X}\quad \boldsymbol{Y}] = \boldsymbol{P}[\boldsymbol{X}'\quad \boldsymbol{Y}']$$

或

$$\boldsymbol{X} = \boldsymbol{P}\boldsymbol{X}',\ \boldsymbol{Y} = \boldsymbol{P}\boldsymbol{Y}'。 \tag{3-73}$$

将式（3-73）代入等式（3-71），有

$$\boldsymbol{A}\boldsymbol{P}\boldsymbol{X}' = \boldsymbol{P}\boldsymbol{Y}',$$

显然，两边同乘逆矩阵 $\boldsymbol{P}^{-1}$ 后，最后得

$$\boldsymbol{P}^{-1}\boldsymbol{A}\boldsymbol{P}\boldsymbol{X}' = \boldsymbol{Y}' \leftrightarrow \boldsymbol{A}' = \boldsymbol{P}^{-1}\boldsymbol{A}\boldsymbol{P},$$

证完。

不难看出，此定则实际上是从上述各例题的求解过程中归纳出来的，但一经上升为理论后，威力大增，用以解决坐标变换的问题，易如反掌，势如破竹。若有疑点，请看下文。

例 3.8 试用坐标变换定则重解例 3.6。

解 （1）给定两组坐标

$$\boldsymbol{e}_1 = \boldsymbol{i} + \boldsymbol{j},\ \boldsymbol{e}_2 = -\boldsymbol{i} + 2\boldsymbol{j};$$

$$\boldsymbol{e}_1' = 2\boldsymbol{i} - \boldsymbol{j},\ \boldsymbol{e}_2' = \boldsymbol{i} + 2\boldsymbol{j}$$

及在坐标系 $[\boldsymbol{e}_1\quad \boldsymbol{e}_2]$ 下的矩阵

$$A=\begin{bmatrix}2 & -2\\ 0 & 1\end{bmatrix},$$

试求矩阵 A 在坐标系［e_1'　e_2'］下的表达式。

（2）现在要知道上列两组坐标系的大小，必须先把它们改写成矩阵形式

$$[e_1\quad e_2]=[i\quad j]\begin{bmatrix}1 & -1\\ 1 & 2\end{bmatrix};\quad [e_1'\quad e_2']=[i\quad j]\begin{bmatrix}2 & 1\\ -1 & 2\end{bmatrix}。\tag{3-74}$$

（3）应用坐标变换定则，首先得比较两组坐标系。观察之后可知，在式（3-74）两边分别左乘相应的逆矩阵，则得

$$[e_1\quad e_2]\begin{bmatrix}1 & -1\\ 1 & 2\end{bmatrix}^{-1}=[i\quad j]=[e_1'\quad e_2']\begin{bmatrix}2 & 1\\ -1 & 2\end{bmatrix}^{-1},\tag{3-75}$$

由此又有

$$\begin{aligned}[e_1'\quad e_2']&=[e_1\quad e_2]\begin{bmatrix}1 & -1\\ 1 & 2\end{bmatrix}^{-1}\begin{bmatrix}2 & 1\\ -1 & 2\end{bmatrix}\\ &=[e_1\quad e_2]\frac{1}{3}\begin{bmatrix}2 & 1\\ -1 & 1\end{bmatrix}\begin{bmatrix}2 & 1\\ -1 & 2\end{bmatrix}=[e_1\quad e_2]\frac{1}{3}\begin{bmatrix}3 & 4\\ -3 & 1\end{bmatrix}\\ &=[e_1\quad e_2]\begin{bmatrix}1 & \frac{4}{3}\\ -1 & \frac{1}{3}\end{bmatrix}=[e_1\quad e_2]P;\quad P\triangleq\begin{bmatrix}1 & \frac{4}{3}\\ -1 & \frac{1}{3}\end{bmatrix}。\end{aligned}$$

上式表明：坐标系［e_1'　e_2'］比坐标系［e_1　e_2］大矩阵 P 倍。根据坐标变换定则，选用新坐标系［e_1'　e_2'］后，矩阵 A 转变为矩阵

$$\begin{aligned}A'=P^{-1}AP&=\begin{bmatrix}1 & \frac{4}{3}\\ -1 & \frac{1}{3}\end{bmatrix}^{-1}\begin{bmatrix}2 & -2\\ 0 & 1\end{bmatrix}\begin{bmatrix}1 & \frac{4}{3}\\ -1 & \frac{1}{3}\end{bmatrix}\\ &=\frac{3}{5}\begin{bmatrix}\frac{1}{3} & -\frac{4}{3}\\ 1 & 1\end{bmatrix}\begin{bmatrix}4 & 2\\ -1 & \frac{1}{3}\end{bmatrix}=\frac{1}{5}\begin{bmatrix}8 & \frac{2}{3}\\ 9 & 7\end{bmatrix},\end{aligned}$$

这同例 3.6 的答案完全吻合，而求解的思路清新明确。

例 3.9　存在两组坐标系［e_1　e_2］和［e_1'　e_2'］，且

$$e_1'=4e_1+e_2,\ e_2'=-6e_1+e_2\leftrightarrow[e_1'\quad e_2']=[e_1\quad e_2]\begin{bmatrix}4 & -6\\ 1 & 1\end{bmatrix},\tag{3-76}$$

自然这是个二维空间，如图 3-10 所示。

（1）在平面上有一向量 V，其在［e_1　e_2］下的表达式为

$$V_e=2e_1+e_2;\quad V_e\triangleq\begin{bmatrix}2\\ 1\end{bmatrix},\tag{3-77}$$

试求它在［e_1'　e_2'］下的表达式 $V_{e'}$。

（2）有矩阵 A，其在坐标系［e_1　e_2］的表达式为

$$A_e=\begin{bmatrix}2 & -2\\0 & 1\end{bmatrix},\tag{3-78}$$

试求其在坐标系［e_1'　e_2'］的表达式 $A_{e'}$。

（3）请回答向量 A_eV_e 和 $A_{e'}V_{e'}$ 之间有无关系？如有的话，则予以证实。

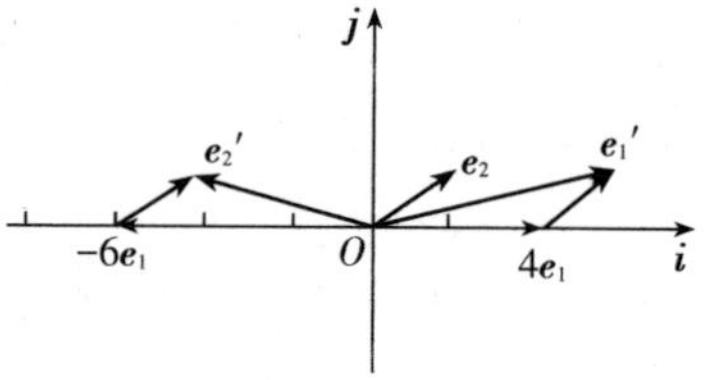

图 3-10

解　（1）设向量 V 在［e_1'　e_2'］的表达式为

$$V_{e'}=xe_1'+ye_2';\ \ V_{e'}\triangleq\begin{bmatrix}x\\y\end{bmatrix},$$

则依据向量守恒定则，存在等式

$$\begin{aligned}[e_1\ \ e_2]\begin{bmatrix}2\\1\end{bmatrix}&=[e_1'\ \ e_2']\begin{bmatrix}x\\y\end{bmatrix}\\&=[e_1\ \ e_2]\begin{bmatrix}4 & -6\\1 & 1\end{bmatrix}\begin{bmatrix}x\\y\end{bmatrix},\end{aligned}$$

由此可知［见等式（3-76）］

$$\begin{bmatrix}x\\y\end{bmatrix}=\begin{bmatrix}4 & -6\\1 & 1\end{bmatrix}^{-1}\begin{bmatrix}2\\1\end{bmatrix}=\frac{1}{10}\begin{bmatrix}1 & 6\\-1 & 4\end{bmatrix}\begin{bmatrix}2\\1\end{bmatrix}=\frac{1}{5}\begin{bmatrix}4\\1\end{bmatrix},$$

上式表明

$$V_{e'}=\frac{4}{5}e_1'+\frac{1}{5}e_2'\leftrightarrow V_{e'}\triangleq\frac{1}{5}\begin{bmatrix}4\\1\end{bmatrix},\tag{3-79}$$

从图 3-11 可见，向量 V_e 与 $V_{e'}$ 实为同一向量，不同之处在于：坐标系不同。

（2）求等式（3-78）矩阵 A_e 在坐标系［e_1'　e_2'］下的表达式，参照例 3.8 的解法，轻车熟路，存在现成公式，立刻可得

$$A_{e'}=P^{-1}A_eP,\tag{3-80}$$

从等式（3-76）可知

$$P=\begin{bmatrix}4 & -6\\1 & 1\end{bmatrix},\ \ P^{-1}=\frac{1}{10}\begin{bmatrix}1 & 6\\-1 & 4\end{bmatrix},$$

代入等式（3-80），得

$$\begin{aligned}A_{e'}&=\frac{1}{10}\begin{bmatrix}1&6\\-1&4\end{bmatrix}\begin{bmatrix}2&-2\\0&1\end{bmatrix}\begin{bmatrix}4&-6\\1&1\end{bmatrix}\\&=\frac{1}{10}\begin{bmatrix}1&6\\-1&4\end{bmatrix}\begin{bmatrix}6&-14\\1&1\end{bmatrix}=\frac{1}{10}\begin{bmatrix}12&-8\\-2&18\end{bmatrix}。\end{aligned}\tag{3-81}$$

（3）根据已知结果式（3-77）至式（3-81），不难得知

$$A_eV_e=\begin{bmatrix}2&-2\\0&1\end{bmatrix}\begin{bmatrix}2\\1\end{bmatrix}=\begin{bmatrix}2\\1\end{bmatrix};\ A_{e'}V_{e'}=\frac{1}{10}\begin{bmatrix}12&-8\\-2&18\end{bmatrix}\begin{bmatrix}\frac{4}{5}\\\frac{1}{5}\end{bmatrix}=\begin{bmatrix}0.8\\0.2\end{bmatrix}。\tag{3-82}$$

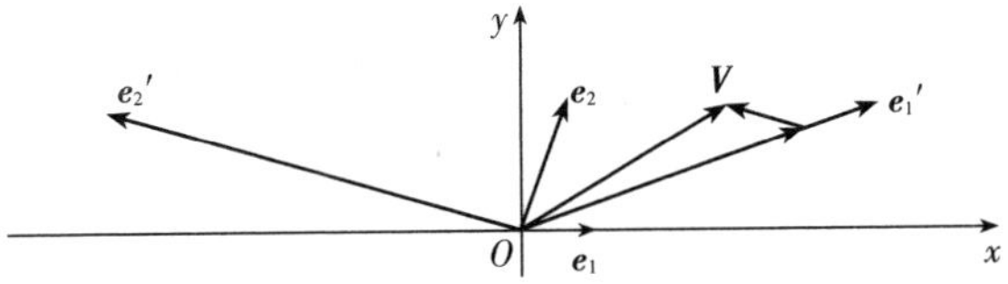

图3-11

行文至此，还必须澄清上述 A_eV_e 与 $A_{e'}V_{e'}$ 的关系，这不禁会令人想起 V_e 与 $V_{e'}$ 的关系：同一向量 V 在两种坐标系下的两种表达形式，一为 V_e，一为 $V_{e'}$，如此而已。

受此启示，又不禁令人想起猪八戒照镜子的故事：同一个猪八戒照同一面镜子，却引发了不同的看法：有人认为，无论是用尺还是用米去量度猪八戒镜外或镜里的形和像，其身高与腰围是固定不变的；另有人认为不对，但又说不出原由。究竟谁是谁非，仍然请事实作证。

由等式（3-82）可知

$$A_eV_e=\begin{bmatrix}2\\1\end{bmatrix}=2e_1+e_2,\ A_{e'}V_{e'}=\begin{bmatrix}0.8\\0.2\end{bmatrix}=0.8e_1'+0.2e_2',$$

再由给定条件式（3-76），经变换后

$$\begin{aligned}A_{e'}V_{e'}&=0.8(4e_1+e_2)+0.2(-6e_1+e_2)\\&=2e_1+e_2=A_eV_e。\end{aligned}$$

看到上面的结果，读者自有定论，毋庸作者置喙，只多说一句，遇到坐标变换问题时，务请牢记：

（1）向量守恒定则；

（2）坐标变换定则。

3.4　习题

1. 已知平面向量

$$\boldsymbol{V}=2\boldsymbol{i}+\boldsymbol{j}$$

及其在正交坐标系［$\boldsymbol{e}_1$　$\boldsymbol{e}_2$］下的表达式

$$\boldsymbol{V}=2\boldsymbol{e}_1,$$

如图 3-12 所示，试以坐标系［$\boldsymbol{i}$　$\boldsymbol{j}$］写出向量 $\boldsymbol{e}_1$ 和 $\boldsymbol{e}_2$ 的表达式。

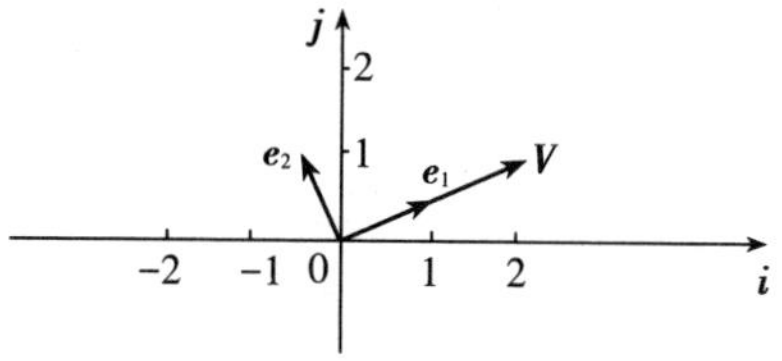

图 3-12

再者，是否尚存在其他的坐标系［$\boldsymbol{e}_1'$　$\boldsymbol{e}_2'$］，以致

$$\boldsymbol{V}=2\boldsymbol{e}'。$$

2. 在三维空间中，存在两种坐标系

$$\boldsymbol{i}=[1\quad 0\quad 0]^{\mathrm{T}},\ \boldsymbol{e}_1=[2\quad -1\quad 1]^{\mathrm{T}},$$
$$\boldsymbol{j}=[1\quad 0\quad 0]^{\mathrm{T}},\ \boldsymbol{e}_2=[0\quad 3\quad 1]^{\mathrm{T}},$$
$$\boldsymbol{k}=[0\quad 0\quad 1]^{\mathrm{T}},\ \boldsymbol{e}_3=[3\quad 1\quad -2]^{\mathrm{T}}。$$

（1）写出下式

$$[\boldsymbol{i}\quad \boldsymbol{j}\quad \boldsymbol{k}]=[\boldsymbol{e}_1\quad \boldsymbol{e}_2\quad \boldsymbol{e}_3]\boldsymbol{P}$$

中矩阵 $\boldsymbol{P}$ 的表达式。$\boldsymbol{P}$ 常称为由坐标系［$\boldsymbol{i}$　$\boldsymbol{j}$　$\boldsymbol{k}$］到坐标系［$\boldsymbol{e}_1$　$\boldsymbol{e}_2$　$\boldsymbol{e}_3$］的过渡矩阵，或变换矩阵。

（2）求向量

$$\boldsymbol{V}=a\boldsymbol{i}+b\boldsymbol{j}+c\boldsymbol{k}$$

在坐标系［$\boldsymbol{e}_1$　$\boldsymbol{e}_2$　$\boldsymbol{e}_3$］的表达式。

3. 设有向量 $\boldsymbol{V}_1$、$\boldsymbol{V}_2$ 和坐标系［$\boldsymbol{e}_1$　$\boldsymbol{e}_2$］：

$$\boldsymbol{V}_1=2\boldsymbol{i}-\boldsymbol{j},\ \boldsymbol{V}_2=\boldsymbol{i}+3\boldsymbol{j},$$
$$\boldsymbol{e}_1=\boldsymbol{i}+\boldsymbol{j},\ \boldsymbol{e}_2=\boldsymbol{i}-\boldsymbol{j},$$

试求上列向量在坐标系［$\boldsymbol{e}_1$　$\boldsymbol{e}_2$］下的表达式，并核实所得的答案。

4. 在平面上存在两种坐标系：

$$\boldsymbol{e}_1=2\boldsymbol{i}+\boldsymbol{j},\ \boldsymbol{e}_2=\boldsymbol{i}-\boldsymbol{j},$$
$$\boldsymbol{e}_1'=3\boldsymbol{i}-\boldsymbol{j},\ \boldsymbol{e}_2'=-\boldsymbol{i}+2\boldsymbol{j},$$

试求向量

$$V_1=e_1+e_2,\ V_2=-2e_1+3e_2$$

在坐标系［e_1'　e_2'］下的表达式，并核对所得的答案。

5. 平面上存在两组坐标系

$$e_1=-9i+j,\ e_2=-5i-j,$$
$$e_1'=i-4j,\ e_2'=3i-5j$$

或

$$[e_1\quad e_2]=[i\quad j]\begin{bmatrix}-9 & -5\\ 1 & -1\end{bmatrix},\ [e_1'\quad e_2']=[i\quad j]\begin{bmatrix}1 & 3\\ -4 & -5\end{bmatrix},$$

试求从坐标系［e_1'　e_2'］到［e_1　e_2］的坐标变换矩阵。

6. 平面上存在两组坐标系

$$e_1=i-3j,\ e_2=-2i+4j,$$
$$e_1'=-7i+9j,\ e_2'=-5i+7j,$$

试求：

（1）从坐标系［e_1　e_2］到［e_1'　e_2'］的坐标变换矩阵；

（2）从坐标系［e_1'　e_2'］到［e_1　e_2］的坐标变换矩阵。

7. 在三维欧氏空间中存在两组基

$$i=[1\quad 0\quad 0]^{\mathrm{T}},\ e_1=[1\quad 0\quad 3]^{\mathrm{T}},$$
$$j=[0\quad 1\quad 0]^{\mathrm{T}},\ e_2=[2\quad 1\quad 2]^{\mathrm{T}},$$
$$k=[0\quad 0\quad 1]^{\mathrm{T}},\ e_3=[-3\quad 2\quad -2]^{\mathrm{T}}。$$

（1）求从基［i　j　k］到基［e_1　e_2　e_3］的基变换矩阵 P；

（2）求向量

$$V=5i+15j+15k$$

在基［e_1　e_2　e_3］下的坐标。

8. 已知在坐标系［i　j］下矩阵

$$A=\begin{bmatrix}2 & -2\\ 0 & 1\end{bmatrix},$$

试求在坐标系［e_1　e_2］下的表达式，其中

$$e_1=i+j,\ e_2=i-j,$$

9. 在平面存在两组坐标系［i　j］和［e_1　e_2］，且

$$e_1=4i+j,\ e_2=-6i+j,$$

（1）有一向量

$$V=3i-j,$$

试求其在坐标系［$\boldsymbol{e}_1 \quad \boldsymbol{e}_2$］下的表达式，并核实得到的答案。

（2）有矩阵$\boldsymbol{A}$，在坐标系［$\boldsymbol{i} \quad \boldsymbol{j}$］下的表达式为

$$\boldsymbol{A}=\begin{bmatrix}2 & -2\\1 & 0\end{bmatrix},$$

试求其在坐标系［$\boldsymbol{e}_1 \quad \boldsymbol{e}_2$］（见第8题）下的表达式。

10. 设从基［$\boldsymbol{e}_1 \quad \boldsymbol{e}_2 \quad \cdots \quad \boldsymbol{e}_n$］到基［$\boldsymbol{e}_1' \quad \boldsymbol{e}_2' \quad \cdots \quad \boldsymbol{e}_n'$］的基变换矩阵为$\boldsymbol{P}$，任一向量在这两组基下的坐标分别为

$$[x_1 \quad x_2 \quad \cdots \quad x_n],\ [y_1 \quad y_2 \quad \cdots \quad y_n],$$

则

$$\begin{bmatrix}x_1\\x_2\\\vdots\\x_n\end{bmatrix}=\boldsymbol{P}\begin{bmatrix}y_1\\y_2\\\vdots\\y_n\end{bmatrix}\text{或}\begin{bmatrix}y_1\\y_2\\\vdots\\y_n\end{bmatrix}=\boldsymbol{P}^{-1}\begin{bmatrix}x_1\\x_2\\\vdots\\x_n\end{bmatrix},$$

试予以证明。

第4章　对称矩阵与二次型

对称矩阵早就见过，并不陌生，下面排列了一些矩阵：

$$\begin{bmatrix}2&1\\1&2\end{bmatrix},\begin{bmatrix}-4&7\\9&-4\end{bmatrix},\begin{bmatrix}5&-3\\-1&-7\end{bmatrix},$$

$$\begin{bmatrix}1&0&0\\0&1&0\\0&0&1\end{bmatrix},\begin{bmatrix}5&2&1\\2&3&8\\1&8&-6\end{bmatrix},\begin{bmatrix}-7&-3&4\\-1&6&8\\0&3&-9\end{bmatrix}。$$

请大家辨认，哪些是老相识？提示一下，对称矩阵不但形象美观，而且秉性优卓，深受学者欢迎。如愿闻其详，请往下看。

4.1　概述

一个矩阵，其本质特性是什么？这是个仁者见仁、智者见智的问题，有人认为：特征值和特征向量。此言不虚，值得肯定。

（1）任何一个 n 阶矩阵 $\boldsymbol{A}$，都伴有 n 个特征值 λ_1，λ_2，…，λ_n 和 n 条特征向量 $\boldsymbol{P}_1$，$\boldsymbol{P}_2$，…，$\boldsymbol{P}_n$，这是人所共知的。反之，任意给定 n 个数（只考虑实数）和 n 条向量（只考虑线性独立），都存在相应的矩阵 $\boldsymbol{A}$，以其作为特征值和特征向量。

在证明上述命题之前，让我们冷静想想，它是否成立？正确的答案在哪？遇到新问题，我们一以贯之的思路是从实际出发，从特殊情况入手。

例 4.1　给定两个数 1 和 2，两条向量 $\boldsymbol{P}_1=[1\quad 2]^{\mathrm{T}}$ 和 $\boldsymbol{P}_2=[2\quad -2]^{\mathrm{T}}$，试求以其为特征值和特征向量的矩阵 $\boldsymbol{A}$。

解　显然，根据题意应有

$$\boldsymbol{AP}_1=\boldsymbol{P}_1,\ \boldsymbol{AP}_2=2\boldsymbol{P}_2,$$

代入给定条件，上式化为

$$\boldsymbol{A}\begin{bmatrix}1\\2\end{bmatrix}=\begin{bmatrix}1\\2\end{bmatrix},\ \boldsymbol{A}\begin{bmatrix}2\\-2\end{bmatrix}=2\begin{bmatrix}2\\-2\end{bmatrix},$$

将其合二而一，得

$$A\begin{bmatrix}1 & 2\\2 & -2\end{bmatrix}=\begin{bmatrix}1 & 4\\2 & -4\end{bmatrix},$$

据此可知矩阵

$$\begin{aligned}A&=\begin{bmatrix}1 & 4\\2 & -4\end{bmatrix}\begin{bmatrix}1 & 2\\2 & -2\end{bmatrix}^{-1}=\begin{bmatrix}1 & 4\\2 & -4\end{bmatrix}\left(-\frac{1}{6}\right)\begin{bmatrix}-2 & -2\\-2 & 1\end{bmatrix}\\&=\frac{1}{3}\begin{bmatrix}5 & -1\\-2 & 4\end{bmatrix}。\end{aligned}$$

此答案是否对？验证如下：

$$AP_1=\frac{1}{3}\begin{bmatrix}5 & -1\\-2 & 4\end{bmatrix}\begin{bmatrix}1\\2\end{bmatrix}=\begin{bmatrix}1\\2\end{bmatrix},$$

$$AP_2=\frac{1}{3}\begin{bmatrix}5 & -1\\-2 & 4\end{bmatrix}\begin{bmatrix}2\\-2\end{bmatrix}=\begin{bmatrix}4\\-4\end{bmatrix}=2\begin{bmatrix}2\\-2\end{bmatrix}。$$

显然，头一步是成功了，第二步要不要往下走？从数学角度说，存在性的问题解决了，唯一性呢？这留给读者，若有困难，可请相似矩阵出手，共同谱写一篇好作业。

（2）不难看出，此例的求解过程等于证实了上述命题是真的，而非伪命题，并可总结为如下的定理。

定理 4.1 一个 n 阶矩阵 A，若其 n 个特征值为 λ_1，λ_2，…，λ_n，n 条独立特征向量为 P_1，P_2，…，P_n，则矩阵 A 可由给定的特征值和特征向量表示为

$$A=[\lambda_1P_1\quad \lambda_2P_2\quad \cdots\quad \lambda_nP_n][P_1\quad P_2\quad \cdots\quad P_n]^{-1}。\tag{4-1}$$

例 4.2 一个三阶矩阵 A，其特征值为 1，−1 和 2，相应的特征向量为

$$P_1=[1\quad 2\quad 3]^{\mathrm T},\ P_2=[2\quad 2\quad 4]^{\mathrm T},\ P_3=[3\quad 1\quad 3]^{\mathrm T},$$

试求矩阵 A 的表达式。

解 直接从定理 4.1 可得

$$\begin{aligned}A&=\begin{bmatrix}1 & -2 & 6\\2 & -2 & 2\\3 & -4 & 6\end{bmatrix}\begin{bmatrix}1 & 2 & 3\\2 & 2 & 1\\3 & 4 & 3\end{bmatrix}^{-1}\\&=\begin{bmatrix}1 & -2 & 6\\2 & -2 & 2\\3 & -4 & 6\end{bmatrix}\begin{bmatrix}1 & 3 & -2\\-\frac{3}{2} & -3 & \frac{5}{2}\\1 & 1 & -1\end{bmatrix}\\&=\begin{bmatrix}10 & 15 & -13\\7 & 14 & -11\\15 & 27 & -22\end{bmatrix}。\end{aligned}$$

答案的正确性暂勿置疑，倒是所论问题是否该到此为止？有无其他的

考虑？

（3）有同学提出，既然一个矩阵是由其特征值和特征向量唯一确定的，那就应该根据已有的思路，从特殊情况下手，看一看某些特殊的向量组合，会出现什么样的结果。此言一出，对称矩阵随之脱颖而出。

4.2　对称矩阵

对称矩阵绝对是矩阵中的“一哥”。首先，它的出身与众不同，是由 n 条相互正交的向量作为特征向量而派生出来的。其次，对称矩阵的任何 2 条特征向量，若相应的特征值不等，则必然是相互正交的。

不失一般性，下面仅以二阶矩阵为例，逐一解说上列问题，而其结论适用于任何 2 阶矩阵。

定理 4.2　给定两个实数和相互正交的两条二维向量，则以其作为特征值和特征向量的矩阵，必为对称阵。

证明　设两个实数分别是 λ_1 和 λ_2，两个特征向量分别是 $\boldsymbol{P}_1=[a\quad b]^{\mathrm{T}}$，$\boldsymbol{P}_2=[-b\quad a]^{\mathrm{T}}$，则根据定理 4.1，所求矩阵

$$\begin{aligned}\boldsymbol{A}&=\begin{bmatrix}\lambda_1 a & -\lambda_2 b\\ \lambda_1 b & \lambda_2 a\end{bmatrix}\begin{bmatrix}a & -b\\ b & a\end{bmatrix}^{-1}\\&=\begin{bmatrix}\lambda_1 a & -\lambda_2 b\\ \lambda_1 b & \lambda_2 a\end{bmatrix}\frac{1}{a^2+b^2}\begin{bmatrix}a & b\\ -b & a\end{bmatrix}\\&=\frac{1}{a^2+b^2}\begin{bmatrix}\lambda_1 a^2+\lambda_2 b^2 & \lambda_1 ab-\lambda_2 ab\\ \lambda_1 ab-\lambda_2 ab & \lambda_1 b^2+\lambda_2 a^2\end{bmatrix},\end{aligned}$$

可见，矩阵 $\boldsymbol{A}$ 是对称阵，证完。

定理 4.3　对称阵 $\boldsymbol{A}$ 的两特征向量 $\boldsymbol{P}_1$ 和 $\boldsymbol{P}_2$ 若其各自对应的特征值 λ_1 和 λ_2 互不相等，则必正交，即

$$\boldsymbol{P}_1^{\mathrm{T}}\boldsymbol{P}_2=\boldsymbol{P}_2^{\mathrm{T}}\boldsymbol{P}_1=0。$$

证明　已知

$$\boldsymbol{AP}_1=\lambda_1\boldsymbol{P}_1,\ \boldsymbol{AP}_2=\lambda_2\boldsymbol{P}_2,$$

加之矩阵 $\boldsymbol{A}$ 对称，由此有

$$\lambda_1\boldsymbol{P}_1^{\mathrm{T}}\boldsymbol{P}_2=(\boldsymbol{AP}_1)^{\mathrm{T}}\boldsymbol{P}_2=\boldsymbol{P}_1^{\mathrm{T}}\boldsymbol{A}^{\mathrm{T}}\boldsymbol{P}_2=\boldsymbol{P}_1^{\mathrm{T}}\boldsymbol{AP}_2=\boldsymbol{P}_1^{\mathrm{T}}\cdot\lambda_2\boldsymbol{P}_2,$$

即

$$(\lambda_1-\lambda_2)\boldsymbol{P}_1^{\mathrm{T}}\boldsymbol{P}_2=0,$$

已知 $\lambda_1-\lambda_2\neq 0$，因此只能

$$P_1^{\mathrm{T}}P_2=0,$$

证完。

学过了上述两个定理后，让大家共同来思考几个问题。

问题 1　存在 n 阶矩阵 $\boldsymbol{A}$，非对称，其 n 个特征值中 λ_1 和 λ_2 互不相等，分别对应的特征向量是 $\boldsymbol{P}_1$ 和 $\boldsymbol{P}_2$。试问，$\boldsymbol{P}_1$ 和 $\boldsymbol{P}_2$ 是否正交？并说明理由。

答案甲　不可能正交，因为矩阵 $\boldsymbol{A}$ 非对称矩阵。

答案乙　上面的答案有颇多值得商榷的地方，不信，请看下面的反例。

例 4.3　试求矩阵

$$\boldsymbol{A}=\begin{bmatrix}2&0&0\\0&5&-6\\0&4&-5\end{bmatrix}$$

的特征值与特征向量。

解　先求特征值，写出矩阵 $\boldsymbol{A}$ 的特征多项式：

$$\begin{aligned}\boldsymbol{A}-\lambda\boldsymbol{I}&=\begin{bmatrix}2-\lambda&0&0\\0&5-\lambda&-6\\0&4&-5-\lambda\end{bmatrix}\\&=(2-\lambda)(-25+\lambda^2+24)\\&=(2-\lambda)(\lambda+1)(\lambda-1)。\end{aligned}$$

由上式可知

$$\lambda_1=2,\ \lambda_2=1,\ \lambda_3=-1。$$

再求特征向量，经简单运算，得

$$\boldsymbol{P}_1=\begin{bmatrix}1\\0\\0\end{bmatrix},\ \boldsymbol{P}_1=\begin{bmatrix}0\\3\\2\end{bmatrix},\ \boldsymbol{P}_3=\begin{bmatrix}0\\1\\1\end{bmatrix}。$$

此例显示：特征值互不相等 $\lambda_1\neq\lambda_2\neq\lambda_3$；特征向量可以相互正交 $\boldsymbol{P}_1^{\mathrm{T}}\boldsymbol{P}_2=0$，$\boldsymbol{P}_1^{\mathrm{T}}\boldsymbol{P}_3=0$；但是矩阵并非对称矩阵。

对比两个答案，后者用实例否定了前者的判断，正沾沾自喜、洋洋得意之际，忽然听到耳边有人说道：“且慢庆功，你俩各有得失，难分伯仲；若想精进，不妨学点逻辑。”

前面曾提起一个术语：命题。为切合眼下内容，给出定义如下。

定义 4.1　一个陈述句，若其表达的意义非真则假，就称为命题；数学的判断，通常也称为命题。以下用大写字母 A、B 表示命题。

下面给出一些例句，请根据上述定义判定哪些是命题，哪些不是。

（1）造纸、印刷术、指南针和火药是我国对于世界文明的四大贡献，通称四大发明。

（2）孔子是我国伟大的思想家、政治家和教育家，生于公元前551年，比希腊的哲学家苏格拉底早82年。

（3）若三角形的两边相等，则其对角也相等。

（4）我们要努力工作。

（5）他说："我的话全是谎话。"

（6）月亮比地球大。

看过之后，不难确定：（1）、（2）、（3）和（6）都是命题，可辨真假，前3个是真命题，后一个是假命题；第（4）个是祈使句，无真假之分，第（5）个是悖论，无论如何解释，都有矛盾，两者都非命题。

一个命题，如果其真实性是人们从长期的实践中总结出来，而又为长期的实践所证实的，就叫公理；如果是根据公理或其他正确的命题经过逻辑推论而证明出来的，就叫定理，如前述的定理4.1至定理4.3。

命题存在4种形式，如下所述：

（1）原命题　若A，则B；

（2）逆命题　若B，则A；

（3）否命题　若非B，则非A；

（4）逆否命题　若非A，则非B。

上列4种形式并非"线性独立"的，存在内在的联系，为增进理解且易记忆，常借助形象化，如图4-1所示，称其为文氏图。

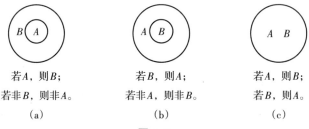

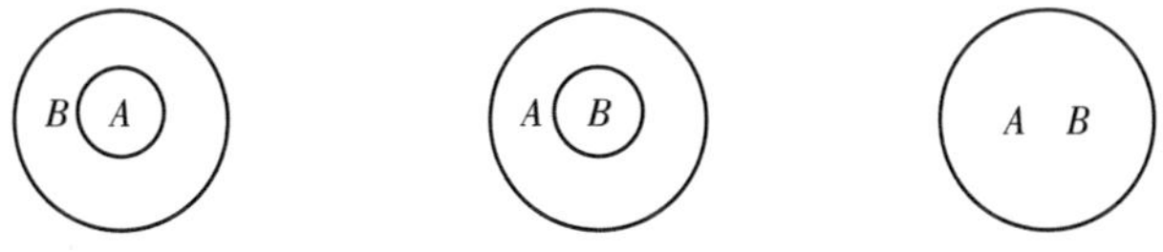

若A，则B；若非B，则非A。（a）

若B，则A；若非A，则非B。（b）

若A，则B；若B，则A。（c）

图 4-1

再一步具体化，赋予命题A和B特定的内容。

命题A：该三角形为等边三角形；

命题B：该三角形为等腰三角形。

对比图4-1(a)可见：

若A，则B，若为等边三角形，则必为等腰三角形。

若非B，则非A，若不是等腰三角形，则必不是等边三角形。

结论："若A，则B"这一命题形式与"若非B，则非A"这一命题形式是对等的，同时为真，或同时为伪。因此，为突出重点，在通常情况下，只需要考虑原命题与逆命题，而其要点，无非就是个中的充分条件和必要条件。

原命题：若 A，则 B。

此命题的实际含义是，若命题 A 成立，则命题 B 必然成立；反之，若命题 B 成立，则命题 A 可能成立，也可能不成立。这表明，命题 A 是命题 B 的充分条件，命题 B 是命题 A 的必要条件。

例如，他是北京人乃他是中国人的充分条件，他是中国人乃他是北京人的必要条件。又如，它是铁乃它是金属的充分条件，它是金属乃它是铁的必要条件。

数学中，这类例子更是不胜枚举。诸如，等边三角形乃等腰三角形的充分条件，等腰三角形乃等边三角形的必要条件；整数乃有理数的充分条件，有理数乃整数的必要条件。请大家各举些例子，共同受益。

现在，找出图 4-1(a)，将圆 A 内的点比作等边三角形或铁，圆 B 内的点比作等腰三角形或金属。显然，A 内的点必在 B 内，反之不然。这就是为什么命题 A 是命题 B 的充分条件的直观解释；反之，要想成为 A 内的点，必须是首先成为 B 内的点。这就是命题 B 是命题 A 的必要条件的直观解释。

同理，借助图 4-1(a)，显然可见：若原命题“若 A，则 B”成立，则其否命题“若非 B，则非 A”一定成立，这就是说，原命题同否命题等价。

逆命题：若 B，则 A。

对比原命题，只需把命题 A 和 B 换位，一切论述都同原命题同理，不拟复述。建议有兴趣的读者，参阅原命题后用自己的语言解说对此命题的体会。其间，务希参看图 4-1(b)。

现在该轮到图 4-1(c) 了。为具体起见，假想：

命题 A：这是三内角相等的三角形；

命题 B：这是三条边相等的三角形。

命题 A：就矩形而言，周长固定，正方形的面积最大；

命题 B：就矩形而言，面积固定，正方形的周长最短。

附注：如有时间，请证明上列命题，特别是后面一对，成为认知对偶原理的上好实例。此话怎样，请看下列两命题的对偶：

命题A	周长	面积	最大
	↕	↕	↕
命题B	面积	周长	最短

据此可见，将命题 A 中的周长、面积、最大依次变换为面积、周长、最大，结果如何？猜猜看：命题 A 转眼间变换成了命题 B！反之亦然。

上述表明，两个命题之间存在对偶关系，依据对偶原理就能实现两者的相互变换。究其实质，原因在于：存在对偶关系的两个命题所表示的为同一客观现实，描述方式有所不同而已。因此，两者同真，或者同伪。

对偶原理在集合论里多有体现，有时间的读者不妨直去，一览真容。

说这么多话，目的全在于强调图 4-1(c)：圆 A 同圆 B 一样大小，其含义就是，原命题“若 A，则 B”与逆命题“若 B，则 A”两者同为真命题；换句话说，命题 A 是命题 B 的充要条件，命题 B 也是命题 A 的充要条件。

现在有了上述认识，可以回答问题 1 了。

甲的答案已由乙用反例驳回，是错误的。其所以错误在于，甲对下述定理 4.4 和 4.5 理解存在片面性。简要地讲，不考虑重特征值。

定理 4.4　对称矩阵的全部特征向量 $\boldsymbol{P}_1$，$\boldsymbol{P}_2$，…，$\boldsymbol{P}_n$ 两两相互正交。

定理 4.5　其全部特征向量 $\boldsymbol{P}_1$，$\boldsymbol{P}_2$，…，$\boldsymbol{P}_n$ 都两两相互正交的矩阵必为对称阵。

可见，其中的两个命题：命题 A“矩阵是对称矩阵”，命题 B“全部特征向量两两相互正交”，互为充要条件，如图 4-1(c) 所示。

甲的片面性在于，记住了命题 A，忽略了命题 B 中的“全部”。这有点类似于如下的笑谈：妈妈告知小儿子，我们家只养母鸡，只养母鸡的在全村也只有我们一家，其他家都是混养的。一天，邻居家出来一只鸡，妈妈问小儿子：“那是公鸡还是母鸡?”小儿子答道：“是公鸡，因为它不是我家的。”

乙借助反例 4.3 的答案是成立的，但值得商榷之处也不宜坐视。仍拿刚才的“笑谈”说事，妈妈为了反驳小儿子的说法，就得从邻居家找出一只母鸡(相当于举反例)，有时这并非易事。其实，小儿子是没有把定理 4.3 和 4.5 吃透。

现在，在不考虑重根的情况下，我们将上述两定理概括如下：

对称矩阵的 n 条特征向量 $\boldsymbol{P}_1$，$\boldsymbol{P}_2$，…，$\boldsymbol{P}_n$ 必两两相互正交，

$$\boldsymbol{P}_i^{\mathrm{T}}\boldsymbol{P}_j=0\ \ (1\leqslant i,\ j\leqslant n),$$

以上列向量 $\boldsymbol{P}_1$，$\boldsymbol{P}_2$，…，$\boldsymbol{P}_n$ 作为特征向量的矩阵必为对称矩阵。

熟读上述定理后，小儿子自然会明白，自己家养的全是母鸡，别人家虽不全是母鸡，但也可能有些是母鸡。这个问题算是解决了，但还有个更重要且深刻的问题等着大家集体探讨，共同受益。

问题 2　谈谈自己对上述定理中对称矩阵与其特征向量两两相互正交的共生关系是如何认识的。

一个问题往往分三个层次：是什么，为什么，做什么。问题 2 就是盼望大

家针对所论定理谈点“为什么”。

提示：设想空间中存在相互正交的 n 条向量 $\boldsymbol{P}_1$，$\boldsymbol{P}_2$，…，$\boldsymbol{P}_n$，并各赋予相应的实数 λ_1，λ_2，…，λ_n。据此，求出以上列实数 λ_1，λ_2，…，λ_n 为特征值，以 $\boldsymbol{P}_1$，$\boldsymbol{P}_2$，…，$\boldsymbol{P}_n$ 为特征向量的矩阵。

当大家思考的时候，先讲一下个人的体会。按惯例，仍从二阶矩阵出发。

例 4.4 在平面上，存在正交向量

$$\boldsymbol{P}_1=[2\quad 1]^{\mathrm{T}},\ \boldsymbol{P}_2=[1\quad -2]^{\mathrm{T}},$$

如图 4-2 所示。试求以 $\boldsymbol{P}_1$ 和 $\boldsymbol{P}_2$ 作为特征向量，相应的特征值为 $\lambda_1=2$、$\lambda_2=1$ 的二阶矩阵。

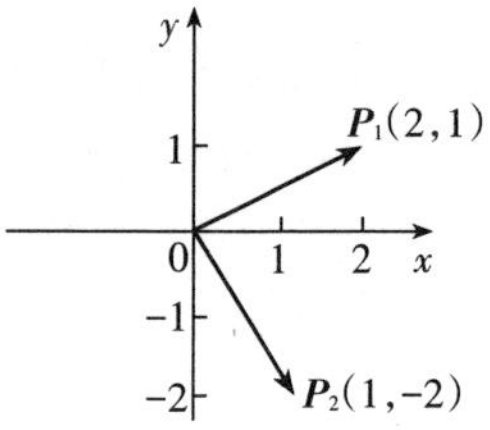

图 4-2

求解之前，说明一下，当我们写出任何的矩阵运算式时，事实上都默认选定了某种坐标系。比如

$$\begin{bmatrix}3 & 2\\1 & -1\end{bmatrix}\begin{bmatrix}2\\1\end{bmatrix}=\begin{bmatrix}8\\1\end{bmatrix},$$

式中的向量 $\boldsymbol{a}=[2\quad 1]^{\mathrm{T}}$ 和 $\boldsymbol{b}=[8\quad 1]^{\mathrm{T}}$ 就默认为

$$\boldsymbol{a}=2\boldsymbol{i}+\boldsymbol{j},\ \boldsymbol{b}=8\boldsymbol{i}+\boldsymbol{j}。$$

当然，在某些情况下会选用其他的坐标系。

解 首先，此例的答案是无穷的，这种说法对不对？对或不对都请大家思考之后，谈点看法。

其次，此例有点蒙人，没有指明坐标系，任何对称阵，只要其特征值分别为 $\lambda_1=2$ 和 $\lambda_2=1$ 都是答案，所以无穷。

最后，有鉴于此，选择以

$$\boldsymbol{e}_1=\boldsymbol{P}_1=2\boldsymbol{i}+\boldsymbol{j},\ \boldsymbol{e}_2=\boldsymbol{P}_2=\boldsymbol{i}-2\boldsymbol{j}$$

为单位向量的坐标系。这样一来，稍加考虑，就能写出满足条件的矩阵

$$\boldsymbol{A}_1=\begin{bmatrix}2 & 0\\0 & 1\end{bmatrix}\text{或 }\boldsymbol{A}_2=\begin{bmatrix}1 & 0\\0 & 2\end{bmatrix}。$$

稍停片刻，究竟是该选 $\boldsymbol{A}_1$ 抑或 $\boldsymbol{A}_2$，两者都对？有人发言了，选 $\boldsymbol{A}_1$，因为特征向量 $\boldsymbol{P}_1$ 对应的特征值 $\lambda_1=2$。又有人说道，如果把 $\boldsymbol{P}_1$ 和 $\boldsymbol{P}_2$ 互换，选 $\boldsymbol{A}_2$ 也是对的。究竟对不对？务请思考之后，再行点头。

最后，首选 $\boldsymbol{A}_1$，它是对称阵，更是对角阵。综上所述，不难认为：凡是以相互正交向量作为特征向量的矩阵，都可用对角矩阵表示，且其主对角线上的元素就是相应的特征值。

至此，出现了异议：给定任意的特征向量，不管是否正交，都可用对角矩阵表示。例如，以

$$\boldsymbol{P}_1=3\boldsymbol{i}+\boldsymbol{j},\ \boldsymbol{P}_2=\boldsymbol{i}-2\boldsymbol{j}$$

作为特征向量，$\lambda_1=2$ 和 $\lambda_2=1$ 为相应特征值的矩阵也可表示为

$$A=\begin{bmatrix}2 & 0\\0 & 1\end{bmatrix}。$$

看了之后，意下如何？有自己的想法，值得点赞，而下面的论述正是为此而写的。

转弯抹角说了不少，目的在于反复强调：其特征向量相互正交的矩阵必为对称矩阵。在例 4.4 中已指出以正交向量

$$\boldsymbol{P}_1=2\boldsymbol{i}+\boldsymbol{j},\ \boldsymbol{P}_2=\boldsymbol{i}-2\boldsymbol{j}$$

为特征向量，且相应特征值 $\lambda_1=2$，$\lambda_2=1$ 的矩阵在坐标系 $[\boldsymbol{e}_1\quad \boldsymbol{e}_2]=[\boldsymbol{P}_1\quad \boldsymbol{P}_2]$ 下的表达式为

$$A=\begin{bmatrix}2 & 0\\0 & 1\end{bmatrix},$$

而关键的问题在于：更进一步地说，在任何坐标系下，矩阵 $\boldsymbol{A}$ 能否仍是对角阵，或至少是对称阵？

（1）将坐标系［$\boldsymbol{e}_1\quad \boldsymbol{e}_2$］变换为［$\boldsymbol{i}\quad \boldsymbol{j}$］坐标系。由于

$$[\boldsymbol{e}_1\quad \boldsymbol{e}_2]=[\boldsymbol{i}\quad \boldsymbol{j}]\begin{bmatrix}2 & 1\\1 & -2\end{bmatrix},\ [\boldsymbol{i}\quad \boldsymbol{j}]=[\boldsymbol{e}_1\quad \boldsymbol{e}_2]\begin{bmatrix}2 & 1\\1 & -2\end{bmatrix}^{-1},$$

根据坐标变换定则（参阅第 3 章 3.3），在坐标系［$\boldsymbol{i}\quad \boldsymbol{j}$］下矩阵 $\boldsymbol{A}$ 转化为

$$\boldsymbol{A}_{[i\quad j]}=\begin{bmatrix}2 & 1\\1 & -2\end{bmatrix}\begin{bmatrix}2 & 0\\0 & 1\end{bmatrix}\begin{bmatrix}2 & 1\\1 & -2\end{bmatrix}^{-1}=\begin{bmatrix}4 & 1\\2 & -2\end{bmatrix}\frac{-1}{5}\begin{bmatrix}-2 & -1\\-1 & 2\end{bmatrix}$$

$$=-\frac{1}{5}\begin{bmatrix}-9 & -2\\-2 & -6\end{bmatrix}=\frac{1}{5}\begin{bmatrix}9 & 2\\2 & 6\end{bmatrix},$$

结果令人满意，因为是对称矩阵。但是，是否正确？如何验证其正确性？请动动脑筋。

（2）试问，矩阵 $\boldsymbol{A}$ 与矩阵 $\boldsymbol{A}_{[i\quad j]}$ 算不算相似矩阵？将矩阵

$$\begin{bmatrix}2 & 1\\1 & -2\end{bmatrix}\triangleq \boldsymbol{P}$$

视为相似矩阵定义中的矩阵 $\boldsymbol{P}$，则

$$\boldsymbol{A}_{[i\quad j]}=\boldsymbol{PAP}^{-1},$$

因此，$\boldsymbol{A}$ 与 $\boldsymbol{A}_{[i\quad j]}$ 互为相似矩阵。

（3）相似矩阵的特征多项式是相等的，以下分别求 $\boldsymbol{A}$ 与 $\boldsymbol{A}_{[i\quad j]}$ 的特征多项式，有

$$\boldsymbol{A}:\ \begin{vmatrix}2-\lambda & 0\\0 & 1-\lambda\end{vmatrix}=\lambda^2-3\lambda+2,$$

$$A_{[i\ \ j]}:\ \begin{vmatrix} \frac{9}{5}-\lambda & \frac{2}{5} \\ \frac{2}{5} & \frac{6}{5}-\lambda \end{vmatrix}=\lambda^2-3\lambda+2,$$

两者相等，验证的第 1 关通过。注意，实际上可先看两矩阵主对角线上元素之和是否相等。如不相等，必然不行，就无须计算特征多项式了。为什么不行，一定要知其所以然。

（4）相似矩阵的行列式是相等的，以下分别求 $\boldsymbol{A}$ 与 $\boldsymbol{A}_{[i\ \ j]}$ 的行列式，有

$$\boldsymbol{A}:\ \begin{vmatrix} 2 & 0 \\ 0 & 1 \end{vmatrix}=2,$$

$$\boldsymbol{A}_{[i\ \ j]}:\ \frac{1}{25}\begin{vmatrix} 9 & 2 \\ 2 & 6 \end{vmatrix}=\frac{1}{25}\times(54-4)=2,$$

两者相等。还来不及高兴，作者突然发现自己犯糊涂了，因为已经验证过特征多项式！盼好心的读者告知原因，教学相长！

到现在，本应宣告：验证工作顺利完成，立即结束。但是，另一个重要概念如不请它亮相，则于心不忍，也有愧于读者，只好再补充一点。

（5）曾经强调，矩阵的本质属性是其特征向量及相应的特征值。有鉴于斯，理所当然考察一番矩阵 $\boldsymbol{A}$ 与矩阵 $\boldsymbol{A}_{[i\ \ j]}$ 之间的内在联系。

已知矩阵 $\boldsymbol{A}$ 的特征值为 $\lambda_1=2$，$\lambda_2=1$，特征向量为

$$\boldsymbol{P}_1=[1\quad 0]\leftrightarrow[\boldsymbol{i}\quad 0],$$

$$\boldsymbol{P}_2=[0\quad 1]\leftrightarrow[0\quad \boldsymbol{j}],$$

又知矩阵 $\boldsymbol{A}_{[i\ \ j]}$ 的特征值与 $\boldsymbol{A}$ 相等，但特征向量呢？若能在 3 分钟内说出来，满分。

时间到了，作者也想好了答案，分别是

$$\boldsymbol{P}_1'=[2\quad 1]^{\mathrm{T}}\leftrightarrow 2\boldsymbol{i}+\boldsymbol{j},$$

$$\boldsymbol{P}_2'=[1\quad -2]^{\mathrm{T}}\leftrightarrow \boldsymbol{i}-2\boldsymbol{j},$$

大家一定也有了想法，对不对？一齐拿出来验证试试。

先试 $\boldsymbol{P}_1'$，这时应有

$$\boldsymbol{A}_{[i\ \ j]}\boldsymbol{P}_1'=\frac{1}{5}\begin{bmatrix} 9 & 2 \\ 2 & 6 \end{bmatrix}\begin{bmatrix} 2 \\ 1 \end{bmatrix}=\begin{bmatrix} 4 \\ 2 \end{bmatrix}=2\begin{bmatrix} 2 \\ 1 \end{bmatrix},$$

初战告捷；再试 $\boldsymbol{P}_2'$，这时应有

$$\boldsymbol{A}_{[i\ \ j]}\boldsymbol{P}_2'=\frac{1}{5}\begin{bmatrix} 9 & 2 \\ 2 & 6 \end{bmatrix}\begin{bmatrix} 1 \\ -2 \end{bmatrix}=\frac{1}{5}\begin{bmatrix} 5 \\ -10 \end{bmatrix}=\begin{bmatrix} 1 \\ -2 \end{bmatrix},$$

大获全胜，验证工作至此结束。实际上，选一两项进行核对就行了，不必全面铺开。

总结一下，走这么多弯路，但方向永远是对称矩阵，它与其他矩阵的区别在于：以相互正交的向量作为自己的特征向量，而其他矩阵不是。为了强调，再补充两点，仍以二阶矩阵为例。

（1）前面讲过，以正交向量作为特征向量的矩阵总可表示为对角矩阵

$$\boldsymbol{A}=\begin{bmatrix}\lambda_1 & 0\\ 0 & \lambda_2\end{bmatrix}。\tag{4-2}$$

式（4–2）中，λ_1和λ_2为相应的特征值（参见例 4.4），这时默认的坐标系为以 $\boldsymbol{i}$ 和 $\boldsymbol{j}$ 作为单位向量的平面坐标系。

下面将证明，当引入以

$$\boldsymbol{e}_1=x_1\boldsymbol{i}+x_2\boldsymbol{j},\ \ \boldsymbol{e}_2=x_2\boldsymbol{i}-x_1\boldsymbol{j}\tag{4-3}$$

为单位向量的正交坐标系［$\boldsymbol{e}_1$　$\boldsymbol{e}_2$］，即满足条件

$$\boldsymbol{e}_1\cdot\boldsymbol{e}_2=\left(x_1\boldsymbol{i}+x_2\boldsymbol{j}\right)\left(x_2\boldsymbol{i}-x_1\boldsymbol{j}\right)=x_1x_2-x_2x_1=0\tag{4-4}$$

的坐标系，而矩阵 $\boldsymbol{A}$ 经坐标变换，从［$\boldsymbol{i}$　$\boldsymbol{j}$］变换为［$\boldsymbol{e}_1$　$\boldsymbol{e}_2$］坐标系，虽不再是对角矩阵，但必然为对称矩阵。

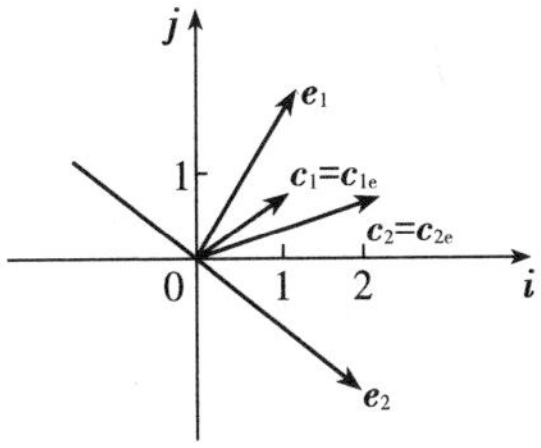

图4–3

证明　首先，矩阵 $\boldsymbol{A}$ 经坐标变换，设变为 $\boldsymbol{A}_{[e_1\ \ e_2]}$，除两者互为相似矩阵外，试问还有什么更具体的关系？为回答此问，还得有劳图 4–3 施以援手。

在图 4–3 上可见，向量 $\boldsymbol{C}_1=[c_1\ \ c_2]^{\mathrm{T}}$经矩阵〔见式（4–2）〕作用后

$$\boldsymbol{A}\boldsymbol{C}_1=\begin{bmatrix}2 & 0\\ 0 & 1\end{bmatrix}\begin{bmatrix}c_1\\ c_2\end{bmatrix}=\begin{bmatrix}2c_1\\ c_2\end{bmatrix}=\boldsymbol{C}_2\tag{4-5}$$

转化为向量 $\boldsymbol{C}_2=[2c_1\ \ c_2]^{\mathrm{T}}$。

现在想了解，经坐标变换后的矩阵 $\boldsymbol{A}_{[e_1\ \ e_2]}$ 作用于向量 $\boldsymbol{C}_1$后，应转化成的向量其表达式为何？需要注意，这时的一切运算全是在坐标系［$\boldsymbol{e}_1$　$\boldsymbol{e}_2$］下进行的。不言而喻，应有

$$\boldsymbol{A}_{[e_1\ \ e_2]}\boldsymbol{C}_{1e}=\boldsymbol{C}_{2e}。\tag{4-6}$$

式（4–6）中，$\boldsymbol{C}_{1e}$ 和 $\boldsymbol{C}_{2e}$ 分别是向量 $\boldsymbol{C}_1$和 $\boldsymbol{C}_2$在坐标系［$\boldsymbol{e}_1$　$\boldsymbol{e}_2$］下的表达式。

（2）大家一定还没有忘记以前讲过的向量守恒，据此可知

$$[\boldsymbol{i}\ \ \boldsymbol{j}]\boldsymbol{C}_1=[\boldsymbol{e}_1\ \ \boldsymbol{e}_2]\boldsymbol{C}_{1e},\ [\boldsymbol{i}\ \ \boldsymbol{j}]\boldsymbol{C}_2=[\boldsymbol{e}_1\ \ \boldsymbol{e}_2]\boldsymbol{C}_{2e}。\tag{4-7}$$

将等式（4–3）改写成矩阵式：

$$[\boldsymbol{e}_1\ \ \boldsymbol{e}_2]=[\boldsymbol{i}\ \ \boldsymbol{j}]\begin{bmatrix}x_1 & x_2\\ x_2 & -x_1\end{bmatrix}\tag{4-8}$$

并代入等式（4–7），两边同时删去 $[\boldsymbol{i}\quad \boldsymbol{j}]$ 后，有

$$\boldsymbol{C}_1=\begin{bmatrix} x_1 & x_2 \\ x_2 & -x_1 \end{bmatrix}\boldsymbol{C}_{1e},\ \boldsymbol{C}_2=\begin{bmatrix} x_1 & x_2 \\ x_2 & -x_1 \end{bmatrix}\boldsymbol{C}_{2e},$$

据此，从等式（4–5）又有

$$\boldsymbol{A}\boldsymbol{C}_1=\boldsymbol{A}\begin{bmatrix} x_1 & x_2 \\ x_2 & -x_1 \end{bmatrix}\boldsymbol{C}_{1e}=\boldsymbol{C}_2=\begin{bmatrix} x_1 & x_2 \\ x_2 & -x_1 \end{bmatrix}\boldsymbol{C}_{2e},$$

经化简后，再参阅等式（4–6），最后得

$$\begin{bmatrix} x_1 & x_2 \\ x_2 & -x_1 \end{bmatrix}^{-1}\boldsymbol{A}\begin{bmatrix} x_1 & x_2 \\ x_2 & -x_1 \end{bmatrix}\boldsymbol{C}_{1e}=\boldsymbol{C}_{2e}\leftrightarrow \boldsymbol{A}_{[e_1\ \ e_2]}=\begin{bmatrix} x_1 & x_2 \\ x_2 & -x_1 \end{bmatrix}^{-1}\boldsymbol{A}\begin{bmatrix} x_1 & x_2 \\ x_2 & -x_1 \end{bmatrix},$$

将式（4–2）的矩阵 $\boldsymbol{A}$ 代入上式，可知

$$\begin{aligned}\boldsymbol{A}_{[e_1\ \ e_2]}&=\frac{1}{-\left(x_1^2+x_2^2\right)}\begin{bmatrix} -x_1 & -x_2 \\ -x_2 & x_1 \end{bmatrix}\begin{bmatrix} 2 & 0 \\ 0 & 1 \end{bmatrix}\begin{bmatrix} x_1 & x_2 \\ x_2 & -x_1 \end{bmatrix}\\ &=\frac{1}{-\left(x_1^2+x_2^2\right)}\begin{bmatrix} -2x_1^2-x_2^2 & -x_1x_2 \\ -x_1x_2 & -x_1^2-2x_2^2 \end{bmatrix}。\end{aligned}\tag{4–9}$$

式（4–9）是对称矩阵，我们所期望的结论，其重点在于：证实了任何以相互正交的向量作为特征向量的矩阵 $\boldsymbol{A}$，首先必然能表示为对角矩阵

$$\boldsymbol{A}=\begin{bmatrix} \lambda_1 & 0 \\ 0 & \lambda_2 \end{bmatrix}。$$

读者可能已经发现，上述证明过于琐屑，原因在于：借此重温矩阵 $\boldsymbol{A}$ 与 $\boldsymbol{A}_{[e_1\ \ e_2]}$ 两者之间的关联。事实上，鉴于是相似矩阵，直接便知

$$\boldsymbol{A}_{[e_1\ \ e_2]}=\boldsymbol{P}^{-1}\boldsymbol{A}\boldsymbol{P}=\begin{bmatrix} x_1 & x_2 \\ x_2 & -x_1 \end{bmatrix}^{-1}\boldsymbol{A}\begin{bmatrix} x_1 & x_2 \\ x_2 & -x_1 \end{bmatrix}。$$

此外，上面的对角矩阵 $\boldsymbol{A}$，不言而喻，坐标系是以向量 $\boldsymbol{P}_1$ 和 $\boldsymbol{P}_2$ 为单位向量的坐标系 $[\boldsymbol{P}_1\quad \boldsymbol{P}_2]$。矩阵 $\boldsymbol{A}$ 在以相互正交的向量 $\boldsymbol{e}_1$ 和 $\boldsymbol{e}_2$ 作为单位向量的坐标系 $[\boldsymbol{e}_1\quad \boldsymbol{e}_2]$ 下，必为对称矩阵。

为再次印证以上的论述，加深理解，再看两个例子。

例 4.5　试求以向量

$$\boldsymbol{P}_1=[1\quad 2]^{\mathrm{T}},\ \boldsymbol{P}_2=[2\quad -1]^{\mathrm{T}}$$

作为特征向量，相应特征值分别为 $\lambda_1=1$、$\lambda_2=2$ 的矩阵 $\boldsymbol{A}$。

解　依题意有

$$\boldsymbol{A}\boldsymbol{P}_1=\boldsymbol{A}\begin{bmatrix} 1 \\ 2 \end{bmatrix}=\begin{bmatrix} 1 \\ 2 \end{bmatrix},\ \boldsymbol{A}\boldsymbol{P}_2=\boldsymbol{A}\begin{bmatrix} 2 \\ -1 \end{bmatrix}=2\begin{bmatrix} 2 \\ -1 \end{bmatrix},$$

将上列等式合二而一，得

$$A\begin{bmatrix}1 & 2\\2 & -1\end{bmatrix}=\begin{bmatrix}1 & 4\\2 & -2\end{bmatrix},$$

此式两边同乘以相应的逆矩阵后，化为

$$A=\begin{bmatrix}1 & 4\\2 & -2\end{bmatrix}\begin{bmatrix}1 & 2\\2 & -1\end{bmatrix}^{-1}=\begin{bmatrix}1 & 4\\2 & -2\end{bmatrix}\left(-\frac{1}{5}\right)\begin{bmatrix}-1 & -2\\-2 & 1\end{bmatrix}$$

$$=\frac{1}{5}\begin{bmatrix}9 & -2\\-2 & 6\end{bmatrix}。$$

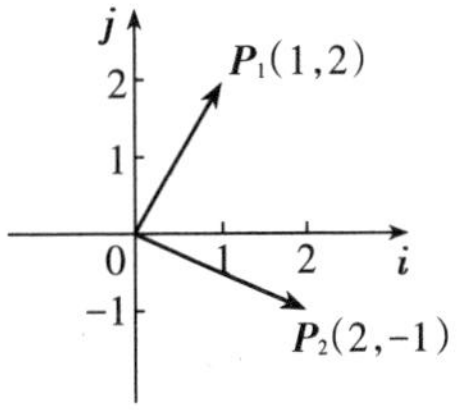

图4-4

请注意，矩阵 $\boldsymbol{A}$ 是对称矩阵，再次表明以正交向量（参见图 4-4 中 $\boldsymbol{P}_1$ 和 $\boldsymbol{P}_2$）作为特征向量的矩阵必为对称矩阵。

上例实现了预期的目的，但用向量守恒定则解题，一般来说，不似坐标变换定则明快。作为比较，请看下文。

例 4.6　试求矩阵

$$A=\begin{bmatrix}\lambda_1 & 0\\0 & \lambda_2\end{bmatrix}$$

坐标系［$\boldsymbol{i}$　$\boldsymbol{j}$］变换为坐标系

$$\boldsymbol{e}_1=x_1\boldsymbol{i}+x_2\boldsymbol{j},\ \boldsymbol{e}_2=x_2\boldsymbol{i}-x_1\boldsymbol{j} \tag{4-10}$$

后的表达式。

解　从给定条件式（4-10）可知

$$[\boldsymbol{e}_1\quad \boldsymbol{e}_2]=[\boldsymbol{i}\quad \boldsymbol{j}]\begin{bmatrix}x_1 & x_2\\x_2 & -x_1\end{bmatrix},\ \begin{bmatrix}x_1 & x_2\\x_2 & -x_1\end{bmatrix}\triangleq \boldsymbol{M}。 \tag{4-11}$$

可见，坐标系［$\boldsymbol{e}_1$　$\boldsymbol{e}_2$］比［$\boldsymbol{i}$　$\boldsymbol{j}$］大 $\boldsymbol{M}$ 倍。

现设矩阵 $\boldsymbol{A}$ 作用于向量 $\boldsymbol{C}_1$ 后，得向量 $\boldsymbol{C}_2$，即

$$\boldsymbol{AC}_1=\boldsymbol{C}_2, \tag{4-12}$$

这时默认的坐标系是［$\boldsymbol{i}$　$\boldsymbol{j}$］，变换为［$\boldsymbol{e}_1$　$\boldsymbol{e}_2$］后，根据坐标变换定则，向量 $\boldsymbol{C}_1$ 和 $\boldsymbol{C}_2$ 的表达式则分别转化为 $\boldsymbol{MC}_1'$ 和 $\boldsymbol{MC}_2'$。因此，在新坐标系下，等式（4-12）转化为

$$\boldsymbol{AMC}_1'=\boldsymbol{MC}_2'。$$

在上式两端同乘以 $\boldsymbol{M}^{-1}$，得

$$\boldsymbol{M}^{-1}\boldsymbol{AMC}_1'=\boldsymbol{C}_2',\ \bar{\boldsymbol{A}}\triangleq \boldsymbol{M}^{-1}\boldsymbol{AM},$$

式中，$\boldsymbol{C}_1'$和 $\boldsymbol{C}_2'$分别是 $\boldsymbol{C}_1$ 和 $\boldsymbol{C}_2$ 在［$\boldsymbol{e}_1$　$\boldsymbol{e}_2$］下的表达式：

$$\bar{\boldsymbol{A}}\boldsymbol{C}_1'=\boldsymbol{C}_2',$$

可见，在新坐标［e_1　e_2］下，给定矩阵 A 的表达式为

$$\bar{A}=M^{-1}AM=\begin{bmatrix}x_1 & x_2\\ x_2 & -x_1\end{bmatrix}^{-1}\begin{bmatrix}\lambda_1 & 0\\ 0 & \lambda_2\end{bmatrix}\begin{bmatrix}x_1 & x_2\\ x_2 & -x_1\end{bmatrix}$$

$$=\frac{1}{-\left(x_1^2+x_2^2\right)}\begin{bmatrix}-x_1 & -x_2\\ -x_2 & x_1\end{bmatrix}\begin{bmatrix}\lambda_1 & 0\\ 0 & \lambda_2\end{bmatrix}\begin{bmatrix}x_1 & x_2\\ x_2 & -x_1\end{bmatrix}$$

$$=\frac{1}{-\left(x_1^2+x_2^2\right)}\begin{bmatrix}-\lambda_1x_1^2-\lambda_2x_2^2 & -\lambda_1x_1x_2+\lambda_2x_1x_2\\ -\lambda_1x_1x_2+\lambda_2x_1x_2 & -\lambda_1x_2^2-\lambda_2x_1^2\end{bmatrix}。\tag{4-13}$$

请注意，矩阵 $\bar{A}$ 是对称阵。此外，如取特征值为 $\lambda_1=2$、$\lambda_2=1$，则这实际上就是例 4.4 的翻版，只是解法互异。此外，熟知坐标变换定则后，求解的步骤可大为简化，如例 4.7 所示。

例 4.7　试求矩阵

$$A=\frac{1}{5}\begin{bmatrix}9 & -2\\ -2 & 6\end{bmatrix}\tag{4-14}$$

在坐标系［e_1　e_2］

$$e_1=i+2j，\ e_2=2i-j\tag{4-15}$$

下的表达式。

解　从给定条件式（4–15）可知

$$[e_1\quad e_2]=[i\quad j]\begin{bmatrix}1 & 2\\ 2 & -1\end{bmatrix}\triangleq[i\quad j]M,$$

据此，根据坐标变换定则，在坐标系［e_1　e_2］下，式（4–14）中给定矩阵 A 转化为

$$\begin{aligned}\bar{A}&=M^{-1}AM\\&=\begin{bmatrix}1 & 2\\ 2 & -1\end{bmatrix}^{-1}A\begin{bmatrix}1 & 2\\ 2 & -1\end{bmatrix}=-\frac{1}{5}\begin{bmatrix}-1 & -2\\ -2 & 1\end{bmatrix}\frac{1}{5}\begin{bmatrix}9 & -2\\ -2 & 6\end{bmatrix}\begin{bmatrix}1 & 2\\ 2 & -1\end{bmatrix}\\&=-\frac{1}{25}\begin{bmatrix}-5 & -10\\ -20 & 10\end{bmatrix}\begin{bmatrix}1 & 2\\ 2 & -1\end{bmatrix}=\begin{bmatrix}1 & 0\\ 0 & 2\end{bmatrix}。\end{aligned}$$

得到如此解答，唤起了我们的记忆，它正是例 4.5 的反例。两相映照，对比参阅，当会加深对坐标变换、对称矩阵、正交特征向量等基本概念的理解。

坦白地说，以上所述实乃作者在撰写本书的过程中，日复一日积累起来的点滴理解，但一发就不可收拾，写出来供大家分享。原因在于：从教数十年，夜以继日，孜孜不倦，但在撰写本书时，不止一次出错，虽然改正了，足见线性代数看似平坦，却荆棘丛生，一请读者留心，更请勇往直前，必能登顶。

4.3 二次型

在学习解析几何时，经常见到如下的方程及其相关的图形，如图 4–5 所示：

圆的方程：$x^2+y^2=1$；

双曲线方程：$x^2-y^2=1$；

抛物线方程：$x^2-y=1$。

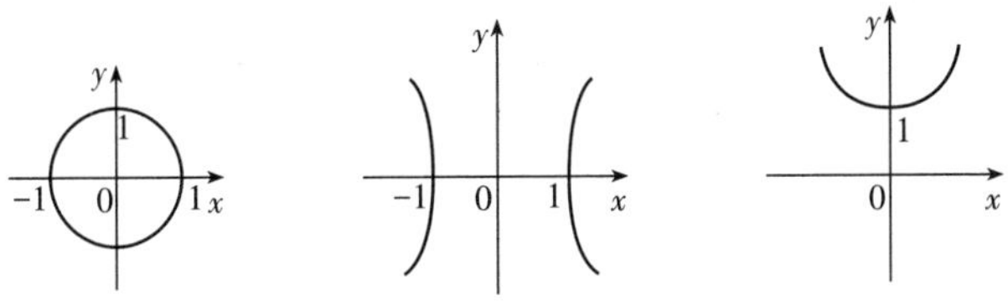

图 4–5

上列 3 个方程在中学时已经耳熟能详，其实就是所谓的二次型，虽非全部，也足以表明大家早已是二次型家族的老相识了，现在幸为大学生，理应去拜望一下这个名门望族，看能得到何等的接待。

定义 4.2 存在 n 个独立变量 x_1，x_2，⋯，x_n 的二次齐次函数

$$f(x_1,\ x_2,\ \cdots,\ x_n)=a_{11}x_1^2+a_{22}x_2^2+\cdots+a_{nn}x_n^2+$$
$$2a_{12}x_1x_2+2a_{13}x_1x_3+\cdots+2a_{n-1,\ n}x_{n-1}x_n$$

称为二次型。

为什么二次型叫齐次函数？式中每一项，其自变量方次之和全等于 2，此之谓也。按这个标准，作者刚才又犯了一次错，请看出来的读者纠正，教学相长。

例 4.8 设有二次型函数

$$f(x_1,\ x_2,\ x_3)=4x_1^2+x_2^2+10x_3^2-4x_1x_3+6x_2x_3,$$

试求函数值 $f(2,\ 3,\ -1)$。

解 直接将

$$x_1=2,\ x_2=3,\ x_3=-1$$

代入，得

$$f(2,\ 3,\ -1)=16+9+10+8-18=25。$$

答案准确无误，但议论纷纷，有人说题目属中学水平，毫无意义。不料，一名同学脱颖而出，挥笔写道：

$$f(x_1,\ x_2,\ x_3)=(2x_1-x_3)^2+x_2^2+9x_3^2+6x_2x_3$$
$$=(2x_1-x_3)^2+(x_2+3x_3)^2,$$
$$f(2,\ 3,\ -1)=(4+1)^2+(3-3)^2=25。$$

可见，平凡中也包含不平凡。巧用配方法，不仅化繁为简，更主要的是启发思维，探索二次型的标准表达式，像化矩阵为对角矩阵。

显然，配方法遇到项数较大的二次型，不免令人望而生畏。为解此难题，请研究比较如下的例子，必有收获。当然，又是请矩阵出山。

例 4.9 设矩阵 $\boldsymbol{A}$：

（1）$\boldsymbol{A}=\begin{bmatrix}2 & 2\\ -1 & 3\end{bmatrix}$；（2）$\boldsymbol{A}=\begin{bmatrix}4 & -2\\ -2 & 1\end{bmatrix}$；（3）$\boldsymbol{A}=\begin{bmatrix}3 & 0\\ 0 & 2\end{bmatrix}$。

又 $\boldsymbol{X}=[x_1\quad x_2]^{\mathrm{T}}$，试求 $\boldsymbol{X}^{\mathrm{T}}\boldsymbol{A}\boldsymbol{X}$。

解 依次有

（1）$\boldsymbol{X}^{\mathrm{T}}\boldsymbol{A}\boldsymbol{X}=[x_1\quad x_2]\begin{bmatrix}2 & 2\\ -1 & 3\end{bmatrix}\begin{bmatrix}x_1\\ x_2\end{bmatrix}=2x_1^2+3x_2^2+x_1x_2$；

（2）$\boldsymbol{X}^{\mathrm{T}}\boldsymbol{A}\boldsymbol{X}=[x_1\quad x_2]\begin{bmatrix}4 & -2\\ -2 & 1\end{bmatrix}\begin{bmatrix}x_1\\ x_2\end{bmatrix}=4x_1^2+x_2^2-4x_1x_2$；

（3）$\boldsymbol{X}^{\mathrm{T}}\boldsymbol{A}\boldsymbol{X}=[x_1\quad x_2]\begin{bmatrix}3 & 0\\ 0 & 2\end{bmatrix}\begin{bmatrix}x_1\\ x_2\end{bmatrix}=3x_1^2+2x_2^2$。

仔细一看，不难发现表达式 $\boldsymbol{X}^{\mathrm{T}}\boldsymbol{A}\boldsymbol{X}$ 的规律，一般地说，

$$\boldsymbol{X}^{\mathrm{T}}\boldsymbol{A}\boldsymbol{X}=[x_1\quad x_2]\begin{bmatrix}a_1 & a_2\\ a_3 & a_4\end{bmatrix}\begin{bmatrix}x_1\\ x_2\end{bmatrix}=a_1x_1^2+a_4x_2^2+(a_2+a_3)x_1x_2,$$

并可推广到更高阶的矩阵。

标准形

从例 4.8 可见，二次型如只含平方项，非但美观，而且实用。有鉴于此，随之产生如下的定义。

定义 4.3 一个只含平方项的二次型

$$f=c_1y_1^2+c_2y_2^2+\cdots+c_ny_n^2 \tag{4-16}$$

称为二次型的标准形。

从例 4.9 可知，二次型 $\boldsymbol{X}^{\mathrm{T}}\boldsymbol{A}\boldsymbol{X}$，若其矩阵 $\boldsymbol{A}$ 为对角矩阵，则必是标准形。再者，众所周知，对称矩阵能变换为对角矩阵。因此，将一个二次型改写成矩阵形 $\boldsymbol{X}^{\mathrm{T}}\boldsymbol{A}\boldsymbol{X}$，并力求其中的矩阵 $\boldsymbol{A}$ 成为对称矩阵，这就是亟待破解的问题。好在有前车开道（例 4.9），正宜尾随。

例 4.10　试将二次型

$$f(x_1,\ x_2)=x_1^2-x_1x_2+x_2^2$$

化为标准形。

解 1　用配方法。

这是技巧活，本书志不在此，仅给出两个答案：

$$\begin{aligned}&(1)\ f(x_1,\ x_2)=\frac{1}{2}\left[(x_1-x_2)^2+x_1^2+x_2^2\right];\\&(2)\ f(x_1,\ x_2)=x_1^2+x_2^2+\frac{1}{4}\left[(x_1-x_2)^2-(x_1+x_2)^2\right]。\end{aligned}\tag{4-17}$$

是否正确，务希核实。

解 2　用矩阵法

（1）选对称矩阵 $\boldsymbol{A}$，将函数改写成矩阵二次型 $\boldsymbol{X}^{\mathrm{T}}\boldsymbol{A}\boldsymbol{X}$，参阅例 4.9，可知

$$\boldsymbol{A}=\begin{bmatrix}1 & -\frac{1}{2}\\ -\frac{1}{2} & 1\end{bmatrix},\ \boldsymbol{X}=\begin{bmatrix}x_1 & x_2\end{bmatrix}^{\mathrm{T}}。\tag{4-18}$$

（2）将矩阵 $\boldsymbol{A}$ 对角化。经计算后，得矩阵 $\boldsymbol{A}$ 的特征值 λ 及特征向量 $\boldsymbol{P}$ 分别为

$$\lambda_1=\frac{1}{2},\ \boldsymbol{P}_1=\frac{1}{\sqrt{2}}[1\quad 1]^{\mathrm{T}};\ \lambda_2=\frac{3}{2},\ \boldsymbol{P}_2=\frac{1}{\sqrt{2}}[1\quad -1]^{\mathrm{T}}。\tag{4-19}$$

（3）据以上各例及第 3 章已有的结论，引入新坐标系 $[\boldsymbol{P}_1\quad \boldsymbol{P}_2]\triangleq\boldsymbol{P}$，则矩阵 $\boldsymbol{A}$ 可变换为对角矩阵

$$\bar{\boldsymbol{A}}=\boldsymbol{P}^{-1}\boldsymbol{A}\boldsymbol{P}=\left(\frac{1}{\sqrt{2}}\right)^{-1}\begin{bmatrix}1 & 1\\ 1 & -1\end{bmatrix}^{-1}\begin{bmatrix}1 & -\frac{1}{2}\\ -\frac{1}{2} & 1\end{bmatrix}\frac{1}{\sqrt{2}}\begin{bmatrix}1 & 1\\ 1 & -1\end{bmatrix}$$

$$=-\frac{1}{2}\begin{bmatrix}-1 & -1\\ -1 & 1\end{bmatrix}\begin{bmatrix}\frac{1}{2} & \frac{3}{2}\\ \frac{1}{2} & -\frac{3}{2}\end{bmatrix}=\begin{bmatrix}\frac{1}{2} & 0\\ 0 & \frac{3}{2}\end{bmatrix}。$$

（4）在对角化之前，函数 $f(x_1,\ x_2)$ 的矩阵表达式为

$$f(x_1,\ x_2)=[x_1\quad x_2]\begin{bmatrix}1 & -\frac{1}{2}\\ -\frac{1}{2} & 1\end{bmatrix}\begin{bmatrix}x_1\\ x_2\end{bmatrix}=x^2-x_1x_2+x_2^2;\tag{4-20}$$

对角化之后，函数 $f(x_1,\ x_2)$ 应如何表达？自然是

$$f(x_1,\ x_2)=[\boldsymbol{P}_1\quad \boldsymbol{P}_2]\begin{bmatrix}\frac{1}{2} & 0\\ 0 & \frac{3}{2}\end{bmatrix}\begin{bmatrix}\boldsymbol{P}_1\\ \boldsymbol{P}_2\end{bmatrix}。\tag{4-21}$$

结果是正确的，如何理解？直白地说，式（4-21）中的向量 $\boldsymbol{P}_1$ 和 $\boldsymbol{P}_2$ 究竟代表什么？因为把它计算出来是

$$f(x_1,\ x_2)=\frac{1}{2}\boldsymbol{P}_1^2+\frac{3}{2}\boldsymbol{P}_2^2,$$

代入等式（4-19）的数据，上式化为

$$f(x_1,\ x_2)=\frac{1}{2}\times\frac{1}{2}(1+1)^2+\frac{3}{2}\times\frac{1}{2}(1-1)^2=1,$$

这显然大错特错，错在哪里？请看下文。

（5）在选矩阵 $\boldsymbol{A}$ 将函数 $f(x_1,\ x_2)$ 表示为二次型 $\boldsymbol{X}^{\mathrm{T}}\boldsymbol{A}\boldsymbol{X}$ 时，默认的坐标系为以 $\boldsymbol{x}$ 和 $\boldsymbol{y}$ 作为单位向量的平面坐标系，如图 4-6 所示。

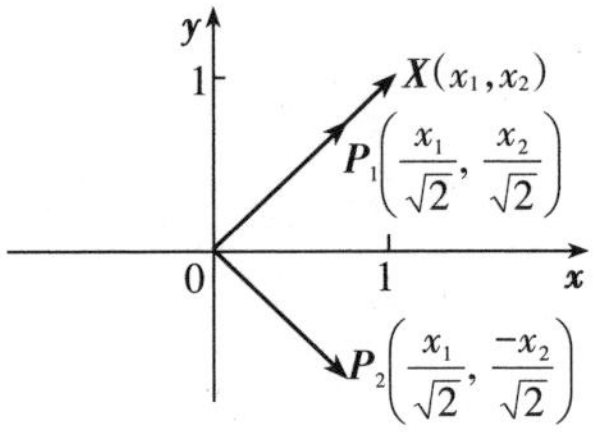

图 4-6

二次型 $\boldsymbol{X}^{\mathrm{T}}\boldsymbol{A}\boldsymbol{X}$ 中，向量 $\boldsymbol{X}=\begin{bmatrix}x_1 & x_2\end{bmatrix}^{\mathrm{T}}$ 以及矩阵 $\boldsymbol{A}$ 的特征向量或新坐标系的单位向量

$$\boldsymbol{P}_1=\frac{1}{\sqrt{2}}[1\quad 1]^{\mathrm{T}}=\frac{1}{\sqrt{2}}\begin{bmatrix}x_1 & x_2\end{bmatrix}^{\mathrm{T}}=\frac{1}{\sqrt{2}}(x_1+x_2),$$

$$\boldsymbol{P}_2=\frac{1}{\sqrt{2}}[1\quad -1]^{\mathrm{T}}=\frac{1}{\sqrt{2}}\begin{bmatrix}x_1 & -x_2\end{bmatrix}^{\mathrm{T}}=\frac{1}{\sqrt{2}}(x_1-x_2)$$

均在图上用箭头作了明确的标记。据此，将上列结果代入等式（4-21）则得

$$f(x_1,\ x_2)=\frac{1}{2}\boldsymbol{P}_1^2+\frac{3}{2}\boldsymbol{P}_2^2=\frac{1}{2}(x_1+x_2)^2+\frac{3}{2}(x_1-x_2)^2,$$

这就是函数 $f(x_1,\ x_2)$ 的标准形。其正确性毋庸怀疑，验证如下：

$$\begin{aligned}f(x_1,\ x_2)&=\frac{1}{4}(x_1+x_2)^2+\frac{3}{4}(x_1-x_2)^2\\&=\frac{1}{4}(x_1^2+2x_1x_2+x_2^2)+\frac{3}{4}(x_1^2-2x_1x_2+x_2^2)\\&=x_1^2-x_1x_2+x_2^2。\end{aligned}$$

化二次型为标准形，配方法与矩阵法各有优劣，视情况而定。此非学习重点，不必深究。

4.4　二次型的正负性

在观察图 4-5 时，定会发现：圆与双曲线迥然互异。可是，它们都是二次型，且为标准形的图像。再进一步，如果把下列方程

$$a：z=x^2+y^2；\ b：z^2=x^2+y^2；\ c：z=-x^2-y^2$$

的图形展示在三维空间，如图 4-7 所示，则更能看出，二次型函数的取值真是多种多样，永远取正值，永远取负值，可正可负，分别如图 4-7(a)、(c)

和（b）所示。除此之外，是否还存在另类？这就是眼下将着手讨论的。

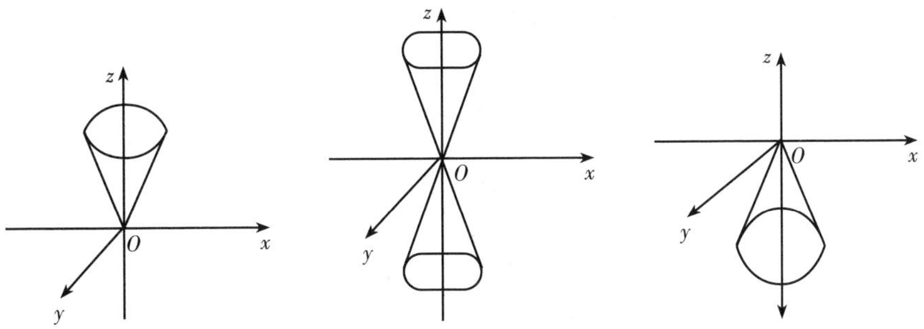

（a）$z=x^2+y^2$　　（b）$z^2=x^2+y^2$　　（c）$z=-x^2-y^2$

图 4–7

简记二次型 $\boldsymbol{X}^{\mathrm{T}}\boldsymbol{A}\boldsymbol{X}$ 为 $Q(x)$，若矩阵 $\boldsymbol{A}$ 为 n 阶方阵，则 $Q(x)$ 为 n 元实值函数，至于其取值情况，请一览如下的定义。

定义 4.4　一个二次型 $Q(x)$为

正定的：只要 $x\neq0$，则 $Q(x)>0$；

负定的：只要 $x\neq0$，则 $Q(x)<0$；

半正定：对所有 x，$Q(x)\geqslant0$；

半负定：对所有 x，$Q(x)\leqslant0$；

不定的：当 x 是变化的，$Q(x)$或正或负或为零。

以下是二次型 $Q(x)$各类的一些例子，希读者仔细判定。

正定的：$f=x_1^2+2x_2^2+4x_3^2+1$；

负定的：$f=-2x_1^2-5x_2^2-3$；

半正定：$f=x_1^2+2x_2^2+4x_3^2$；

半负定：$f=-x_1^2-5x_2^2-x_3^2$；

不定的：$f=x_1^2-x_2^2$。

看到这里，难免有些爱用大脑的年青人会提出问题：面对一个陌生的二次型 $Q(x)$，能否借双慧眼，视透它究竟属于何类？问得及时，不用借，前人已经为大家留下了火眼金睛：如下的定理。

定理 4.6　设二次 $Q(x)=\boldsymbol{X}^{\mathrm{T}}\boldsymbol{A}\boldsymbol{X}$ 中的矩阵 $\boldsymbol{A}$ 对称，则其是

正定的，当且仅当 $\boldsymbol{A}$ 的特征值全为正数；

负定的，当且仅当 $\boldsymbol{A}$ 的特征值全为负数；

不定的，当且仅当 $\boldsymbol{A}$ 的特征值既有正的，也有负的。

证明　留给读者，提示如下：将对称矩阵 $\boldsymbol{A}$ 化为对角矩阵 $\bar{\boldsymbol{A}}$；根据相似矩阵的理论，$\boldsymbol{A}$ 与 $\bar{\boldsymbol{A}}$ 存在同样的特征值。

例 4.11 试判定二次型

$$Q(x)=3x_1^2+2x_2^2+x_3^2+4x_1x_2+4x_2x_3$$

是否为正定的。

解 将 $Q(x)$ 改写成矩阵式 $\boldsymbol{X}^{\mathrm{T}}\boldsymbol{A}\boldsymbol{X}$：

$$Q(x)=\boldsymbol{X}^{\mathrm{T}}\begin{bmatrix}3&2&0\\2&2&2\\0&2&1\end{bmatrix}\boldsymbol{X},\quad \boldsymbol{X}\triangleq\begin{bmatrix}x_1&x_2&x_3\end{bmatrix}^{\mathrm{T}},$$

然后求矩阵 $\boldsymbol{A}$ 的特征值，经计算得 $\boldsymbol{A}$ 的特征多项式

$$\begin{aligned}f(\lambda)&=-\lambda^3+6\lambda^2-3\lambda-10\\&=-(\lambda+1)(\lambda-2)(\lambda-5),\end{aligned}$$

依此，矩阵 $\boldsymbol{A}$ 的特征值分别为 -1，2 和 5。根据定理 4.6，特征值中含有负数，二次型 $Q(x)$ 并非正定。

看完解后，不禁疑窦丛生，一个三变量的二次型就需要求解一个三次方程，四变量的就是四次方程。众所周知，五次方程已不可解，何况更高次的！因此，必须另辟蹊径。

其实，上述难题早在 18 世纪已引起重视，经过共同努力，终于破解，出现了三大判据，此中也浸透国人的汗水，现转录其一如下：

赫尔维茨判据 给定对称矩阵

$$\boldsymbol{A}=\begin{bmatrix}a_{11}&\cdots&a_{1n}\\\vdots&&\vdots\\a_{n1}&\cdots&a_{nn}\end{bmatrix},$$

若其各阶主子式都大于零，即

$$a_{11}>0,\ \begin{vmatrix}a_{11}&a_{12}\\a_{21}&a_{22}\end{vmatrix}>0,\ \cdots,\ \begin{vmatrix}a_{11}&\cdots&a_{1n}\\\vdots&&\vdots\\a_{n1}&\cdots&a_{nn}\end{vmatrix}>0,\tag{4-22}$$

则其全部特征值都大于零；若其奇数阶主子式小于零，偶数阶主子式大于零，则全都小于零。

$$(-1)^m\begin{vmatrix}a_{11}&\cdots&a_{1m}\\\vdots&&\vdots\\a_{m1}&\cdots&a_{mm}\end{vmatrix}>0\ \ (m=1,\ 2,\ \cdots,\ n)。\tag{4-23}$$

例 4.12 设二次型 $Q(x)=\boldsymbol{X}^{\mathrm{T}}\boldsymbol{A}\boldsymbol{X}$ 中的矩阵

$$\boldsymbol{A}=\begin{bmatrix}4&1&0\\1&3&2\\0&2&1\end{bmatrix},$$

试判定 $Q(x)$ 的正负性。

解　给定矩阵 $\boldsymbol{A}$ 的主子式分别为

$$a_{11}=4>0,\ \begin{vmatrix}a_{11} & a_{12}\\ a_{21} & a_{22}\end{vmatrix}=\begin{vmatrix}4 & 1\\ 1 & 3\end{vmatrix}=11>0,$$

$$|\boldsymbol{A}|=12-16-1=-5<0。$$

这样的结果，主子式既不满足条件式（4–22），也不满足条件式（4–23），仔细一想，作者又错了。上述判据乃充要条件，并非只是充分条件，据此可知，所论二次型 $Q(x)$ 为不定的。

4.5　习题

1. 试判定下列矩阵哪些是对称矩阵，哪些不是：

（1）$\boldsymbol{A}+\boldsymbol{B}$；（2）$\boldsymbol{A}-\boldsymbol{B}$；（3）$\boldsymbol{AB}$。

式中，矩阵 $\boldsymbol{A}$ 和 $\boldsymbol{B}$ 都是对称矩阵。如果是，则予以证明；如果不是，则举反例予以否定。

2. 设矩阵 $\boldsymbol{A}$ 是二阶对称矩阵：

$$\boldsymbol{A}=\begin{bmatrix}a & b\\ b & c\end{bmatrix},$$

试证明其逆矩阵 $\boldsymbol{A}^{-1}$ 也是对称阵。

3. 已知二阶矩阵的特征值 $\boldsymbol{\lambda}_1$ 和 $\boldsymbol{\lambda}_2$ 及特征向量 $\boldsymbol{P}_1$ 和 $\boldsymbol{P}_2$ 分别是

（1）$\lambda_1=2$，$\lambda_2=-1$，$\boldsymbol{P}_1=[1\quad 1]^{\mathrm{T}}$，$\boldsymbol{P}_2=[-1\quad 1]^{\mathrm{T}}$；

（2）$\lambda_1=3$，$\lambda_2=1$，$\boldsymbol{P}_1=[2\quad 1]^{\mathrm{T}}$，$\boldsymbol{P}_2=[3\quad -1]^{\mathrm{T}}$。

试问，哪种情况的矩阵是对称矩阵，哪种不是，并予以核实。

4. 已知矩阵

$$\boldsymbol{A}=\begin{bmatrix}2 & -2 & 0\\ -2 & 1 & -2\\ 0 & -2 & 0\end{bmatrix}$$

的两个特征值分别是 $\boldsymbol{\lambda}_1=-2$，$\boldsymbol{\lambda}_3=4$，试将其化为对角矩阵，并写出相似变换矩阵。

5. 已知矩阵

$$\boldsymbol{A}=\begin{bmatrix}2 & 2 & -2\\ 2 & 5 & -4\\ -2 & -4 & 5\end{bmatrix}$$

可化为对角矩阵，其 3 个特征向量分别是

$$P_1=\frac{1}{3}\begin{bmatrix}1\\2\\x\end{bmatrix},\ P_2=\frac{1}{\sqrt{2}}\begin{bmatrix}y\\1\\1\end{bmatrix},\ P_3=\frac{1}{3\sqrt{2}}\begin{bmatrix}4\\z\\1\end{bmatrix},$$

试求变量 x、y 和 z。

6. 已知二阶对称阵 $\boldsymbol{A}$ 的特征值 $\lambda_1=1$，$\lambda_2=2$，特征向量 $\boldsymbol{P}_1=[1\quad 1]^{\mathrm{T}}$，$\boldsymbol{P}_2=[1\quad x]^{\mathrm{T}}$，试求其表达式。

7. 已知对称矩阵

$$\boldsymbol{A}=\begin{bmatrix}1&-2&-4\\-2&4&-2\\-4&-2&x\end{bmatrix} \text{与} \bar{\boldsymbol{A}}=\begin{bmatrix}5&&0\\&y&\\0&&5\end{bmatrix}$$

相似，试求 x 和 y。

8. 已知对称矩阵

$$\boldsymbol{A}=\begin{bmatrix}0&x&y\\x&0&z\\y&z&0\end{bmatrix}$$

的特征值 $\lambda_1=-2$，$\lambda_2=1$，特征向量

$$\boldsymbol{P}_1=\frac{1}{\sqrt{3}}\begin{bmatrix}-1\\-1\\1\end{bmatrix},\ \boldsymbol{P}_2=\frac{1}{\sqrt{2}}\begin{bmatrix}-1\\1\\0\end{bmatrix},$$

试求变量 x、y 和 z。

9. 试将下列对称矩阵

$$\begin{bmatrix}2&-2&-2\\-2&5&-4\\-2&-4&5\end{bmatrix},\ \begin{bmatrix}0&1&1\\1&0&1\\1&1&0\end{bmatrix}$$

化为对角阵，并验证所得的答案。

10. 试用配方法化下列二次型为标准形：

（1） $f=2x^2+y^2+2xy+2yz-2xz$；

（2） $f=x^2+2y^2+5z^2+2xy+2xz+6yz$。

11. 用矩阵表示下列二次型，并核对答案：

（1） $f=x^2+4y^2+z^2+4xy+2xz+4yz$；

（2） $f=x^2+y^2-7z^2-2xy-2xz-4yz$；

（3） $f=x^2+y^2+z^2-2xy-6yz$。

12. 试用对称矩阵写出下列二次型：

（1） $f(x)=\boldsymbol{X}^{\mathrm{T}}\begin{bmatrix}3 & 0\\ 2 & 2\end{bmatrix}\boldsymbol{X}$；（2） $f(x)=\boldsymbol{X}^{\mathrm{T}}\begin{bmatrix}1 & 2 & 3\\ 0 & 2 & 4\\ 1 & 2 & 1\end{bmatrix}\boldsymbol{X}$；

（3） $f(x)=\boldsymbol{X}^{\mathrm{T}}\begin{bmatrix}1 & 0 & -2 & 3\\ 2 & 3 & 4 & 5\\ 2 & 2 & 4 & -1\\ 5 & 1 & 3 & 2\end{bmatrix}\boldsymbol{X}$。

13. 当 t 取何值时，下列二次型是正定的：

（1） $f(x)=x_1^2+x_2^2+5x_3^2+2tx_1x_2-2x_1x_3-4x_2x_3$；

（2） $f(x)=x_1^2+tx_2^2+2x_3^2+2x_1x_3-2x_2x_3$。

14. 设有下列二次型

（1） $f(x)=\boldsymbol{X}^{\mathrm{T}}\begin{bmatrix}1.1 & 1\\ 1 & 1\end{bmatrix}X$；（2） $f(x)=\boldsymbol{X}^{\mathrm{T}}\begin{bmatrix}1.1 & -1\\ -1 & 1\end{bmatrix}\boldsymbol{X}$；

（3） $f(x)=\boldsymbol{X}^{\mathrm{T}}\begin{bmatrix}-1.1 & 1\\ 1 & -1\end{bmatrix}X$；（4） $f(x)=\boldsymbol{X}^{\mathrm{T}}\begin{bmatrix}1 & 1\\ 1 & 1\end{bmatrix}\boldsymbol{X}$。

① 将其展开，化为标准形，判定是正定、负定或其他。

② 用赫尔维茨判据予以判定，两相比较，以加深对判据的理解。

15. 设有下列二次型

（1） $f_1(x)=\boldsymbol{X}^{\mathrm{T}}\begin{bmatrix}2 & 2 & -2\\ 2 & 5 & -4\\ -2 & -4 & 5\end{bmatrix}\boldsymbol{X}$；

（2） $f_2(x)=\boldsymbol{X}^{\mathrm{T}}\begin{bmatrix}-2 & 1 & 2\\ 1 & -3 & 1\\ 2 & 1 & -4\end{bmatrix}\boldsymbol{X}$。

具体要求同第 14 题。

第 5 章　线性空间

5.1　概述

线性空间亦称向量空间，大家的老相知了。例如，平面上所有向量的全体就是典型的向量空间。看到这里，读者自然会联想，三维空间向量的全体也是向量空间，即线性空间。

问题出来了，老师说："在任一区间上定义的连续函数全体构成向量空间。"此话当真？函数并非向量，哪来空间！

声明如下：老师不会扯谎，其目的在于强调，线性空间或向量空间已属于近世代数学或称抽象代数学的范畴，它以深邃的眼光探索广泛的数学研究对象，便于后学者对已掌握的知识获得更精准的理解。

读到这里，自然渴望知道，所谓线性空间究竟是什么东西？回答不难，请看下面的定义。

定义 5.1　一个集合，其间的元素通称"向量"，向量间有加法运算，有与数的乘法运算；满足加法的交换律和结合律，加法与乘法的分配律；有零向量，每个向量有负向量。这样的集合就称为线性空间或向量空间。

不言而喻，上述的平面向量全体以及空间向量全体按现行的运算规律，完全满足线性空间定义的条件，应该都是线性空间。不过，仔细琢磨之后，就会发现，满足该定义的集合可谓五花八门，层出不穷。

例 5.1　将某一区间上的连续函数全体作为一个集合，其中的函数视作向量，同样完全满足定义的条件。为具体起见，选四次多项式为在区间［0，1］上连续函数的代表，并列出部分如下：

$$f_1(x)=2+x+3x^2-5x^3+8x^4,$$
$$f_2(x)=-x^2+4x^3-3x^4,$$
$$f_3(x)=-7+9x+6x^3+2x^4,$$

依此，不难看出

$$f_1+f_2+f_3=f_1+f_3+f_2=f_2+(f_3+f_1)=-5+10x+2x^2+5x^3+7x^4,$$

$$2(f_2-f_3)=2f_2-2f_3=14-18x-2x^2-4x^3-10x^4,$$

$$f_1+(-f_1)=f_2+(-f_2)=f_3+(-f_3)=0,$$

可见，据以上等式不难推知：若将四次多项式全体视作一集合Ω，其中的元素四次多项式视作向量，则此集合Ω完全符合定义 5.1 的条件，构成线性空间。显然，连续函数全体与之相类，也是线性空间。

例 5.2　所有二阶实对称矩阵的全体Ω，作为一个集合，视矩阵为向量，根据现行的加法及与数量的乘法构成线性空间。

验证任务留给读者。事实上，任何阶的矩阵，其全体作为一个集合，都是线性空间。

由此看来，如果需要，则任何事物，都可拿来当作数学的研究对象，并视为向量，归入线性空间。为什么归入线性空间而不是非线性呢？这还得从头道来。

设有函数

$$y=cx\triangleq f(x)=cx, \tag{5-1}$$

式（5-1）中，c 是个常数。这样的函数在中学教材里就常见到，最简单的线性函数。之所以冠上“线性”两字，原因在于其几何图形为一条通过坐标原点的直线，如图 5-1 所示。

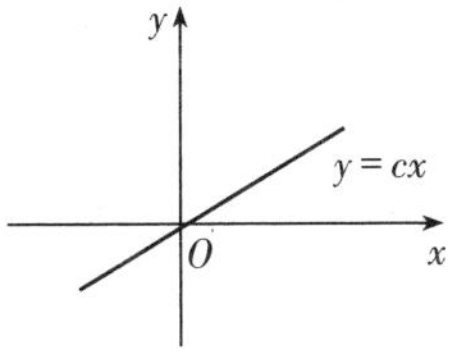

图 5-1

函数 $f(x)$ 在几何方面表现为一条直线，在代数方面却存在如下的线性：

$$f(\lambda x_1+\mu x_2)=\lambda f(x_1)+\mu f(x_2), \tag{5-2}$$

其中 λ 和 μ 均是常数。

补充一点，凡是具有线性（5-2）的函数、算子以及各类数学研究对象通称为线性的。

例 5.3　在平面上存在 3 支向量

$$\boldsymbol{V}_1=2\boldsymbol{i}+\boldsymbol{j},\ \boldsymbol{V}_2=3\boldsymbol{i}-\boldsymbol{j},\ \boldsymbol{V}_3=-4\boldsymbol{i}+2\boldsymbol{j},$$

不难验证数量积

$$\begin{aligned}\boldsymbol{V}_1\cdot(\lambda\boldsymbol{V}_2+\mu\boldsymbol{V}_3)&=\boldsymbol{V}_1\cdot[(3\lambda-4\mu)\boldsymbol{i}-(\lambda-2\mu)\boldsymbol{j}]\\&=6\lambda-8\mu-\lambda+2\mu=5\lambda-6\mu,\end{aligned}$$

$$\begin{aligned}\boldsymbol{V}_1\cdot(\lambda\boldsymbol{V}_2+\mu\boldsymbol{V}_3)&=\lambda\boldsymbol{V}_1\cdot\boldsymbol{V}_2+\mu\boldsymbol{V}_1\cdot\boldsymbol{V}_3\\&=\lambda(6-1)+\mu(-8+2)=5\lambda-6\mu,\end{aligned}$$

可见，线性空间（平面上向量全体）上的数量积是线性的。

不言而喻，上述说法也适用于向量积以及更高维的线性空间。

例 5.4 方程组

$$\begin{cases}3x_1+x_2=y_1,\\2x_1-3x_2=y_2\end{cases}\tag{5-3}$$

是线性的。

将上列方程组改写成矩阵式

$$\begin{bmatrix}3&1\\2&-3\end{bmatrix}\begin{bmatrix}x_1\\x_2\end{bmatrix}=\begin{bmatrix}y_1\\y_2\end{bmatrix}\triangleq \boldsymbol{AX}=\boldsymbol{Y};\ \boldsymbol{X}=\begin{bmatrix}x_1\\x_2\end{bmatrix},\ \boldsymbol{Y}=\begin{bmatrix}y_1\\y_2\end{bmatrix},$$

由此有

$$\boldsymbol{A}(\lambda\boldsymbol{X}_1+\mu\boldsymbol{X}_2)=\lambda\boldsymbol{AX}_1+\mu\boldsymbol{AX}_2=\lambda\boldsymbol{Y}_1+\mu\boldsymbol{Y}_2,$$

据此可见，线性空间（二阶矩阵全体）上的二元一次方程组是线性的。

不言而喻，上述结论同样适用于 n 阶矩阵全体上的 n 元一次方程组。

概括地说，定义 5.1 是指一个集合$\boldsymbol{\Omega}$作为线性空间而论的，等式（5-2）是对于一个函数 f（也含算子、方程等）具备线性性质而言的。两者存在“交集”，但并非一体。

5.2 维 · 基

5.2.1 维

维是几何学的基本概念。直线是一维的，平面是二维的，普通的空间是三维的。为什么说直线是一维的因为其上的全部向量只有一个方向（不计正反）。照此说来，平面就该是无穷维的，因为其上的全部向量有无穷多的方向！此话确实不假，可惜没有用处。数学看重的是：如何把一个线性空间的全体向量都唯一地表达出来，实用而且简便，维的概念由是诞生，基与坐标也应声而出。

5.2.2 基

在几何空间 $\boldsymbol{R}^2$（平面），任取一向量 $\boldsymbol{V}_1$，如图 5-2 所示。易知，不论此向量 $\boldsymbol{V}_1$ 伸到多长，缩至多短，甚至反向，它能够变换而成的向量全体都仅在一条直线上。改用术语就是说，向量 $\boldsymbol{V}_1$ 张成的空间为一条直线。

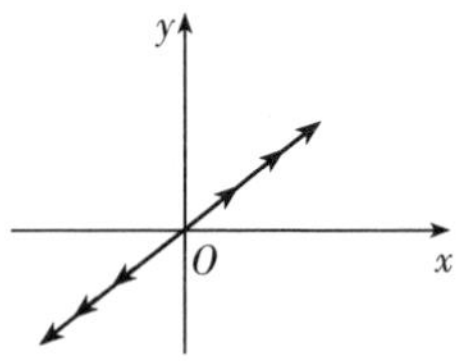

图 5-2

再取另一向量 $\boldsymbol{V}_2$，让 $\boldsymbol{V}_1$ 同 $\boldsymbol{V}_2$ 各自伸缩，然后相

加。试设想，两者能演化出多少向量？为便于思考，不妨先把问题数学化。这样一来，若记两者能演化的向量全体记作 $\boldsymbol{R}^2$，则可知

$$\boldsymbol{R}^2 = c_1\boldsymbol{V}_1 + c_2\boldsymbol{V}_2,\quad -\infty < c_1,\ c_2 < \infty, \tag{5-4}$$

式中，c_1 和 c_2 均为实数。

为回答 $\boldsymbol{R}^2$ 究竟包含多少向量，可以在图 5-3 上任选向量 $\boldsymbol{V}_1$ 和 $\boldsymbol{V}_2$，看能否变换等式（5-4）中实数 c_1 和 c_2 的值，让等式（5-4）满足。

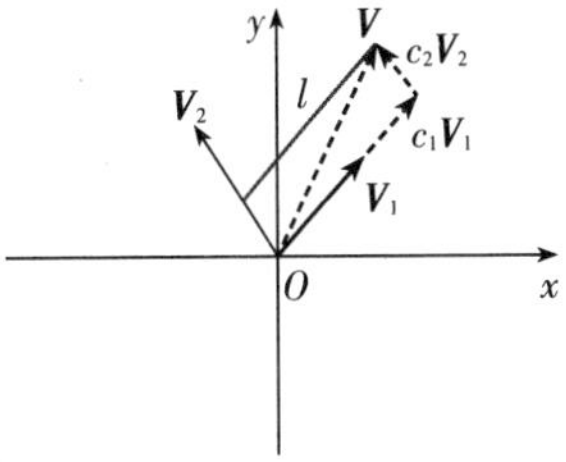

图5-3

（1）几何法。

从 $\boldsymbol{V}$ 的顶点引 $\boldsymbol{V}_1(\boldsymbol{V}_2)$ 的平行线 l，l 与 $\boldsymbol{V}_2$（$\boldsymbol{V}_1$）或其延长线必相交，此交点加上 $\boldsymbol{V}$ 的顶点和 $\boldsymbol{V}_1(\boldsymbol{V}_2)$ 的起点构成一三角形，这正是向量间的合成图，如图 5-3 所示。由此可知，等式（5-4）满足，而 $\boldsymbol{V}$ 乃平面 $\boldsymbol{R}^2$ 上的任何向量。

问题在于，上述结果适用于三维空间 $\boldsymbol{R}^3$ 的全部向量吗？显然不是，但适用于与向量 $\boldsymbol{V}_1$ 和 $\boldsymbol{V}_2$ 共面的全部向量。用术语讲，向量 $\boldsymbol{V}_1$ 和 $\boldsymbol{V}_2$ 能张成一个平面，记作

$$\boldsymbol{R}^2 = \mathrm{Span}[\boldsymbol{V}_1 \quad \boldsymbol{V}_2],$$

式中，Span 意为“张成”，表示由向量 $\boldsymbol{V}_1$ 和 $\boldsymbol{V}_2$ 的线性组合式（5-4）所致的集合。

（2）代数法。

将向量 $\boldsymbol{V}_1$ 和 $\boldsymbol{V}_2$ 写成代数式，证明与之共面的任何向量 $\boldsymbol{V}$ 都是 $\boldsymbol{V}_1$ 和 $\boldsymbol{V}_2$ 的线性组合

$$\boldsymbol{V} = c_1\boldsymbol{V}_1 + c_2\boldsymbol{V}_2。$$

余下留给读者，权作练习。

在作练习时，就会发现，要将向量 $\boldsymbol{V}_1$ 或 $\boldsymbol{V}_2$ 写成代数式，首先要选择坐标系，常用的是以 $\boldsymbol{i}$、$\boldsymbol{j}$ 为单位向量的直角坐标系，然后就把向量写成代数式，例如

$$\boldsymbol{V}_1 = 3\boldsymbol{i} + 2\boldsymbol{j},\quad \boldsymbol{V}_2 = -2\boldsymbol{i} + 4\boldsymbol{j}, \tag{5-5}$$

如图 5-4(a) 所示。若是空间向量 $\boldsymbol{V}$，则用以 $\boldsymbol{i}$、$\boldsymbol{j}$ 和 $\boldsymbol{k}$ 为单位向量的坐标系，而将 $\boldsymbol{V}$ 表达为

$$\boldsymbol{V}_3 = 2\boldsymbol{i} + \boldsymbol{j} + 4\boldsymbol{k}, \tag{5-6}$$

如图 5-4(b) 所示。

大家习以为常了，以致对选择坐标系的“隐私”视而不见，请扪心自问：

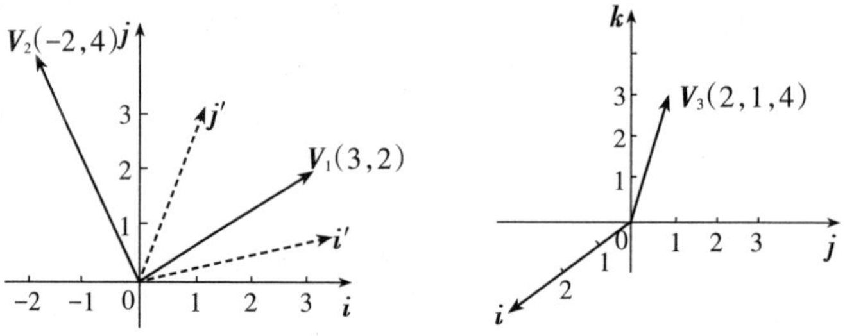

(a)　　　　(b)

图5-4

(1) 为什么要选直角坐标系？如图 5-4(a) 所示的斜角坐标系为什么不行?

(2) 多加一个坐标单位向量 $\boldsymbol{h}$，变成 3 个单位向量 $\boldsymbol{i}$、$\boldsymbol{j}$ 和 $\boldsymbol{h}$ 会不会更方便?

(3) 少用一个坐标单位向量，只保留 $\boldsymbol{i}$ 或 $\boldsymbol{j}$ 是不是更简便?

第 1 个问题属于技术性的，答案是完全可以。凡是能够将空间中的任何向量都能定量地、唯一地表达出来，就是合格的坐标系。

例如，直角坐标系是用平行线将平面划分为无数的小正方形，弧角坐标系是以同心圆和过原点的直线将平面划分为无数的小四边形，两者殊途同归，都能唯一地表达任一向量在平面上的位置，如图 5-5 所示。在需要的时候，甚至可以把圆改成椭圆，诸如此类。

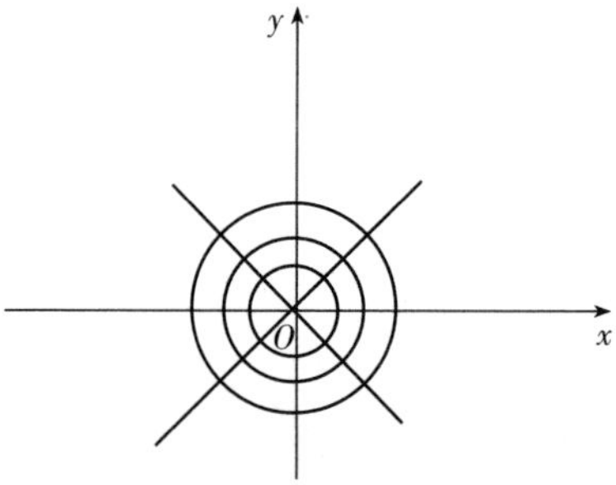

图5-5

第 2 个问题的答案是可以，但画蛇添足；第 3 个问题的答案是不行，异想天开。但是，两者都属于理论性质的，必须重视，深入探索，而这正是下文所要论述的。

1. 基的含义

大家知道，在平面上以 $\boldsymbol{i}$ 和 $\boldsymbol{j}$ 作为坐标单位向量构成了平面上的直角坐标系，广义地说，$\boldsymbol{i}$ 加上 $\boldsymbol{j}$ 就是平面的一组基。同理，$\boldsymbol{i}$、$\boldsymbol{j}$ 加上 $\boldsymbol{k}$ 就是空间的一组基。据此，不难理解基的实际含义：基向量 $\boldsymbol{i}$ 同 $\boldsymbol{j}$ 能把平面上的全部向量唯

一地表达出来；基向量 $\boldsymbol{i}$、$\boldsymbol{j}$ 同 $\boldsymbol{k}$ 能把空间的全部向量唯一地表达出来。分别如图 5-6(a)和(b) 所示。

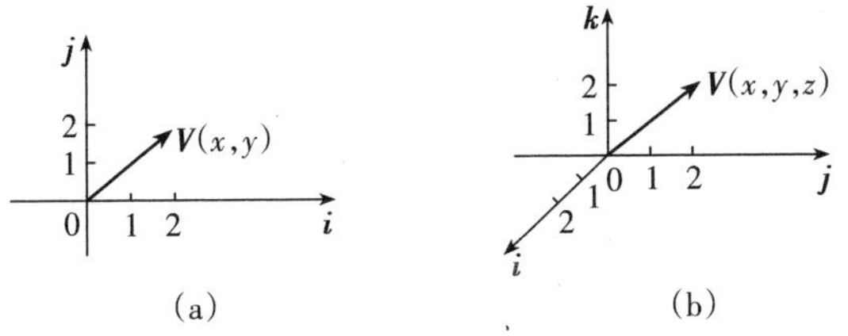

图 5-6

注意上文中的“全部向量”和“唯一地表达”。由此可知：前段所提的第 3 个问题只保留 $\boldsymbol{i}$ 或 $\boldsymbol{j}$ 纯属异想天开，只保留 $\boldsymbol{i}(\boldsymbol{j})$，则那些有 $y(x)$轴分量的向量无法表达；第 2 个问题多加个单位向量 $\boldsymbol{h}$，设在平面上取

$$\boldsymbol{h}=\frac{3}{5}\boldsymbol{i}+\frac{4}{5}\boldsymbol{j},$$

则平面上的向量 $\boldsymbol{V}_1$将有无数多的表达式，如

$$\begin{aligned}\boldsymbol{V}_1&=3\boldsymbol{i}+2\boldsymbol{j}=5\boldsymbol{h}-2\boldsymbol{j}=-\boldsymbol{h}+\left(3+\frac{3}{5}\right)\boldsymbol{i}+\left(2+\frac{4}{5}\right)\boldsymbol{j}\\&=\cdots;\end{aligned}$$

在空间中取

$$\boldsymbol{h}=\frac{1}{3}(\boldsymbol{i}+\boldsymbol{j}+\boldsymbol{k}),$$

则空间向量 $\boldsymbol{V}_3$将有无数多的表达式，如

$$\begin{aligned}\boldsymbol{V}_3&=2\boldsymbol{i}+\boldsymbol{j}+4\boldsymbol{k}=3\boldsymbol{h}+\boldsymbol{i}+3\boldsymbol{k}\\&=\cdots\end{aligned}$$

参见等式（5-5）、等式（5-6）。

显然，向量的表达式不唯一必会引发计算方面的混乱。因此，无论是在平面还是在空间多加基向量都属无事生非，不行。

由此可见，平面上的一组基，含 2 个基向量；空间中的一组基，含 3 个基向量。少一个，行不通；多一个，无事生非。

结论有了，基的实际含义也大致明白了，因为平面是二维的，空间也只是三维的。早就知道，易于理解。但是，现在的研究对象线性空间，各式各样，如闭区间上连续函数全体究竟有没有基？若有，盼从头道来。

2. 温故而知新，先复习一些重要的概念

线性空间：一个集合Ω，其元素通称“向量”，如定义 5.1 所言。

线性组合：设 $\boldsymbol{V}_1$，$\boldsymbol{V}_2$，…，$\boldsymbol{V}_n$是一组向量，c_1，c_2，…，c_n是一组数，则称

向量

$$c_1\boldsymbol{V}_1+c_2\boldsymbol{V}_2+\cdots+c_n\boldsymbol{V}_n$$

为该向量组的一个线性组合。

例 5.5 平面上的任一向量 $\boldsymbol{V}$ 均可表达为

$$\boldsymbol{V}=c_1\boldsymbol{i}+c_2\boldsymbol{j},$$

即单位向量组 $\boldsymbol{i}$ 和 $\boldsymbol{j}$ 的一个线性组合。

例 5.6 空间中的任一向量 $\boldsymbol{V}$ 均可表达为

$$\boldsymbol{V}=c_1\boldsymbol{i}+c_2\boldsymbol{j}+c_3\boldsymbol{k},$$

即单位向量 $\boldsymbol{i}$、$\boldsymbol{j}$ 和 $\boldsymbol{k}$ 的线性组合。

写到此处，不禁想起在第 2 章例 2.6 中讲过的往事，同数学联系起来就可说，红、橙、黄、绿、蓝、靛、紫 7 种颜色，从中任取 3 种，比如红、黄、蓝混合调配，则为红、黄、蓝 3 色的一个线性组合。无论取多少种，照说不误，如果

$$0.2\,\text{红}+0.5\,\text{黄}+0.3\,\text{蓝}=\text{橙},$$

则称橙色是红、黄和蓝 3 色的一个线性组合。以此类推。

普通物理学无人不知，其中讲道：可见光红、橙、黄、绿、蓝、靛、紫 7 种颜色都可用红、黄、蓝 3 种颜色按不同的比例调配而成。

眼见上述事实，从数学的角度会有人大发如下的议论：

红、橙、黄、绿、蓝、靛、紫 7 种颜色作为一个集合，将其中每种颜色视为“向量”，则构成线性空间，记作Ω。空间中任一向量均是红、黄、蓝 3 个向量的一种线性组合，即

$$c_1\text{红}+c_2\text{黄}+c_3\text{蓝}\leftrightarrow\text{任何颜色。}\tag{5-7}$$

式（5-7）中，c_1、c_2、c_3为比例系数。式（5-7）表明

$$\Omega=\text{Span}(\text{红，黄，蓝})。\tag{5-8}$$

式（5-8）中，“Span”代表“张成”，就是说，红、黄、蓝 3 个向量张成了全部空间。

综上所述，整个空间Ω共有 7 个向量，其中，只有 3 个向量红、黄、蓝是线性独立的，并张满全空间Ω。这里面蕴含着如下重要的信息：

（1）空间 Ω 共含有 7 个向量，任取其中 4 者都是线性相关的，见式（5-7）；

（2）在Ω中，最多只能找出 3 个向量，如红、黄和蓝，是线性独立或说线性无关的，且能张满全空间。否则，将同以上（1）矛盾。其中缘由，盼自思自量。

这种情况随处可见。例如，几何平面 $\boldsymbol{R}^2$ 作为线性空间，最多只能找出 2 个向量，如 $\boldsymbol{i}$ 和 $\boldsymbol{j}$，是线性独立或线性无关的，且能张满全空间。

有鉴于此，为规范起见，特作如下的定义。

定义 5.2 一个线性空间Ω，若其中一组线性独立的向量 $\boldsymbol{V}_1$，$\boldsymbol{V}_2$，…，$\boldsymbol{V}_n$ 能张满全空间Ω，则称之为空间Ω的一组基，基向量的个数 n 称为空间的维数。

补充说明，能张满全空间的一组线性独立向量，必然是极大的线性无关向量组，可能存在与其等同的，但不可能更大。若有怀疑，务请思考，明白方止。

据上所述，空间中的一组基就是空间中一个极大线性无关组，其所含的向量数就是空间的维数。

例如，红、橙、黄、绿、蓝、靛、紫 7 色空间中的一组基是红、黄、蓝，三维空间；平面 $\boldsymbol{R}^2$ 的一组基是向量 $\boldsymbol{i}$、$\boldsymbol{j}$，二维空间；几何空间 $\boldsymbol{R}^3$ 的一组基是 $\boldsymbol{i}$，$\boldsymbol{j}$，$\boldsymbol{k}$，三维空间。一般地说，基非独一无二，而维数唯一。

例 5.7 在区间［0，1］上定义的一元二次多项式

$$f(x)=a_0+a_1x+a_2x^2$$

全体构成线性空间。对此，请读者根据定义 5.2 自行验证。

经过思考，不难断定下列集合

$$f_1,\ f_2,\ f_3=1,\ x,\ x^2$$

是空间的一组基。理由如下：

（1）向量 f_1，f_2，f_3 是线性独立的；

（2）$[f_1,\ f_2,\ f_3]$ 能张满全空间，即任何二次多项式均是它的一个线性组合，或说可由其线性表示。

显然，数值 3 是基向量的数量，也正是空间的维数。为什么总要提到空间的维数？请看下文。

数学上有个重要结论：凡是维数相同的线性空间必“同构”。何谓同构？先听一个杜撰的故事。

有老师给学生讲：两户人家，比邻而居，分姓王李。说也奇怪，两家的人口与年龄如下所示：

王：爷 65 岁，奶 60 岁；父 40 岁，母 35 岁；孙 15 岁；

李：爷 65 岁，奶 60 岁；父 40 岁，母 35 岁；孙 15 岁。

这就叫两家同构。当然，此言只是生活上的同构，尽管形象，但不严谨。请再看数学怎么说。

面对工科读者，为具体起见，本书用实例说事。设有 2 个线性空间，一是

几何空间 $\boldsymbol{R}^3$，一是例 5.7 中二次多项式全体构成的空间，记为 $\bar{\boldsymbol{R}}^3$。设在 $\boldsymbol{R}^3$ 中取定一组基 $\boldsymbol{i}$，$\boldsymbol{j}$，$\boldsymbol{k}$，在 $\bar{\boldsymbol{R}}^3$ 中为 1，x，x^2，记 $\boldsymbol{R}^3$ 中的向量 $\boldsymbol{V}$ 和 $\bar{\boldsymbol{R}}^3$ 的向量 $\bar{\boldsymbol{V}}$ 分别为

$$\boldsymbol{V}=\begin{bmatrix}a_1 & a_2 & a_3\end{bmatrix}^{\mathrm{T}},\ \bar{\boldsymbol{V}}=\begin{bmatrix}b_1 & b_2 & b_3\end{bmatrix}^{\mathrm{T}},$$

则空间 $\boldsymbol{R}^3$ 与 $\bar{\boldsymbol{R}}^3$ 两者的向量之间存在如下的一一对应关系和性质：

（1）$\boldsymbol{V}=\begin{bmatrix}a_1 & a_2 & a_3\end{bmatrix}^{\mathrm{T}} \leftrightarrow \bar{\boldsymbol{V}}=\begin{bmatrix}b_1 & b_2 & b_3\end{bmatrix}^{\mathrm{T}}$；

（2）$\boldsymbol{V}+\bar{\boldsymbol{V}} \leftrightarrow \begin{bmatrix}a_1 & a_2 & a_3\end{bmatrix}^{\mathrm{T}}+\begin{bmatrix}b_1 & b_2 & b_3\end{bmatrix}^{\mathrm{T}}$；

（3）$\alpha\boldsymbol{V}+\mu\bar{\boldsymbol{V}} \leftrightarrow \alpha\begin{bmatrix}a_1 & a_2 & a_3\end{bmatrix}^{\mathrm{T}}+\mu\begin{bmatrix}b_1 & b_2 & b_3\end{bmatrix}^{\mathrm{T}}$。

以上表明，空间 $\boldsymbol{R}^3$ 与 $\bar{\boldsymbol{R}}^3$ 两个同维的线性空间，二者的向量乃至其线性组合全都保持着一一对应关系。这就是说，两者在构造上是同型的。因此，称线性空间 $\boldsymbol{R}^3$ 与 $\bar{\boldsymbol{R}}^3$ 同构。

$\boldsymbol{V}(a_1\ \ a_2\ \ a_3) \leftrightarrow \bar{\boldsymbol{V}}(b_1\ \ b_2\ \ b_3)$;

$\boldsymbol{V}+\bar{\boldsymbol{V}} \leftrightarrow (a_1\ \ a_2\ \ a_3)+(b_1\ \ b_2\ \ b_3)$;

$\alpha\boldsymbol{V}+\mu\bar{\boldsymbol{V}} \leftrightarrow \alpha(a_1\ \ a_2\ \ a_3)+\mu(b_1\ \ b_2\ \ b_3)$。

空间$\boldsymbol{R}^3 \leftrightarrow$空间$\boldsymbol{R}^3$

图5–7

为形象起见，上述具体的对应关系如图 5–7 所示，并附录于下：

（1）$\boldsymbol{V}_1=[2\ \ 1\ \ 3]^{\mathrm{T}} \leftrightarrow \bar{\boldsymbol{V}}_1=[2\ \ 1\ \ 3]^{\mathrm{T}}$，

$\boldsymbol{V}_2=[3\ \ 2\ \ -1]^{\mathrm{T}} \leftrightarrow \bar{\boldsymbol{V}}_2=[3\ \ 2\ \ -1]^{\mathrm{T}}$；

（2）$\boldsymbol{V}_1+\boldsymbol{V}_2=[5\ \ 3\ \ 2]^{\mathrm{T}} \leftrightarrow \bar{\boldsymbol{V}}_1+\bar{\boldsymbol{V}}_2=[5\ \ 3\ \ 2]^{\mathrm{T}}$；

（3）$2\boldsymbol{V}_1-\boldsymbol{V}_2=[1\ \ 0\ \ 7]^{\mathrm{T}} \leftrightarrow 2\bar{\boldsymbol{V}}_1-\bar{\boldsymbol{V}}_2=[1\ \ 0\ \ 7]^{\mathrm{T}}$。

不言而喻，前述以 $\boldsymbol{R}^3$ 和 $\bar{\boldsymbol{R}}^3$ 两个线性空间为例所给出的结论实际就是“同构”的定义。当然也适用于 n 维的线性空间。对此，作者不再多嘴，但下面所言则希一阅。

例 5.8 将二阶实对称矩阵视为一个集合Ω，则按现行矩阵的加法和实数的乘法：构成线性空间，维数是 3。理由如下。

（1）取矩阵

$$\boldsymbol{A}_1=\begin{bmatrix}1 & 0\\0 & 0\end{bmatrix},\ \boldsymbol{A}_2=\begin{bmatrix}0 & 1\\1 & 0\end{bmatrix},\ \boldsymbol{A}_3=\begin{bmatrix}0 & 0\\0 & 1\end{bmatrix} \tag{5-9}$$

为Ω的一组基，则任何二阶实对称矩阵均为其线性组合：

$$\boldsymbol{A}=\begin{bmatrix}a_1 & a_2\\a_2 & a_3\end{bmatrix}=a_1\boldsymbol{A}_1+a_2\boldsymbol{A}_2+a_3\boldsymbol{A}_3\ 。$$

（2）存在零矩阵与负矩阵

$$\begin{bmatrix}0 & 0\\0 & 0\end{bmatrix},\ \begin{bmatrix}-a_1 & -a_2\\-a_2 & -a_3\end{bmatrix}。$$

（3）余下的核实工作，请大家参阅定义 5.1 后，补充完成。眼见Ω也是三

维线性空间，总想腾出手来，让它与其他三维线性空间同构。

现在就以几何空间 $\boldsymbol{R}^3$ 为代表对比矩阵空间，观察其间的同构关系：

（1）$\boldsymbol{R}^3$ 的基 $(\boldsymbol{i}\quad \boldsymbol{j}\quad \boldsymbol{k}) \leftrightarrow \Omega$ 的基（$\boldsymbol{A}_1\quad \boldsymbol{A}_2\quad \boldsymbol{A}_3$）；

（2）$\boldsymbol{V}=a_1\boldsymbol{i}+a_2\boldsymbol{j}+a_3\boldsymbol{k} \leftrightarrow \boldsymbol{A}=a_1\boldsymbol{A}_1+a_2\boldsymbol{A}_2+a_3\boldsymbol{A}_3$。

上列两项已基本够了，不足之处，可补也可听之任之。但以下问题则希过目静思。

试问，全部三阶实对称矩阵作为一个集合，是否构成线性空间？如果是，几维？广而言之，n 阶实对称矩阵全体呢？

上述问题，理论意义不大，但不失为一个训练思维的机会。如果继续思考，当 n 越来越大以至 $n\to\infty$时，就会发现数学中存在无穷大维的线性空间，而这种无穷大，称可数的。

照以上思路，探究不放，就会发现，这种可数无穷大维的线性空间俯拾皆是。例如，定义在闭区间［0，1］上的一元 n 次多项式

$$f(x)=a_0+a_1x+a_2x^2+\cdots+a_nx^n$$

当 $n\to\infty$时的情景。

天外有天，甚至还存在比可数无穷大更大的，大多少？大无穷大倍。不信，下面就举例为证。

例 5.9　已知定义在区间［0，1］上的连续函数 $f(x)$ 全体作为一个集合，视其中的元素为向量，构成线性空间Ω，试问空间Ω多少维？

回答之前，先练习计数，从自然数 1 开始，顺序往下数，1，2，…，n，$n+1$，不论数到多少，总有比它大的数，没有尽头，如图 5-8 所示。

自然数数不清楚，让我们来数区间［0，1］上的分数，$\frac{1}{1}$，$\frac{1}{2}$，$\frac{1}{3}$，…，$\frac{1}{n}$，$\frac{1}{n+1}$，仍然没有尽头，如图 5-8 所示。

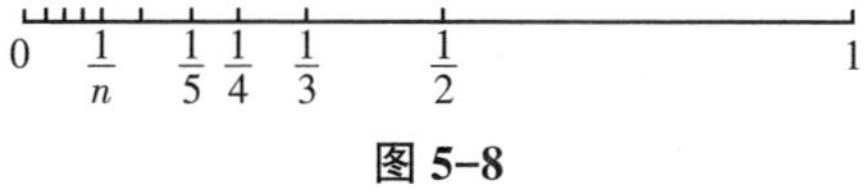

图 5-8

缩小区间，现在来数区间［0，0.1^+］上有多少实数。困难，0 的下一个实数是多大？用数列表示：

$$0.1，0.01，0.001，\cdots，0.0\cdots1，\cdots$$

即使承认（？）此数列的极限是 0 的下一个实数 0^+，这已表明比 0 大的实数为可数个无穷多。

同理，0^+的下一个实数为数列

$$0.1+0^{+},\ 0.01+0^{+},\ \cdots,\ 0.0\cdots1+0^{+},\ \cdots$$

的极限。显然，以上两数列的实数互不相等，这就表明：大于 0 的实数至少为 2 倍可数个无穷多。若记 0^{+}的下一个实数为 0^{++}，则其下一个实数是多大?

一直这样穷追下去，根据上述推理，不难判定：区间［0　0.1］上的实数至少是可数无穷大倍可数个无穷多。这也可以说是例 5.9 中空间Ω的维数。

以上的讨论非工科重点，但作为另类的思维方式，可供参考。

总而言之，定义维数在于揭示线性空间的构造，定义一组基在于为空间中的向量提供坐标系。例如：说地图是二维的，就知道必是平面的，其上的山岳坐落，河川走向，了然于心；相互交叉的经线和纬线就是一组基，据此各地的定位有了各自的坐标。比如，只需一提经度是东经 116°28′13″，大家很快便能从地图上看到我们伟大祖国的首都北京，何其方便。不仅如此，引入坐标后，向量的几何运算由此转变为数字组的代数运算，居功至伟。

5.3　线性变换

顾名思义，线性变换就是“线性”加上“变换”。其中含义，当大家看完论述后，定有同感。线性变换曾与大家擦肩而过，当时引入函数

$$y=cx\overset{\triangle}{=}f(x)=y。\tag{5-10}$$

式（5-10）中，c 为常数，只称它是线性函数，而就其所起的作用来讲，实际上是线性变换的“看门人”。之所以这样说，请看它的表现，如图 5-9 所示，为具体起见，图上的常数等于 2。

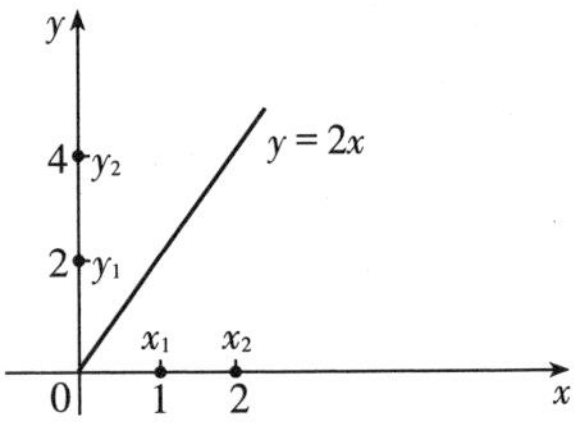

图 5-9

从图上清楚可见，函数（5-10）将变量 x 变换成变量 y:

$$x_1=1\rightarrow y_1=2,\ x_2=2\rightarrow y_2=4,\ \cdots\tag{5-11}$$

此外，这种变换还具有如下的性质：

$$f(\lambda x_1+\mu x_2)=2\lambda+4\mu=\lambda f(x_1)+\mu f(x_2),\tag{5-12}$$

也正是等式（5-2）所定义的线性，因此称为线性变换的“看门人”。恰巧，现在它为我们开启了一条门缝，请大家进去观光。

例 5.10　在由一元三次多项式全体构成的线性空间Ω中，微分运算 D 是线性变换。理由如下：任取

$$f_1=a_0+a_1x+a_2x^2+a_3x^3,$$

$$f_2=b_0+b_1x+b_2x^2+b_3x^3,$$

都有

$$Df_1 = a_1 + 2a_2x + 3a_3x^2,$$

$$Df_2 = b_1 + 2b_2x + 3b_3x^2,$$

$$D(\lambda f_1 + \mu f_2) = (\lambda a_1 + \mu b_1) + 2(\lambda a_2 + \mu b_2)x + 3(\lambda a_3 + \mu b_3)x^2$$
$$= \lambda Df_1 + \mu Df_2。$$

由此可见，线性空间Ω中的微分运算 D 是线性变换。

具备了以上的感性认识，不难理解如下关于线性变换的定义。

定义 5.3　若有映射 T，将线性空间Ω_1中的每一向量 $\boldsymbol{V}$ 变换为线性空间Ω_2中的唯一向量 $T\boldsymbol{V}$，且对任何的向量 $\boldsymbol{V}_1$和 $\boldsymbol{V}_2$，满足

（1）$T(\boldsymbol{V}_1 + \boldsymbol{V}_2) = T\boldsymbol{V}_1 + T\boldsymbol{V}_2$；

（2）$T(C\boldsymbol{V}) = CT\boldsymbol{V}$，

式中，C 为实常数，则称映射 T 为从线性空间Ω_1到Ω_2的线性变换。

有些作者常把定义 5.3 中的（1）和（2）两个条件归并成一个条件

$$T(\lambda \boldsymbol{V}_1 + \mu \boldsymbol{V}_2) = \lambda T\boldsymbol{V}_1 + \mu T\boldsymbol{V}_2,$$

式中，λ 和 μ 均为实常数。再者，若两个空间$\Omega_1 = \Omega_2$，则线性变换 T 又称为线性算子，如例 5.10 中的微分运算常叫作微分算子。

定义 5.3 中共有两个条件，各含深意。现在先对第 2 条

$$T(C\boldsymbol{V}) = CT\boldsymbol{V}$$

谈点看法。设想在一个平面上，直线

$$y = 5x$$

在 x 轴的投影如图 5-10 所示。

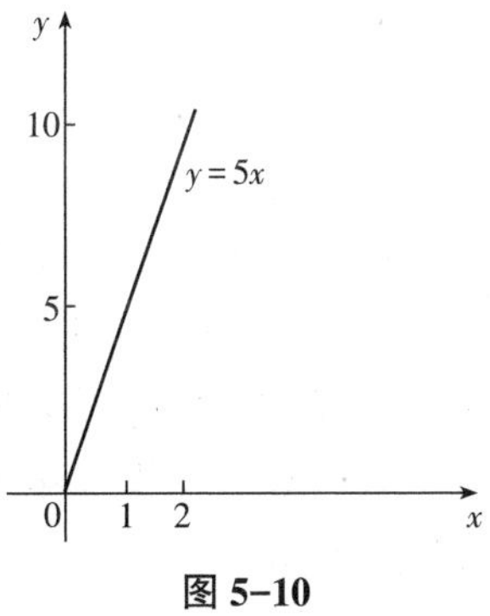

图 5-10

根据计算，不难得知，向量 $\boldsymbol{y}$ 与 $\boldsymbol{x}$ 的对应关系，例如

$$\boldsymbol{x} = 1 \leftrightarrow \boldsymbol{y} = 5，\boldsymbol{x} = 2 \leftrightarrow \boldsymbol{y} = 10，\cdots$$

看过之后，就会发现，上列数据蕴含着两项明白无误的信息：

（1）向量 $\boldsymbol{x}$ 与 $\boldsymbol{y}$ 是一一对应的；

（2）向量 $\boldsymbol{x}$ 增加多少倍数，向量 $\boldsymbol{y}$ 则增加多少倍数。

以上信息言简意赅，究竟会给我们带来何等重要的启迪？大家请静思片刻，再来共同探讨。

头一项信息乃线性变换的首要条件，有了之后，可以认为，定义 5.3 中的条件（1）已基本满足。

后一项信息，数字化之后，实际上正是定义 5.3 中的条件（2）。若有高

见，务请一吐为快。

例 5.11 设有下列变换

$$T\begin{bmatrix}x\\y\end{bmatrix}=\begin{bmatrix}\cos\theta & -\sin\theta\\ \sin\theta & \cos\theta\end{bmatrix}\begin{bmatrix}x\\y\end{bmatrix}。\tag{5-13}$$

（1）说明其几何意义；

（2）证实其为线性变换。

（1）说明 将 x 和 y 视作向量 $V=re^{i\theta'}$ 的分量，即

$$\begin{bmatrix}x\\y\end{bmatrix}=V=\begin{bmatrix}r\cos\theta'\\ r\sin\theta'\end{bmatrix},\quad \begin{matrix}x=r\cos\theta',\\ y=r\sin\theta',\end{matrix}\tag{5-14}$$

如图 5-11 所示。

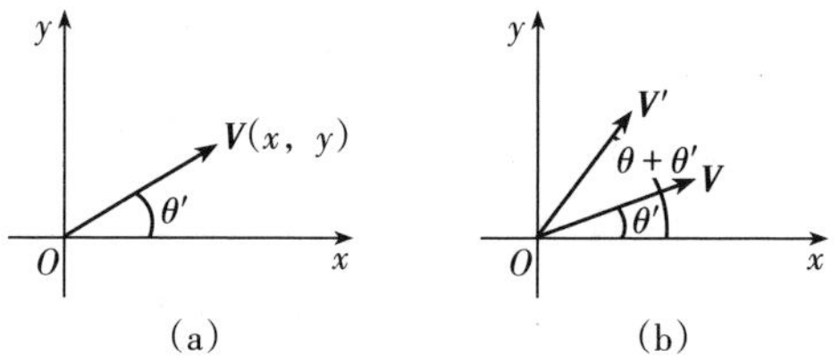

图 5-11

据此，变换（5-13）化为

$$\begin{aligned}T\begin{bmatrix}x\\y\end{bmatrix}&=\begin{bmatrix}x\cos\theta-y\sin\theta\\ x\sin\theta+y\cos\theta\end{bmatrix}=\begin{bmatrix}r\cos\theta'\cos\theta-r\sin\theta'\sin\theta\\ r\cos\theta'\sin\theta+r\sin\theta'\cos\theta\end{bmatrix}\\ &=\begin{bmatrix}r\cos(\theta+\theta')\\ r\sin(\theta+\theta')\end{bmatrix}\triangleq V'。\end{aligned}\tag{5-15}$$

将式（5-14）中向量 V 同 V' 对比，长度一样，都是 r，辐角一个为 θ，一个为 $\theta+\theta'$。从图 5-11(b) 可见，变换（5-13）事实上等于把向量 V 逆时针旋转 θ 角度的一种旋转变换。

从前讲过，矩阵作用于向量后，其几何意义一是改变其长度，二是改变其辐角。例如，

$$\begin{bmatrix}2&0\\0&2\end{bmatrix}\begin{bmatrix}1\\1\end{bmatrix}=\begin{bmatrix}2\\2\end{bmatrix},\quad \begin{bmatrix}2&0\\0&1\end{bmatrix}\begin{bmatrix}1\\1\end{bmatrix}=\begin{bmatrix}2\\1\end{bmatrix},$$

头一个矩阵只改变长度，将向量 $[1\quad 1]^T$ 增大了一倍；第 2 个矩阵，不但改变了向量 $[1\quad 1]^T$ 的长度，还改变了辐角，如图 5-11 所示。

值得注意的是：头一个矩阵对任何向量 V 都一视同仁，其长度增大一倍；而第 2 个矩阵对不同的向量

$$V_1=\begin{bmatrix}1\\1\end{bmatrix}\text{和}V_2=\begin{bmatrix}2\\1\end{bmatrix}$$

有不同的对待：

（1）长度：V_1：$\sqrt{2}\to\sqrt{5}$，V_2：$\sqrt{5}\to\sqrt{17}$；

（2）辐角余弦：V_1：$\cos\theta_1=\dfrac{3}{\sqrt{10}}$，　V_2：$\cos\theta_2=\dfrac{9}{\sqrt{85}}$。

应该思考的是：矩阵

$$A=\begin{bmatrix}2&0\\0&2\end{bmatrix}$$

为什么对任何向量一视同仁？因为它是对角矩阵，且特征值相同。了解这样的特性，便可以随口说出，对任何向量一视同仁，长度增至 5 倍或 n 倍的矩阵分别为

$$A_5=\begin{bmatrix}5&&&0\\&5&&\\&&\ddots&\\0&&&5\end{bmatrix},\ A_n=\begin{bmatrix}n&&&0\\&n&&\\&&\ddots&\\0&&&n\end{bmatrix},$$

而更应该思考，为什么矩阵

$$\bar{A}=\begin{bmatrix}\cos\theta&-\sin\theta\\\sin\theta&\cos\theta\end{bmatrix}\tag{5-16}$$

对任何向量均不分彼此，同等看待，长度不改，且一律逆时针旋转 θ 角度？它究竟具备了何等非凡的特性？

当然，可以认为它具有某种对称性，且元素全是 $\cos\theta$或 $\sin\theta$。但是，这样的理由难以服众。

曾经多次指出，决定一个矩阵的本质属性乃是特征值与特征向量。因此，现在就来窥视一下矩阵（5-16）的特征值。

根据定义，矩阵（5-16）的特征多项式为

$$\begin{bmatrix}\cos\theta-\lambda&-\sin\theta\\\sin\theta&\cos\theta-\lambda\end{bmatrix}=(\cos\theta-\lambda)^2+\sin^2\theta$$
$$=\lambda^2-2\cos\theta\lambda+1,$$

据此，其特征值

$$\lambda_1,\ \lambda_2=\frac{2\cos\theta\pm\sqrt{4\cos^2\theta-4}}{2}$$
$$=\cos\theta\pm\mathrm{i}\sin\theta,$$

取

$$\lambda_1=\cos\theta+\mathrm{i}\sin\theta,\ \lambda_2=\cos\theta-\mathrm{i}\sin\theta,$$

两个特征值互不相等，其所对应的特征向量必不相同。因此，所论矩阵（5-16）一定能被对角化为

$$\begin{bmatrix}\cos\theta & -\sin\theta\\ \sin\theta & \cos\theta\end{bmatrix}\rightarrow\begin{bmatrix}\cos\theta+\mathrm{i}\sin\theta & 0\\ 0 & \cos\theta-\mathrm{i}\sin\theta\end{bmatrix},$$

看到这里，暗自高兴，因为根据欧拉公式

$$\mathrm{e}^{\mathrm{i}\theta}=\cos\theta+\mathrm{i}\sin\theta,\ \mathrm{e}^{-\mathrm{i}\theta}=\cos\theta-\mathrm{i}\sin\theta,$$

上式化为

$$\begin{bmatrix}\cos\theta & -\sin\theta\\ \sin\theta & \cos\theta\end{bmatrix}\rightarrow\begin{bmatrix}\mathrm{e}^{\mathrm{i}\theta} & 0\\ 0 & \mathrm{e}^{-\mathrm{i}\theta}\end{bmatrix}\triangleq \boldsymbol{A}', \tag{5-17}$$

现在分析一下，作为算子 $\mathrm{e}^{\mathrm{i}\theta}$ 对平面上的向量 $\boldsymbol{V}=[x\quad y]^{\mathrm{T}}$ 能起什么作用。大家知道，复数存在 3 种表示法，即

代数式：$z=x\boldsymbol{i}+y\boldsymbol{j}$；

三角式：$z=r\cos\theta+\mathrm{i}r\sin\theta$；

指数式：$z=r\mathrm{e}^{\mathrm{i}\theta}$。

三者的关系如图 5-12 所示。

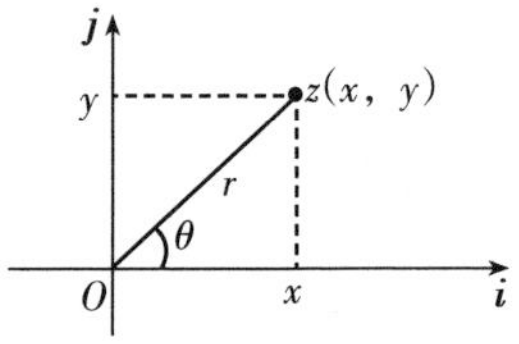

图 5-12

复数与向量难以区分，不妨混为一谈。下面就来观察算子 $\mathrm{e}^{\mathrm{i}\theta}$ 对复数

$$V=x\boldsymbol{i}+y\boldsymbol{j}=r\mathrm{e}^{\mathrm{i}\theta'},\ r=\sqrt{x^2+y^2},\ \theta'=\arccos\frac{x}{r}$$

的作用：

$$\mathrm{e}^{\mathrm{i}\theta}\cdot V=\mathrm{e}^{\mathrm{i}\theta}\cdot r\mathrm{e}^{\mathrm{i}\theta'}=r\mathrm{e}^{\mathrm{i}(\theta+\theta')}\triangleq V'。$$

显然，从图 5-13 可见，算子 $\mathrm{e}^{\mathrm{i}\theta}$ 把复数 V 变换成复数 V'，逆时针旋转了 θ 角度。这就是说，算子 $\mathrm{e}^{\mathrm{i}\theta}$ 同矩阵

$$\begin{bmatrix}\cos\theta & -\sin\theta\\ \sin\theta & \cos\theta\end{bmatrix}$$

的作用完全一样，两者可谓孪生兄弟。

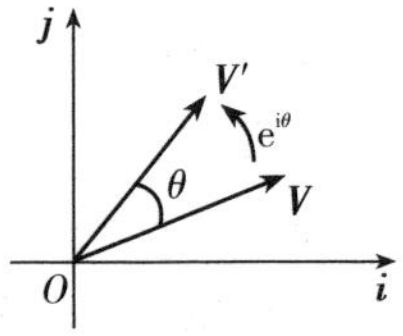

图 5-13

上面所言，虽是同一话题，但头绪纷杂，需要总结。

（1）矩阵

$$\boldsymbol{A}=\begin{bmatrix}\cos\theta & -\sin\theta\\ \sin\theta & \cos\theta\end{bmatrix}\text{与 }\boldsymbol{A}'=\begin{bmatrix}\mathrm{e}^{\mathrm{i}\theta} & 0\\ 0 & \mathrm{e}^{-\mathrm{i}\theta}\end{bmatrix}$$

是相似矩阵，实为一个矩阵，只因各自所对应的坐标系互异而已。既然如此，所以两者对向量的作用是一致的。

（2）运用矩阵 $\boldsymbol{A}$ 时，默认的坐标系是以 $\boldsymbol{i}$ 和 $\boldsymbol{j}$ 为单位向量的坐标系，而矩阵 $\boldsymbol{A}'$ 对应的坐标系是以矩阵 $\boldsymbol{A}$ 的特征向量 $\boldsymbol{P}_1$ 和 $\boldsymbol{P}_2$ 为坐标轴的。

（3）矩阵 $\boldsymbol{A}$ 的两个特征值 λ_1 和 λ_2 都是复数。计算相应的特征向量比较困难，且非研究重点，这也是不再进一步讨论矩阵 $\boldsymbol{A}'$ 中另一元素 $\mathrm{e}^{-i\theta}$ 的原因。

以上的讨论，有读者会认为多此一举，这是一方面；另一方面，刨根问底，知其然并知其所以然，公认为一种治学态度。两利相权取其重，仅供大家参考。

例 5.11 的头一项任务“说明其几何意义”到此为止，下面是第（2）项任务。

（2）证实 任取 3 个向量

$$\boldsymbol{V}=\begin{bmatrix}x & y\end{bmatrix}^{\mathrm{T}},\ \boldsymbol{V}_1=\begin{bmatrix}x_1 & y_1\end{bmatrix}^{\mathrm{T}},\ \boldsymbol{V}_2=\begin{bmatrix}x_2 & y_2\end{bmatrix}^{\mathrm{T}}$$

都满足

$$\begin{aligned}\boldsymbol{T}[\boldsymbol{V}_1+\boldsymbol{V}_2]&=\begin{bmatrix}\cos\theta & -\sin\theta\\ \sin\theta & \cos\theta\end{bmatrix}\left(\begin{bmatrix}x_1\\ y_1\end{bmatrix}+\begin{bmatrix}x_2\\ y_2\end{bmatrix}\right)\\ &=\begin{bmatrix}\cos\theta & -\sin\theta\\ \sin\theta & \cos\theta\end{bmatrix}\begin{bmatrix}x_1\\ y_1\end{bmatrix}+\begin{bmatrix}\cos\theta & -\sin\theta\\ \sin\theta & \cos\theta\end{bmatrix}\begin{bmatrix}x_2\\ y_2\end{bmatrix}\\ &=\boldsymbol{T}\boldsymbol{V}_1+\boldsymbol{T}\boldsymbol{V}_2,\end{aligned}$$

$$\boldsymbol{T}[\alpha\boldsymbol{V}]=\boldsymbol{T}\begin{bmatrix}\alpha x\\ \alpha y\end{bmatrix}=\begin{bmatrix}\cos\theta & -\sin\theta\\ \sin\theta & \cos\theta\end{bmatrix}\begin{bmatrix}\alpha x\\ \alpha y\end{bmatrix}=\alpha\boldsymbol{T}\boldsymbol{V},$$

上列两式显然可以合并为

$$\boldsymbol{T}(\lambda\boldsymbol{V}_1+\mu\boldsymbol{V}_2)=\lambda\boldsymbol{T}\boldsymbol{V}_1+\mu\boldsymbol{T}\boldsymbol{V}_2。$$

可见，算子

$$\boldsymbol{T}=\begin{bmatrix}\cos\theta & -\sin\theta\\ \sin\theta & \cos\theta\end{bmatrix}$$

完全符合线性变换的条件，证实成功。

有必要说明，强调“线性”的原因在于：凡是线性的问题，一般地说，全可以完满解决，非线性的问题，每一个都可谓烫手山芋；此外，更关键的是，凡是线性问题都适用叠加原理！何谓叠加原理？请看例 5.12。

例 5.12 试根据叠加原理求解下列线性变换：

$$\boldsymbol{V}_1=\begin{bmatrix}\cos\theta & -\sin\theta\\ \sin\theta & \cos\theta\end{bmatrix}\begin{bmatrix}2\\ 1\end{bmatrix},\ \boldsymbol{V}_2=\begin{bmatrix}\cos\theta & -\sin\theta\\ \sin\theta & \cos\theta\end{bmatrix}\begin{bmatrix}-1\\ 2\end{bmatrix}。$$

解 首先，计算坐标单位向量 $\boldsymbol{i}$ 和 $\boldsymbol{j}$ 的变换，分别是

$$\boldsymbol{T}\begin{bmatrix}1\\ 0\end{bmatrix}=\begin{bmatrix}\cos\theta & -\sin\theta\\ \sin\theta & \cos\theta\end{bmatrix}\begin{bmatrix}1\\ 0\end{bmatrix}=\begin{bmatrix}\cos\theta\\ \sin\theta\end{bmatrix}$$

和

$$T\begin{bmatrix}0\\1\end{bmatrix}=\begin{bmatrix}\cos\theta & -\sin\theta\\ \sin\theta & \cos\theta\end{bmatrix}\begin{bmatrix}0\\1\end{bmatrix}=\begin{bmatrix}-\sin\theta\\ \cos\theta\end{bmatrix}。$$

其次，根据叠加原理，由于

$$V_1=\begin{bmatrix}2\\1\end{bmatrix}=2\begin{bmatrix}1\\0\end{bmatrix}+\begin{bmatrix}0\\1\end{bmatrix},$$

因此

$$TV_1=2T\begin{bmatrix}1\\0\end{bmatrix}+T\begin{bmatrix}0\\1\end{bmatrix}=2\begin{bmatrix}\cos\theta\\ \sin\theta\end{bmatrix}+\begin{bmatrix}-\sin\theta\\ \cos\theta\end{bmatrix}=\begin{bmatrix}2\cos\theta-\sin\theta\\ 2\sin\theta+\cos\theta\end{bmatrix}。$$

由于

$$V_2=\begin{bmatrix}-1\\2\end{bmatrix}=-\begin{bmatrix}1\\0\end{bmatrix}+2\begin{bmatrix}0\\1\end{bmatrix},$$

因此

$$TV_2=-T\begin{bmatrix}1\\0\end{bmatrix}+2T\begin{bmatrix}0\\1\end{bmatrix}=-\begin{bmatrix}\cos\theta\\ \sin\theta\end{bmatrix}+2\begin{bmatrix}-\sin\theta\\ \cos\theta\end{bmatrix}=\begin{bmatrix}-\cos\theta-2\sin\theta\\ -\sin\theta+2\cos\theta\end{bmatrix}。$$

在工科资料中，叠加原理时隐时现，如大家熟知的卷积及格林函数法。巧用之，事半而功倍。

例 5.13 存在如下变换 T

$$T\begin{bmatrix}x\\y\end{bmatrix}=\begin{bmatrix}\lambda & 0\\0 & 1\end{bmatrix}\begin{bmatrix}x\\y\end{bmatrix}=\begin{bmatrix}\lambda x\\y\end{bmatrix},\tag{5-18}$$

如图 5-14 所示，试说明其几何意义，并证实其为线性变换。

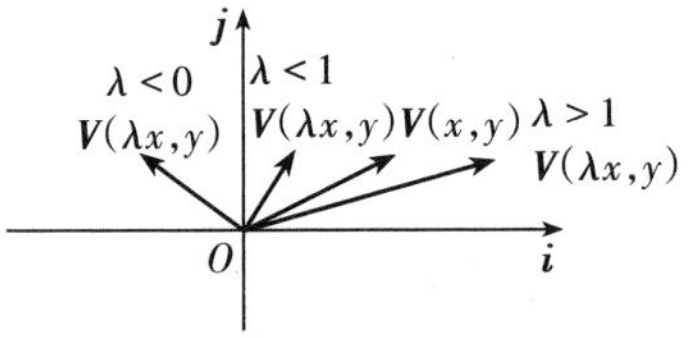

图 5-14

解 （1）几何意义：从图 5-14 上清楚可见，变换 T 将向量

$$V=[x\quad y]^{\mathrm{T}}\to V'=[\lambda x\quad y]^{\mathrm{T}}$$

等于把 x 轴以原点 O 为中心拉长了，$x=1$ 拉长到 $x=\lambda$，当 $\lambda<1$ 时，则等于把 x 轴压缩，而 y 轴永远不动。

（2）变换 T 是否线性，其证实任务，请读者代劳。

5.4　叠加原理

叠加原理的概念源于物理，当两个或多个独立的波源发出振动波时，空间任一点由此所致的振动波强度等于各个波源在该点所激发的振动波强度的向量和。此一结论也适用于电磁波，以及各式各样的波，比如光波。

随着时代的需要，在依靠理论，具体地说，在求助数学定量地分析上述现象时，必然会受到启迪，叠加原理由是命名。

复习一下。"原理"通常是指某一科技领域具有普遍意义的基本规律，是在大量的实践基础上归纳出来的，并对往后的实践起到引领的作用。例如，相对性原理，熵增加原理。

"定则"用以揭示一些科技领域中一些现象的内在联系的称谓，便于记忆，有利于理解，得到公认。如电工学的右手定则。

"定律"是某些科技领域中的客观规律，通过大量的客观实践归纳出来的结论，如热力学定律，牛顿运动定律。

"定理"通过给定的已知条件，严谨的推理证明正确的结论。例如，勾股弦定理，柯西中值定理，高斯定理。

可见，原理、定律和定则是不需要证明的，也是无法证明的。自然，叠加原理也不例外。

从数学角度说，叠加原理附有条件；从工科角度说，可以把叠加原理与线性性质

$$\boldsymbol{T}(\lambda \boldsymbol{V}_1+\mu \boldsymbol{V}_2)=\lambda \boldsymbol{T}\boldsymbol{V}_1+\mu \boldsymbol{T}\boldsymbol{V}_2$$

视为孪生，作者同意。

例 5.14　设有电路，如图 5-15 所示，当外加电压为 $\sin\omega t$ 时，两支路流过的稳态电流分别是

$$i_1=2\sin\omega t,\ i_2=\sin\omega t-\omega\cos\omega t,$$

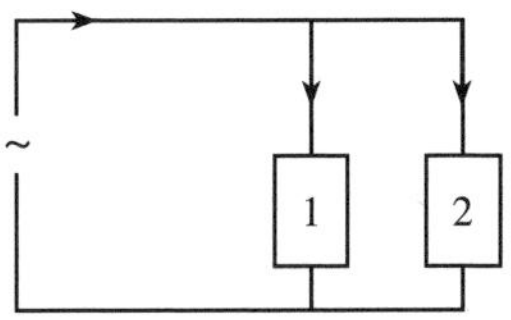

图5-15

当外加电压为 $\sin 2\omega t$ 时，相应的电流为

$$i_1=3\sin 2\omega t,\ i_2=\frac{1}{2}(\sin 2\omega t-2\omega\sin 2\omega t),$$

试求外加电压为 $\lambda\sin\omega t+\mu\sin 2\omega t$ 时，各支路的稳态电流。

解　显然，所论电路是线性的。因此，根据电流的线性性质，应用叠加原理，应有

$$
\begin{aligned}
i_1 &= 2\lambda \sin \omega t + 3\mu \sin 2\omega t, \\
i_2 &= \lambda(\sin \omega t - \omega \cos \omega t) + \frac{1}{2}\mu(\sin 2\omega t - 2\omega \sin 2\omega t),
\end{aligned} \tag{5-19}
$$

解法完美，予以点赞。

解法难说完美，且慢点赞。求解一个问题，除正确外，尚需手法干净，规范化。如将式（5-19）改写成

$$
\begin{aligned}
\begin{bmatrix} i_1 \\ i_2 \end{bmatrix} &= \begin{bmatrix} \lambda & \mu \end{bmatrix} \begin{bmatrix} 2\sin \omega t & \sin \omega t - \omega \cos \omega t \\ 3\sin 2\omega t & \frac{1}{2}(\sin 2\omega t - 2\omega \sin 2\omega t) \end{bmatrix} \\
&= \begin{bmatrix} 2\sin \omega t & 3\sin 2\omega t \\ \sin \omega t - \omega \cos \omega t & \frac{1}{2}(\sin 2\omega t - 2\omega \sin 2\omega t) \end{bmatrix} \begin{bmatrix} \lambda \\ \mu \end{bmatrix},
\end{aligned} \tag{5-20}
$$

看了之后，则自然会有耳目一新的感觉。据此，线性变换矩阵的设想应运而生。此何所指，盼看下文。

为加深理解，请再看一个例子。

例 5.15 在几何平面原点处存在一单位质点，当受到沿 x 轴方向的单位力（可设想为 1 N）时，将位移至点 $P_1(2, 1)$，受到沿 y 轴方向的单位力时，将位移至点 $P_2(1, 2)$，如图 5-16 所示。

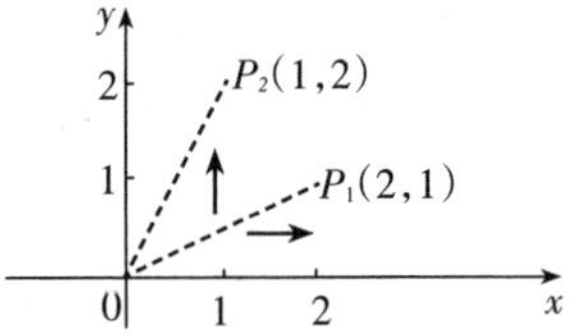

图 5-16

先作个假设，所论问题是线性的，即外力加倍时，质点的位移也加倍，且方向不变。原因在于，实际上的问题往往是非线性的，在误差允许的情况下，为节省成本而将其线性化。

然后，视质点受力的运动为一种变换，试写出此变换 $\boldsymbol{T}$ 的矩阵表达式。根据给定条件，不难得知

$$
\boldsymbol{T}[\boldsymbol{i} \quad \boldsymbol{j}] = [\boldsymbol{i} \quad \boldsymbol{j}] \begin{bmatrix} 2 & 1 \\ 1 & 2 \end{bmatrix}。 \tag{5-21}
$$

式（5-21）中，等式左边 $\boldsymbol{T}[\boldsymbol{i} \quad \boldsymbol{j}]$ 中的 $\boldsymbol{i}$ 和 $\boldsymbol{j}$ 分别表示沿 x 轴和沿 y 轴的单位力，而右边的 $\boldsymbol{i}$ 和 $\boldsymbol{j}$ 分别表示 x 轴和 y 轴的坐标单位。这样的处理确有欠妥之处，只是一时的权宜。有鉴于此，不妨把其看作坐标变换。

从式（5-21）可见，变换 $\boldsymbol{T}$ 的矩阵表示为

$$
\boldsymbol{T} = \begin{bmatrix} 2 & 1 \\ 1 & 2 \end{bmatrix}, \tag{5-22}
$$

而由其出身判断，必蕴含重要的信息。以下分两个层面予以公示。

（1）物理层面

有了变换 $\boldsymbol{T}$ 的矩阵表示后，计算质点在外力作用下的运动将易如反掌。

例如，设外力分别为

$$F_1 = 3i + 2j,\ F_2 = \lambda i + \mu j,$$

且质点将从原点位移的终点是 $[x \quad y]$，则

$$F_1:\ [x \quad y] = T[3 \quad 2] = [3 \quad 2]\begin{bmatrix}2 & 1\\1 & 2\end{bmatrix} = [8 \quad 7], \tag{5-23}$$

$$F_2:\ [x \quad y] = T[\lambda \quad \mu] = [\lambda \quad \mu]\begin{bmatrix}2 & 1\\1 & 2\end{bmatrix}$$

$$= \lambda[2 \quad 1] + \mu[1 \quad 2] = [2\lambda + \mu \quad \lambda + 2\mu], \tag{5-24}$$

上列结果如图 5–17 所示。

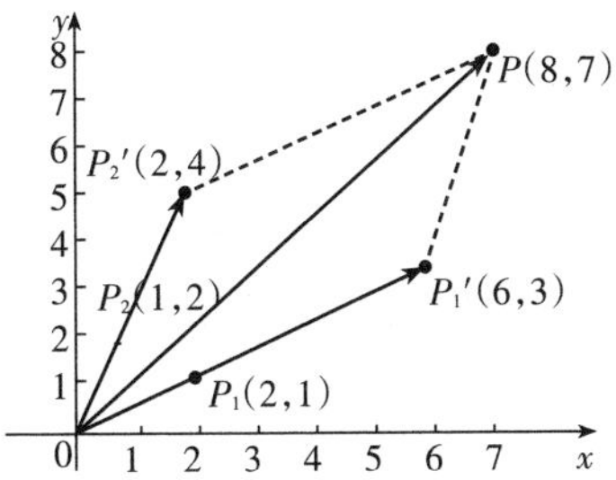

图 5–17

希望留心，并仔细寻查图 5–17 上叠加原理的踪影，及其在解决此类问题时所起的关键作用；同时，这还将增进对线性变换的热爱。一举两得。

（2）几何层面

第一，将例 5.15 的问题换一个说法，坐标变换。

在此，有必要重申，所谓线性变换矩阵就是用一个矩阵来概括一种线性变换的作用。为明确起见，举例如下。

例 5.16 有张带坐标系的平面地图，设想以 y 轴为中分线，沿 x 轴方向两端拉长，将点（1，0）拉至（2，0），点（–1，0）拉至（–2，0）；同理沿 y 轴拉长，将点（0，1）拉至（0，3），点（0，–1）拉至（0，–3），如图 5–18 所示。

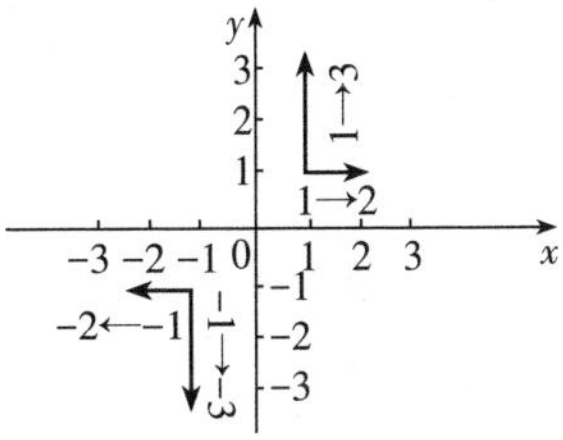

图 5–18

试问，如某地 P 的坐标原为 $[x_1 \quad y_1]^{\mathrm{T}}$，则在扩展后的地图上，其坐标应是若干？不言自明，这正是线性变换的问题，记此变换为 T，可知

$$T\begin{bmatrix}x_1\\y_1\end{bmatrix} = \begin{bmatrix}2 & 0\\0 & 3\end{bmatrix}\begin{bmatrix}x_1\\y_1\end{bmatrix} = \begin{bmatrix}2x_1\\3y_1\end{bmatrix}。$$

细节留给读者，上式与等式（5–22）同工，但前者源于物理，后者源于几何或坐标变换。

线性变换 $\boldsymbol{T}$ 的广泛实用性已有等式（5–23）、等式（5–24）共同作证，无须多言；而关于其理论价值，则应予浓墨重彩。

第二，有学者认为，研究一个新问题宜从其关键、特殊并简单之处入手。众所周知，线性变换必栖生于线性空间，而任何线性空间必存在一组基，记为 $\boldsymbol{e}_1$，$\boldsymbol{e}_2$，…，$\boldsymbol{e}_n$，与空间的维数相应，能张满全空间，且线性独立。看到这里，有读者已经明白，应该以基组作为切入口，完全有理，照章办理。

首先，求基组的线性变换。设

$$\begin{gathered} \boldsymbol{T}\boldsymbol{e}_1 = a_{11}\boldsymbol{e}_1 + a_{21}\boldsymbol{e}_2 + \cdots + a_{n1}\boldsymbol{e}_n, \\ \boldsymbol{T}\boldsymbol{e}_2 = a_{12}\boldsymbol{e}_1 + a_{22}\boldsymbol{e}_2 + \cdots + a_{n2}\boldsymbol{e}_n, \\ \cdots\cdots \\ \boldsymbol{T}\boldsymbol{e}_n = a_{1n}\boldsymbol{e}_1 + a_{2n}\boldsymbol{e}_2 + \cdots + a_{nn}\boldsymbol{e}_n。 \end{gathered} \tag{5-25}$$

其次，将式（5–27）中各等式合并成矩阵式

$$\boldsymbol{T}\begin{bmatrix}\boldsymbol{e}_1 & \boldsymbol{e}_2 & \cdots & \boldsymbol{e}_n\end{bmatrix} = \begin{bmatrix}\boldsymbol{e}_1 & \boldsymbol{e}_2 & \cdots & \boldsymbol{e}_n\end{bmatrix}\begin{bmatrix} a_{11} & a_{12} & \cdots & a_{1n} \\ a_{21} & a_{22} & \cdots & a_{2n} \\ \vdots & \vdots & & \vdots \\ a_{n1} & a_{n2} & \cdots & a_{nn} \end{bmatrix}。 \tag{5-26}$$

最后，必须强调，式（5–26）虽然属于一般情况，针对 n 阶变换，但其本质同二阶变换（5–21）异曲同工。

上述变换的重要性已如前所述，有鉴于此，特作如下的定义。

定义 5.4 设 $\boldsymbol{T}$ 是线性空间Ω的线性变换，$\boldsymbol{e}_1$，$\boldsymbol{e}_2$，…，$\boldsymbol{e}_n$ 是Ω的一组基，则由这组基的线性变换所生成的矩阵

$$\begin{bmatrix} a_{11} & a_{12} & \cdots & a_{1n} \\ a_{21} & a_{22} & \cdots & a_{2n} \\ \vdots & \vdots & & \vdots \\ a_{n1} & a_{n2} & \cdots & a_{nn} \end{bmatrix}$$

称为线性变换 $\boldsymbol{T}$ 在空间Ω的基生成的矩阵，简称线性变换 $\boldsymbol{T}$ 矩阵［参见等式（5–25）和等式（5–26）］。

定义 5.4 中的 $\boldsymbol{T}$ 矩阵，其实用性和价值已由两个代表、等式（5–22）和等式（5–26）所示的矩阵展露无遗，不再多讲，但愿同读者重温旧课，增进与线性变换和叠加原理的交流，科技工作与其疏远，或将寸步难行。

5.5　习题

1. 下面的方程组

$$\begin{cases}2x+3y-z=5,\\x-2y+z=2,\\x+y+z=4\end{cases}$$

为何称为线性方程组？如何理解？

2. 将第 1 题中的方程组改写成如下矩阵的形式：

$$\boldsymbol{T}\begin{bmatrix}x\\y\\z\end{bmatrix}=\begin{bmatrix}2&3&-1\\1&-2&1\\1&1&1\end{bmatrix}\begin{bmatrix}x\\y\\z\end{bmatrix}=\begin{bmatrix}5\\2\\4\end{bmatrix}。$$

试据此说明对线性变换的理解。

3. 下面的方程组

$$\begin{cases}x+y=3,\\x^4+2y=18\end{cases}$$

是不是线性方程组？说明原因。不难看出，想求解这样一个方程组，都必然碰到令人发怵的四次方程：

$$x^4-2x=12。$$

4. 验证：

（1）二阶矩阵的全体Ω_1；

（2）二阶对称矩阵的全体Ω_2；

（3）二阶矩阵，其主对角线上元素之和为零的全体Ω_3；

（4）三阶对称矩阵

$$\boldsymbol{A}=\begin{bmatrix}x&1&-1\\1&y&2\\-1&2&z\end{bmatrix}$$

的全体Ω_4，对于矩阵的加法、减法和乘法运算构成线性空间，并求出每个空间的一组基。

5. n 阶对称矩阵的全体按现定的运算规律构成一个线性空间Ω，试确定Ω的维数。

6. 在闭区间［0，1］上的二次多项式

$$f(x)=a_2x^2+a_1x+a_0$$

按函数的线性运算规定构成一个线性空间Ω，试确定空间Ω的维数。此外，在Ω中选一组基

$$e_1=x^2,\ e_2=2x,\ e_3=4,$$

试求多项式

$$f_1(x)=3x^2-2x+8$$

在此基下的表达式。

7. 在由二阶实矩阵全体构成的线性空间Ω中，选两组基：

$$\boldsymbol{e}_1=\begin{bmatrix}1&0\\0&0\end{bmatrix},\ \boldsymbol{e}_2=\begin{bmatrix}0&1\\0&0\end{bmatrix},\ \boldsymbol{e}_3=\begin{bmatrix}0&0\\1&0\end{bmatrix},\ \boldsymbol{e}_4=\begin{bmatrix}0&0\\0&1\end{bmatrix}$$

和

$$\boldsymbol{e}_1'=\begin{bmatrix}1&0\\0&0\end{bmatrix},\ \boldsymbol{e}_2'=\begin{bmatrix}1&1\\0&0\end{bmatrix},\ \boldsymbol{e}_3'=\begin{bmatrix}1&1\\1&0\end{bmatrix},\ \boldsymbol{e}_4'=\begin{bmatrix}1&1\\1&1\end{bmatrix}。$$

（1）求由基$[\boldsymbol{e}_1\quad \boldsymbol{e}_2\quad \boldsymbol{e}_3\quad \boldsymbol{e}_4]$到基$[\boldsymbol{e}_1'\quad \boldsymbol{e}_2'\quad \boldsymbol{e}_3'\quad \boldsymbol{e}_4']$的基变换矩阵，即式

$$[\boldsymbol{e}_1'\quad \boldsymbol{e}_2'\quad \boldsymbol{e}_3'\quad \boldsymbol{e}_4']=[\boldsymbol{e}_1\quad \boldsymbol{e}_2\quad \boldsymbol{e}_3\quad \boldsymbol{e}_4]\boldsymbol{P}$$

中的矩阵$\boldsymbol{P}$；

（2）求向量

$$\boldsymbol{V}=\begin{bmatrix}1\\3\end{bmatrix}$$

分别在（1）中两组基下的坐标。

8. 存在

（1）由三阶对称矩阵

$$\boldsymbol{A}=\begin{bmatrix}a&x&y\\x&b&z\\y&z&c\end{bmatrix}$$

构成的线性空间Ω_1；

（2）由五次多项式

$$f(x)=a_5x^5+a_4x^4+a_3x^3+a_2x^2+a_1x+a_0$$

构成的线性空间Ω_2。

（1）两者的维数各是多少？

（2）在两者中各选一组基；

（3）两者是否同构？

9. 用自己的话解释叠加原理，并举例说明其应用。

第 6 章　欧氏空间

直白地讲，欧氏空间是老相识了，曾给予大众诸多协助。例如，已知方程

$$2x+y+3z=0 \tag{6-1}$$

的几何图像是三维几何空间通过原点的一个平面，如图 6–1 所示。理由安在？如何证明？

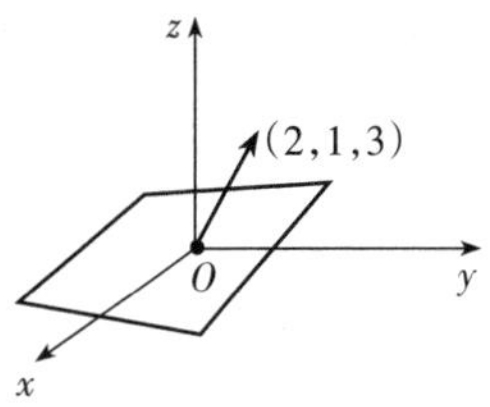

图 6–1

证法很多，其中之一，将方程（6–1）中的系数 2、1 和 3 及变量 x、y 和 z 分别视作三维空间中的向量

$$\boldsymbol{P}_1=[2\quad 1\quad 3]^{\mathrm{T}},\ \boldsymbol{P}_2=[x\quad y\quad z]^{\mathrm{T}}, \tag{6-2}$$

然后求助数量积（也称内积或点积），则等式（6–1）化为

$$\boldsymbol{P}_1\cdot\boldsymbol{P}_2=[2\quad 1\quad 3]\cdot[x\quad y\quad z]^{\mathrm{T}}=0。 \tag{6-3}$$

众所周知，两个向量其数量积等于零，意味着两者相互垂直，而式（6–3）中向量 $\boldsymbol{P}_1$ 固定，向量 $\boldsymbol{P}_2$ 随点坐标（x，y，z）变动。不言而喻，凡是位于通过坐标原点且与向量 $\boldsymbol{P}_1=[2\quad 1\quad 3]^{\mathrm{T}}$ 垂直的平面，其上的任一点 $P(x,y,z)$，而且只有该平面的点满足等式（6–3）的条件。以上表明，方程（6–1）所代表的是一个平面，过原点，法线为向量 $\boldsymbol{P}_1=[2\quad 1\quad 3]^{\mathrm{T}}$。

作为练习，试证明方程

$$4x-y=3$$

的几何图像是一条直线，法线 $\boldsymbol{P}_1=[4\quad -1]^{\mathrm{T}}$，并过点 $P(1,1)$。

现在该说真话了，自从用了数量积，我们已经进入了欧氏空间。此言何意？下文交待。

定义 6.1　设 Ω 是实数域上的线性空间，T 是其中的线性变换，对空间的任意向量 $\boldsymbol{V}_1$ 和 $\boldsymbol{V}_2$，都有

$$\begin{aligned}&T(\boldsymbol{V}_1\cdot\boldsymbol{V}_2)=T(\boldsymbol{V}_2\cdot\boldsymbol{V}_1)=C,\\&T(\lambda\boldsymbol{V}_1\cdot\boldsymbol{V}_2+\mu\boldsymbol{V}_1\cdot\boldsymbol{V}_2)=\lambda T(\boldsymbol{V}_1\cdot\boldsymbol{V}_2)+\mu T(\boldsymbol{V}_1\cdot\boldsymbol{V}_2),\end{aligned} \tag{6-4}$$

式中，C 为某个与 $\boldsymbol{V}_1\cdot\boldsymbol{V}_2$ 相应的实数，λ 和 μ 为任何实数，则称变换 T 为对向量 $\boldsymbol{V}_1$ 和 $\boldsymbol{V}_2$ 的数量积变换，简称向量 $\boldsymbol{V}_1$ 和 $\boldsymbol{V}_2$ 的数量积，记为 $\boldsymbol{V}_1\cdot\boldsymbol{V}_2$ 或 $\boldsymbol{V}_2\cdot\boldsymbol{V}_1$。

数量积又称内积或点积。

定义 6.2 任何线性空间，若存在向量间的数量积，则称为欧氏空间。

就工科而言，遇到的空间几乎全是欧氏空间。对上列定义不必介意，但对下述问题，则盼打起精神，认真思考。

试问，设 $f(t)$ 和 $g(t)$ 都是定义在闭区间 $[a,\ b]$ 上的连续函数，积分

$$\int_a^b f(t)g(t)\mathrm{d}t \triangleq f(t)\cdot g(t) \tag{6-5}$$

能否视作函数 $f(t)$ 与 $g(t)$ 的数量积？在什么地方用过没有？

提示 （1）当向量的维数不断增加趋于∞时，可视为函数；

（2）复习富氏级数，求级数的各个系数时，就会见到同积分（6–5）相类似的积分，并比较其取值的异同。

多此一问，目的在于强调：数量积可谓无所不在，无孔不入，需要进行深入的探索。

6.1 数量积

在定义 6.1 中，只说了线性空间中两个向量 $\boldsymbol{V}_1$ 和 $\boldsymbol{V}_2$ 的数量积 $\boldsymbol{V}_1\cdot\boldsymbol{V}_2$ 是个实数。请问，如果在二维空间，两个向量分别是

$$\boldsymbol{V}_1=2\boldsymbol{i}-\boldsymbol{j},\ \boldsymbol{V}_2=3\boldsymbol{i}+2\boldsymbol{j}, \tag{6-6}$$

那么两者的数量积 $\boldsymbol{V}_1\cdot\boldsymbol{V}_2$ 应等于多少？

首先提出数量积的学者，其想法和作法已无从查考。现在，我们自己碰到了这样的问题，该如何破解，剑指何处？

老调重弹，遇到新问题先向特殊与关键处开刀。据此，首要的是探索单位向量 $\boldsymbol{i}$ 和 $\boldsymbol{j}$ 的数量积，即

$$\boldsymbol{i}\cdot\boldsymbol{i}=?\ ,\ \boldsymbol{j}\cdot\boldsymbol{j}=?$$

（1）定义两者全等于零。显然，这样定义毫无意义，因为没有实用性。

（2）思考之后，宜于定义

$$\boldsymbol{i}\cdot\boldsymbol{i}=1,\ \boldsymbol{j}\cdot\boldsymbol{j}=1, \tag{6-7}$$

两者全等于 1，因为 $\boldsymbol{i}$ 和 $\boldsymbol{j}$ 的长度都是 1，合理。

特殊情况合理了，一般情况呢？再看向量 $\boldsymbol{V}=a\boldsymbol{i}+b\boldsymbol{j}$ 的数量积

$$\begin{aligned}\boldsymbol{V}\cdot\boldsymbol{V}&=(a\boldsymbol{i}+b\boldsymbol{j})(a\boldsymbol{i}+b\boldsymbol{j})\\&=a^2+b^2+ab\boldsymbol{i}\cdot\boldsymbol{j}+ba\boldsymbol{j}\cdot\boldsymbol{i},\end{aligned}$$

在上式中又出现了新问题，$\boldsymbol{i}\cdot\boldsymbol{j}$ 和 $\boldsymbol{j}\cdot\boldsymbol{i}$ 还没有定义，是 1 抑或 0。好像零比较

靠谱：

（1）已经定义$\boldsymbol{i}\cdot\boldsymbol{i}=1$，$\boldsymbol{j}\cdot\boldsymbol{j}=1$；

（2）定义$\boldsymbol{i}\cdot\boldsymbol{j}=0$，$\boldsymbol{j}\cdot\boldsymbol{i}=0$，上式右边等于$a^2+b^2$，正好是向量$\boldsymbol{V}=a\boldsymbol{i}+b\boldsymbol{j}$的长度，这与$\boldsymbol{i}\cdot\boldsymbol{i}=1$，$\boldsymbol{j}\cdot\boldsymbol{j}=1$的定义不谋而合。

总结一下，在已定义（6–7）后，再补充定义

$$\boldsymbol{i}\cdot\boldsymbol{j}=\boldsymbol{j}\cdot\boldsymbol{i}=0, \tag{6-8}$$

据此，则可计算由等式（6–6）给定的向量$\boldsymbol{V}_1$和$\boldsymbol{V}_2$的数量积：

$$\boldsymbol{V}_1\cdot\boldsymbol{V}_2=(2\boldsymbol{i}-\boldsymbol{j})\cdot(3\boldsymbol{i}+2\boldsymbol{j})=6-2=4。\tag{6-9}$$

答案有了，但向量$\boldsymbol{V}_1$、$\boldsymbol{V}_2$究竟同数值 4 之间存在什么关联？毫无头绪，又是一个新问题。

遇到新问题，从何着手？请看图 6–2。在图的单位圆上有两点P_1和P_2，向量$\boldsymbol{OP}_1$和$\boldsymbol{OP}_2$与x轴的夹角分别为30°和60°，现在来求两者的数量积。

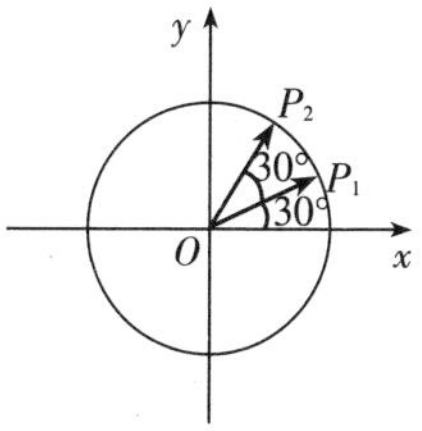

图6–2

从图 6–2 上显然可见

$$\boldsymbol{OP}_1=\cos 30°\boldsymbol{i}+\sin 30°\boldsymbol{j},$$
$$\boldsymbol{OP}_2=\cos 60°\boldsymbol{i}+\sin 60°\boldsymbol{j},$$

据此，可得

$$\begin{aligned}\boldsymbol{OP}_1\cdot\boldsymbol{OP}_2&=\cos 30°\cos 60°+\sin 30°\sin 60°\\&=\cos(60°-30)°=\cos 30°。\end{aligned}\tag{6-10}$$

上面的结果实在令人振奋，两个单位向量$\boldsymbol{OP}_1$和$\boldsymbol{OP}_2$的数量积等于两者夹角的余弦！这会不会是特殊情况，能一般化吗？请拭目以待。

在圆上任意选取两点P_1'和P_2'，如图 6–3 所示。显然

$$\boldsymbol{OP}_1'=\cos\theta_1\boldsymbol{i}+\sin\theta_1\boldsymbol{j},$$
$$\boldsymbol{OP}_2'=\cos\theta_2\boldsymbol{i}+\sin\theta_2\boldsymbol{j},$$

式中，θ_1和θ_2分别是$\boldsymbol{OP}_1$和$\boldsymbol{OP}_2$与x轴的夹角。据此可知

$$\begin{aligned}\boldsymbol{OP}_1'\cdot\boldsymbol{OP}_2'&=\cos\theta_1\cos\theta_2+\sin\theta_1\sin\theta_2\\&=\cos(\theta_2-\theta_1)。\end{aligned}\tag{6-11}$$

令人高兴，式中$\cos(\theta_2-\theta_1)$恰好是向量$\boldsymbol{OP}_1'$与$\boldsymbol{OP}_2'$两者夹角$(\theta_2-\theta_1)$的余弦，如图 6–3 所示。

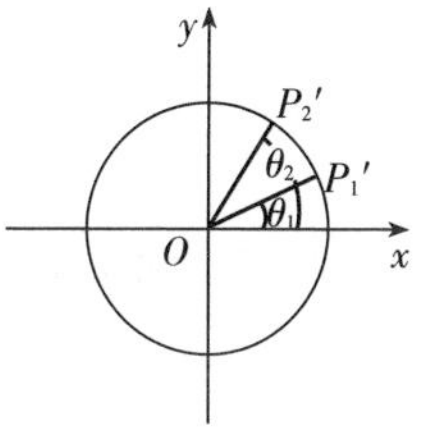

图6–3

细心一看，以上各例根据式（6–7）和式（6–8）计算的数量积的共性是：两单位向量夹角的余弦，如等式（6–10）和等式（6–11）。眼看着这样的结果，必然会

问，对非单位向量适用不？正好，现在趁机就来回答前面由等式（6-9）引发的新问题。

问题是，已知向量 V_1、V_2 及两者的数量积分别为

$$V_1 = 2i - j，V_2 = 3i + 2j，V_1 \cdot V_2 = 4，$$

需要建立起三者之间比数量积更深层的联系。

乍一看来，似乎不难，但仅凭上列一些数字抽象地探索，却毫无线索，出路只能将其具体化，如图 6-4 所示。

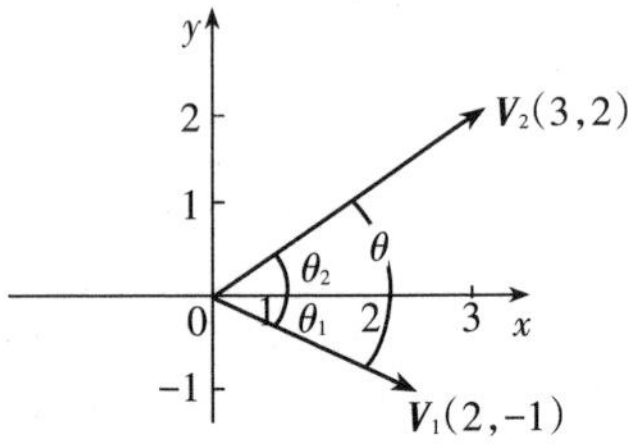

图 6-4

另一方面，总结前述的收获，重点分析两者 V_1 和 V_2 与其夹角的联系。

从图 6-4 上清晰可见：

$$\cos\theta_1 = \frac{2}{\sqrt{5}}，\quad \sin\theta_1 = \frac{1}{\sqrt{5}}，$$

$$\cos\theta_2 = \frac{3}{\sqrt{13}}，\quad \sin\theta_2 = \frac{2}{\sqrt{13}}，$$

以及向量 V_1 和 V_2 之间的夹角（$\theta_1 + \theta_2$），并不难求得

$$\begin{aligned}\cos(\theta_1 + \theta_2) &= \cos\theta_1 \cos\theta_2 - \sin\theta_1 \sin\theta_2 \\ &= \frac{2}{\sqrt{5}} \cdot \frac{3}{\sqrt{13}} - \frac{1}{\sqrt{5}} \cdot \frac{2}{\sqrt{13}} = \frac{4}{\sqrt{5} \cdot \sqrt{13}} \\ &= \frac{V_1 \cdot V_2}{|V_1||V_2|}，\end{aligned}$$

即

$$V_1 \cdot V_2 = |V_1||V_2|\cos(\theta_1 + \theta_2)。$$

记 V_1 和 V_2 之间的夹角为 θ，则有

$$V_1 \cdot V_2 = |V_1||V_2|\cos\theta。\tag{6-12}$$

式（6-12）就是我们梦寐以求的结果，可谓“踏破铁鞋无觅处，得来费点闯功夫”。高兴之余还来品读我们关于数量积的理解。

定义 6.3 设 V_1 和 V_2 是几何空间 Ω 中任选的两个向量，其长度和两者的夹角分别为 $|V_1|$、$|V_2|$ 及 θ，则称实数

$$|V_1||V_2|\cos\theta \tag{6-13}$$

为向量 V_1 同 V_2 的数量积，简记为 $V_1 \cdot V_2$ 或 $V_2 \cdot V_1$，即

$$V_1 \cdot V_2 = V_2 \cdot V_1 = |V_1||V_2|\cos\theta，\tag{6-14}$$

数量积又称内积或点积。

推论　（1）当 $\theta=0$ 时，$\boldsymbol{V}\cdot\boldsymbol{V}=|\boldsymbol{V}|^2$；

（2）当 $\theta=90°$ 时，$\boldsymbol{V}_1\cdot\boldsymbol{V}_2=0$，表示向量 $\boldsymbol{V}_1$ 与 $\boldsymbol{V}_2$ 相互垂直。

声明　在上述定义中，用到夹角 θ 及其余弦 $\cos\theta$，这在三维或更低维的空间可以直观理解，但在更高维的空间，如由连续函数在闭区间上构成的空间，哪来的夹角 θ 及其余弦 $\cos\theta$? 为弄明白这个问题，还得依赖下文中的不等式。

6.2　不等式

本节将介绍两个不等式，实用且富有理论价值，如下所述。

定理 6.1　在欧氏空间中，任意的两个向量 $\boldsymbol{V}_1$ 和 $\boldsymbol{V}_2$ 都满足以柯西-施瓦茨命名的不等式：

$$\boldsymbol{V}_1\cdot\boldsymbol{V}_2\leqslant|\boldsymbol{V}_1||\boldsymbol{V}_2|。\tag{6-15}$$

证明　显然，当向量 $\boldsymbol{V}_1$ 和 $\boldsymbol{V}_2$ 两者同向或其中之一为零，不等式虽然成立，但无内容，因此不予考虑。

在上述假设条件下，可确定

$$\boldsymbol{V}_1-\lambda\boldsymbol{V}_2\neq0,$$

式中，λ 为待定实数。从而有

$$(\boldsymbol{V}_1-\lambda\boldsymbol{V}_2)\cdot(\boldsymbol{V}_1-\lambda\boldsymbol{V}_2)=\boldsymbol{V}_1\cdot\boldsymbol{V}_1-2\lambda\boldsymbol{V}_1\cdot\boldsymbol{V}_2+\lambda^2\boldsymbol{V}_2\cdot\boldsymbol{V}_2,$$

取 $\lambda=\boldsymbol{V}_1\cdot\boldsymbol{V}_2/\boldsymbol{V}_2\cdot\boldsymbol{V}_2$，代入上式，得

$$\boldsymbol{V}_1\cdot\boldsymbol{V}_1-2\frac{\boldsymbol{V}_1\cdot\boldsymbol{V}_2}{\boldsymbol{V}_2\cdot\boldsymbol{V}_2}\boldsymbol{V}_1\cdot\boldsymbol{V}_2+\left(\frac{\boldsymbol{V}_1\cdot\boldsymbol{V}_2}{\boldsymbol{V}_2\cdot\boldsymbol{V}_2}\right)^2\boldsymbol{V}_2\cdot\boldsymbol{V}_2>0,$$

即

$$\boldsymbol{V}_1\cdot\boldsymbol{V}_1-\frac{(\boldsymbol{V}_1\cdot\boldsymbol{V}_2)^2}{\boldsymbol{V}_2\cdot\boldsymbol{V}_2}>0$$

或

$$(\boldsymbol{V}_1\cdot\boldsymbol{V}_1)(\boldsymbol{V}_2\cdot\boldsymbol{V}_2)>(\boldsymbol{V}_1\cdot\boldsymbol{V}_2)^2,$$

对上式两边开方，取正根，得

$$\boldsymbol{V}_1\cdot\boldsymbol{V}_2<|\boldsymbol{V}_1||\boldsymbol{V}_2|,$$

证完。

初看这样的证明，不免生疑，从数量积定义（6-14）

$$\boldsymbol{V}_1\cdot\boldsymbol{V}_2=|\boldsymbol{V}_1||\boldsymbol{V}_2|\cos\theta$$

直接可知柯西-施瓦茨不等式（6-15），因为余弦 $\cos\theta$ 除 $\theta=0$ 或 $\boldsymbol{V}_1$ 和 $\boldsymbol{V}_2$ 两者

同向时，总是小于零的！何必多此一举。

怀疑是科学精神，正是由于此类的怀疑才促使先行者开展这项有价值的工作。

三角函数，自然也包括余弦是低维空间的概念，谁见过四维及更高维空间的余弦？更不必说无穷维了。有鉴于此，为克服推广数量积因其中 $\cos\theta$ 所引发的危机，就只能借力柯西-施瓦茨不等式，别无他途。此言当否，到时自有交代，请稍安。

定理 6.2 在欧氏空间中，任意两个向量 $\boldsymbol{V}_1$ 和 $\boldsymbol{V}_2$ 都满足如下的三角不等式

$$|\boldsymbol{V}_1+\boldsymbol{V}_2|\leqslant|\boldsymbol{V}_1|+|\boldsymbol{V}_2|。\tag{6-16}$$

证明 在低维空间，三角不等式存在明显的几何解释，如图 6-5 所示。仿此，不难想到

$$(\boldsymbol{V}_1+\boldsymbol{V}_2)\cdot(\boldsymbol{V}_1+\boldsymbol{V}_2)=|\boldsymbol{V}_1|^2+2\boldsymbol{V}_1\cdot\boldsymbol{V}_2+|\boldsymbol{V}_2|^2$$

$$\leqslant|\boldsymbol{V}_1|^2+2|\boldsymbol{V}_1||\boldsymbol{V}_2|+|\boldsymbol{V}_2|^2=(|\boldsymbol{V}_1|+|\boldsymbol{V}_2|)^2$$

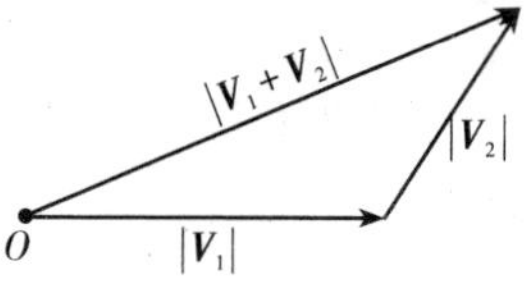

图 6-5

对上式两边开平方，取正根，则得三角不等式。

6.3 应用

曾经讲过，遇到的空间几乎全是欧氏空间，就工科层面而论，不妨直接称之为数量积空间，或内积空间，更易接受。

例 6.1 试用数量积法求解方程组

$$\begin{cases}a_1x+a_2y=b_1,\\a_3x+a_4y=b_2。\end{cases}\tag{6-17}$$

解 （1）将方程改写成列向量形式，即

$$\begin{bmatrix}a_1\\a_3\end{bmatrix}x+\begin{bmatrix}a_2\\a_4\end{bmatrix}y=\begin{bmatrix}b_1\\b_2\end{bmatrix},$$

将式中的系数与常数项均视作向量，分别记为

$$\boldsymbol{A}_1=\begin{bmatrix}a_1\\a_3\end{bmatrix},\ \boldsymbol{A}_2=\begin{bmatrix}a_2\\a_4\end{bmatrix},\ \boldsymbol{B}=\begin{bmatrix}b_1\\b_2\end{bmatrix}。$$

（2）求向量 $\boldsymbol{A}_2$ 的正交向量，经观察可知向量 $\boldsymbol{A}_2'=[a_4\quad -a_2]$ 符合要求。再用此向量同方程组（6-17）进行数量积，有

$$[a_4\quad -a_2]\begin{bmatrix}a_1\\a_3\end{bmatrix}x=[a_4\quad -a_2]\begin{bmatrix}b_1\\b_2\end{bmatrix},$$

即

$$x=\frac{b_1a_4-b_2a_2}{a_1a_4-a_2a_3}=\frac{\begin{bmatrix}b_1 & a_2\\ b_2 & a_4\end{bmatrix}}{\begin{vmatrix}a_1 & a_2\\ a_3 & a_4\end{vmatrix}}。\tag{6-18}$$

同理

$$y=\frac{\begin{bmatrix}a_1 & b_1\\ a_3 & b_2\end{bmatrix}}{\begin{vmatrix}a_1 & a_2\\ a_3 & a_4\end{vmatrix}}。\tag{6-19}$$

不言而喻，解这种方程是中学的事。此例的意图有二：一是强调数量积方法，本书第 1 章曾借此导出了克拉默法则，诚盼“温故而知新”；二是重视代数与几何的联系。

可以认为，代数与几何往往是互为表里的，数字 5 与 5 尺长线段，方程

$$ax+by=0,$$
$$ax+by+cz=0$$

分别与平面上过原点的直线、空间中过原点的平面。更有甚者，行列式

$$\begin{vmatrix}a_1 & a_2\\ a_3 & a_4\end{vmatrix}=a_1a_4-a_2a_3$$

是由其 2 个列向量或行向量

$$\boldsymbol{A}_1=\begin{bmatrix}a_1\\ a_3\end{bmatrix},\ \boldsymbol{A}_2=\begin{bmatrix}a_2\\ a_4\end{bmatrix};\ \boldsymbol{B}_1=\begin{bmatrix}a_1\\ a_2\end{bmatrix},\ \boldsymbol{B}_2=\begin{bmatrix}a_3\\ a_4\end{bmatrix}$$

作为相邻边所围成的平行四边形的面积，如图 6-6 所示（参见第 1 章）。

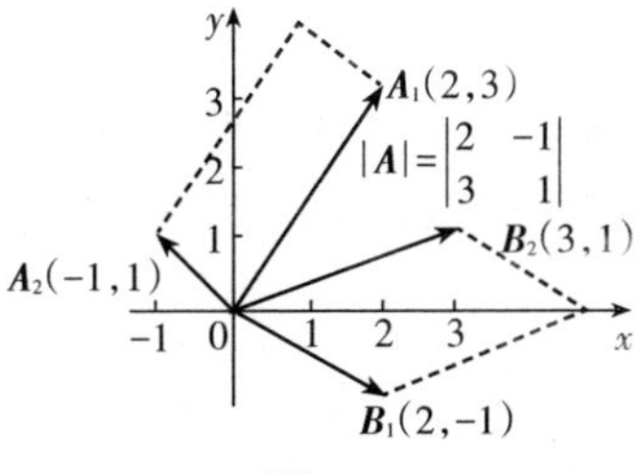

图 6-6

据上所述，方程（6-17）的解（6-18）、（6-19）也就有了几何意义，变量 x 和 y 全是两个面积之比值，一是系数行列式的面积，作为分母；一是经常数项代换后行列式的面积，作为分子。

在历史上，德国天文学家把丹麦天文学家对天体精准的观测资料赋予数学解释，发现了行星运动的三大定律。既是范例，更是伟大的创新。

例 6.2 试用数量积方法证明三角函数恒等式：

$$\sin(\theta_1 \pm \theta_2) = \sin\theta_1\cos\theta_2 \pm \sin\theta_2\cos\theta_1,$$
$$\cos(\theta_1 \pm \theta_2) = \cos\theta_1\cos\theta_2 \mp \sin\theta_1\sin\theta_2。\tag{6-20}$$

证明 作单位向量：

（1） $\boldsymbol{V}_1 = \cos\theta_1\boldsymbol{i} + \sin\theta_1\boldsymbol{j}$,

$\boldsymbol{V}_2 = \cos\theta_2\boldsymbol{i} - \sin\theta_2\boldsymbol{j}$。

如图 6-7(a) 所示。求两者的数量积，得

$$\boldsymbol{V}_1\cdot\boldsymbol{V}_2 = \cos\theta_1\cos\theta_2 - \sin\theta_1\sin\theta_2$$
$$= |\boldsymbol{V}_1||\boldsymbol{V}_2|\cos\theta = \cos\theta = \cos(\theta_1+\theta_2);$$

（2） $\boldsymbol{V}_1 = \cos\theta_1\boldsymbol{i} + \sin\theta_1\boldsymbol{j}$,

$\boldsymbol{V}_3 = \cos\theta_2\boldsymbol{i} + \sin\theta_2\boldsymbol{j}$。

如图 6-7(b) 所示。求两者的数量积，得

$$\boldsymbol{V}_1\cdot\boldsymbol{V}_3 = \cos\theta_1\cos\theta_2 + \sin\theta_1\sin\theta_2$$
$$= |\boldsymbol{V}_1||\boldsymbol{V}_2|\cos\theta = \cos\theta = \cos(\theta_1-\theta_2)。$$

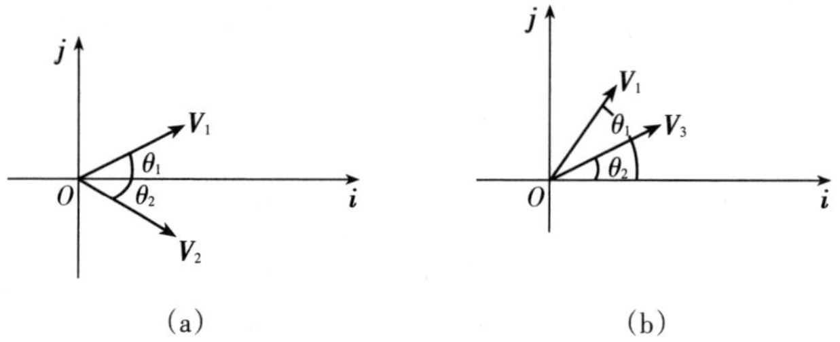

图 6-7

等式（6-20）中的第 2 个恒等式已获证明。同理，其中的第 1 个恒等式也可照章办理，但选取单位向量的方式略有改动，请参照如图 6-8 所示的建议，细节留作练习。

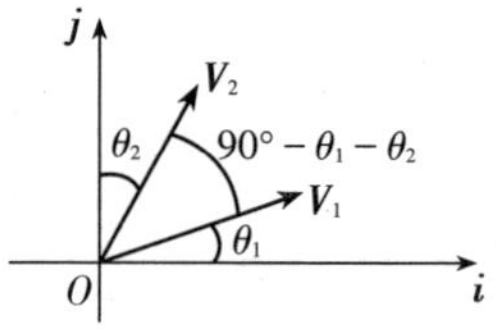

图 6-8

结束之前，补充两点，均与此例有关，如下所言：

（1）有关三角函数的事情，希记住欧拉公式

$$e^{i\theta} = \cos\theta + i\sin\theta,$$
$$e^{i\theta_1}\cdot e^{i\theta_2} = e^{i(\theta_1+\theta_2)} = \cos(\theta_1+\theta_2) + i\sin(\theta_1+\theta_2),$$

妙用之，一些难题可迎刃而解。如有时间，不妨操刀一试，证明上述恒等式。

（2）常有人叹息，三角恒等式过目则忘。就刚才的恒等式而论：余弦

$\cos\theta$ 是偶函数，正弦 $\sin\theta$ 是奇函数，等式两边必同为偶函数或奇函数；余弦 $\cos\theta$ 的角 θ 愈小，量值越大，所以 $\cos(\theta_1-\theta_2)$ 和式中是 + 号，而 $\sin\theta$ 正好相反。

从以上各例，已见一斑，欲窥其全豹，则必须把数量积广泛化，这正是下文所要逐步介绍的。

首先，以前对于数量积的定义

$$\boldsymbol{V}_1\cdot\boldsymbol{V}_2=|\boldsymbol{V}_1||\boldsymbol{V}_2|\cos\theta$$

只适用于三维及更低维的空间，因为其中包含着向量的夹角。

其次，为使概念泛化，并保存其内在的属性，特再次对数量积定义如下。

定义 6.4　欧氏空间Ω的数量积是一个线性函数 T 将Ω的每一对向量 $\boldsymbol{V}_1$ 和 $\boldsymbol{V}_2$ 映射为一个实数，记作 $\boldsymbol{V}_1\cdot\boldsymbol{V}_2$。

显然，上述定义概括了以前所有的定义，特别是不包括夹角 θ，适用于任何高维的空间，如下所述。

例 6.3　设 P_3 是由三次多项式

$$f(t)=t^3+a_1t^2+a_2t+a_3$$

全体在区间［−2，2］上构成的线性空间，试问能否将 P_3 中任何一对向量（在此，函数也可称向量）$f_1(t)$ 和 $f_2(t)$ 映射为实数

$$f_1(t)\cdot f_2(t)=f_1(-2)\cdot f_2(-2)+f_1(-1)\cdot f_2(-1)+f_1(0)\cdot f_2(0)+f_1(1)\cdot f_2(1)+f_1(2)\cdot f_2(2) \tag{6–21}$$

的函数 $f_1\cdot f_2$ 定义为数量积？

解　先看一个具体例子，设

$$f_1(t)=t^3+t^2+t+1, \tag{6–22}$$

$$f_2(t)=t^3+2t^2-t-1,$$

取上列两向量在点−2，−1，0，1，2 处的值，按等式（6–21）作乘积

$$\bar{f}_1(t)\cdot\bar{f}_2(t)=-5\cdot1+0\cdot1+1\cdot(-1)+4\cdot1+15\cdot13=193。 \tag{6–23}$$

看过以上结果，首先肯定 $f_1(t)\cdot f_2(t)$ 是函数，将每对向量 $\bar{f}_1(t)$ 和 $\bar{f}_2(t)$ 映射为一个实数；另外，不难判定该函数是线性的，因为

$$\bar{f}_1\cdot\bar{f}_2=\bar{f}_2\cdot\bar{f}_1,$$

$$\boldsymbol{T}\left(\lambda\bar{f}_1\cdot\bar{f}_2+\mu\bar{f}_3\cdot\bar{f}_4\right)=\lambda\boldsymbol{T}\left(\bar{f}_1\cdot\bar{f}_2\right)+\mu\boldsymbol{T}\left(\bar{f}_3\cdot\bar{f}_4\right),$$

式中，λ 和 μ 为任何实数。

由此可见，函数 $f_1\cdot f_2$（6–21）满足数量积的定义 6.4。更进一步，还可定义Ω中向量的长度。例如，等式（6–22）向量的长度分别是

$$
\begin{aligned}
\bar{f}_1(t)\cdot\bar{\bar{f}}_1(t) &= f_1(-2)\cdot f_1(-2)+f_1(-1)\cdot f_1(-1)+f_1(0)\cdot f_1(0)+f_1(1)\cdot f_1(1)+f_1(2)\cdot f_1(2)\\
&=(-5)\cdot(-5)+0\cdot 0+1\cdot 1+4\cdot 4+15\cdot 15=267,\\
\bar{f}_2(t)\cdot\bar{\bar{f}}_2(t) &= f_2(-2)\cdot f_2(-2)+f_2(-1)\cdot f_2(-1)+f_2(0)\cdot f_2(0)+f_2(1)\cdot f_2(1)+f_2(2)\cdot f_2(2)\\
&=1\cdot 1+1\cdot 1+(-1)\cdot(-1)+1\cdot 1+13\cdot 13=173
\end{aligned}
$$

的平方根，即

$$\left|f_1(t)\right|\approx 16.3,\ \left|f_2(t)\right|\approx 13.2, \tag{6-24}$$

据此，还有

$$\frac{f_1(t)\cdot f_2(t)}{\left|f_1(t)\right|\left|f_2(t)\right|}=\frac{193}{16.3\times 13.2}\approx 0.90。 \tag{6-25}$$

式（6–25）十分眼熟，查阅定义 6.3

$$\boldsymbol{V}_1\cdot\boldsymbol{V}_2=\left|\boldsymbol{V}_1\right|\left|\boldsymbol{V}_2\right|\cos\theta,$$

猛然发现，等式（6–25）右边的 0.90 岂非正是向量 $\bar{f}_1(t)$ 和 $\bar{f}_2(t)$ 两者夹角 θ 的余弦 $\cos\theta$！读者自然会问，$\bar{f}_1(t)$ 和 $\bar{f}_2(t)$ 并非真实的向量，哪来的夹角 θ 以及余弦 $\cos\theta$？此言有理，但同时也触动了数学的灵感，何不把凡是满足线性运算规定的研究对象一律视作“真实”的向量，并泛化相应的概念，诸如向量的长度，或称范数、夹角、数量积，等等。从此，不但遇到的问题烟消云散，数学的魅力更广为人知。

有了以上的认知，我们将进一步深化例 6.3 的讨论，分析在闭区间［a，b］上连续函数构成的向量空间Ω上，如何定义数量积。

参照上例及定积分求和的作法，将区间［a，b］等分为（$n+1$）个长度 $\Delta t=(b-a)/(n+1)$ 的子区间，并在每个子区间内任选一点，分别记为 t_0，t_1，…，t_n，如图 6–9 所示。

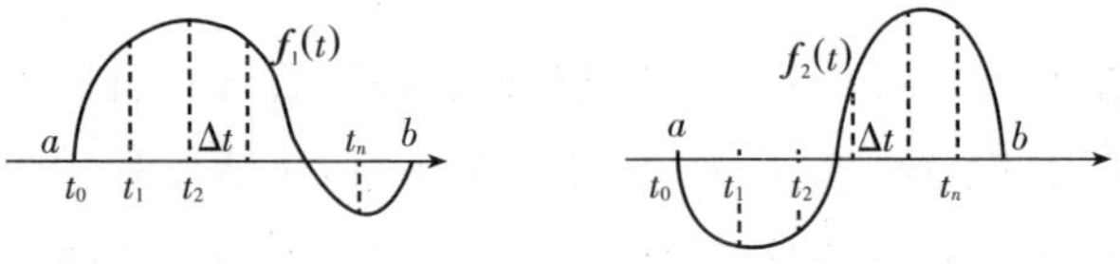

（a）　　（b）

图 6–9

设函数 $f_1(t)$ 和 $f_2(t)$ 均是空间Ω中的向量，则根据上例的结果，可将下式

$$\sum_{i=0}^{n} f_1(t_i)f_2(t_i)$$

定义为两者 $f_1(t)$ 和 $f_2(t)$ 的数量积，但为了避免当 n 过大时的弊端，正式定义改成

$$f_1(t)\cdot f_2(t)=\frac{1}{n+1}\sum_{i=1}^{n}f_1(t_i)f_2(t_i)$$

$$=\frac{1}{b-a}\sum_{i=0}^{n}f_1(t_i)f_2(t_i)\Delta t。$$

看到这里，回想定积分的定义，读者必然会猜出下文的意图是定义

$$\frac{1}{b-a}\int_a^b f_1(t)f_2(t)\mathrm{d}t$$

为空间Ω上任意两个函数的数量积。有时为了省事，也可定义为

$$f_1(t)\cdot f_2(t)=\int_a^b f_1(t)f_2(t)\mathrm{d}t。$$

不难发现，这种形状的积分是司空见惯的。因此，余味犹存，留给读者。为增强记忆，不妨看些实例。

6.4　习题

1. 设有三元齐次线性方程组

$$\begin{cases}a_{11}x+a_{12}y+a_{13}z=0,\\ a_{21}x+a_{22}y+a_{23}z=0,\\ a_{31}x+a_{32}y+a_{33}z=0。\end{cases}$$

（1）证明其全部解按三维向量的运算规律构成线性空间Ω;

（2）在空间Ω中定义数量积后，变成什么空间?

（3）相比于线性空间，欧氏空间有哪些特性?

2. 试用数量积方法求解下列三元齐次线性方程

$$x-y+z=0,$$
$$2x+y+8z=0,$$
$$x-2y-z=0,$$

并将解法规范化，直接写出第 1 题齐次方程组的答案。

3. 已知二阶行列式

$$\boldsymbol{A}=\begin{vmatrix}2 & 1\\ -1 & 1\end{vmatrix}=3$$

的值 3 等于以其 2 列（行）为边所围成的平行四边形的面积，如图 6–10 所示。试用数量积方法予以证实。

提示：求向量 $[2\quad -1]^{\mathrm{T}}$ 的正交向量，长度不变，且与向量 $[1\quad 1]^{\mathrm{T}}$ 夹成锐角。

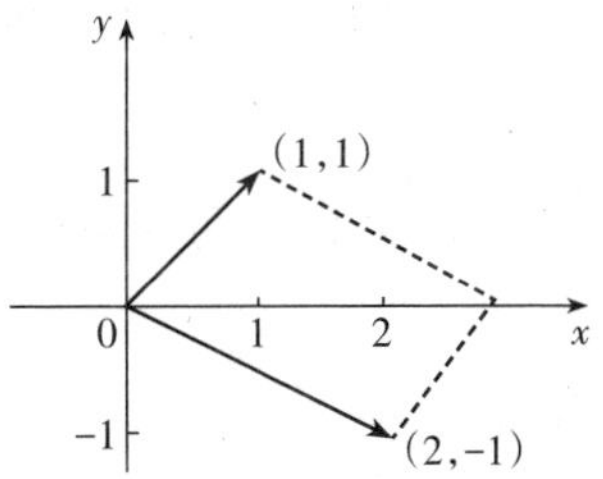

图6–10

4. 用第 3 题的解法，直接就可看出，将行列式一列（行）与另一列（行）相加，如

$$A_1=\begin{vmatrix}2 & 1\\ -1 & 1\end{vmatrix},\ A_2=\begin{vmatrix}2 & 1+2\\ -1 & 1+(-1)\end{vmatrix},$$

其结果是，行列式的值不变。试根据二阶行列式的值等于其 2 列（行）为边所围成的平行四边形的面积的结论，绘图予以证实，加深对行列式性质的理解与记忆。

5. 试借助如图 6–11 所示的 2 个单位向量证明恒等式

$$\sin 2\theta=2\sin\theta\cos\theta。$$

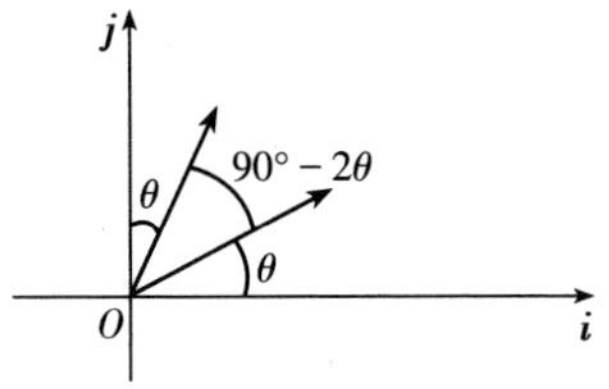

图6–11

6. 设 P_2 是由二次多项式

$$f(x)=x^2+a_1x+a_0$$

全体在区间［−1，1］上构成的线性空间Ω，能否在Ω中定义数量积，将其转化为欧氏空间？如能，请写出所定义的数量积。

7. 设 x_1，x_2，…，x_n 和 y_1，y_2，…，y_n 全是实数，试证明

$$\left(\sum_{i=1}^{n}x_iy_i\right)^2\leqslant\left(\sum_{i=1}^{n}x_i^2\right)\left(\sum_{i=1}^{n}y_i^2\right)。$$

8. 设 $\boldsymbol{V}_1$ 和 $\boldsymbol{V}_2$ 是平面上任意的 2 个向量，且

$$\boldsymbol{V}_1=x_1\boldsymbol{i}+y_1\boldsymbol{j},\ \boldsymbol{V}_2=x_2\boldsymbol{i}+y_2\boldsymbol{j},$$

请回答，能否将

$$\boldsymbol{V}_1\cdot\boldsymbol{V}_2=c_1x_1x_2+c_2y_1y_2$$

定义为 $\boldsymbol{V}_1$ 和 $\boldsymbol{V}_2$ 的数量积？说明理由。

9. 在欧氏空间Ω，我们定义其中向量 $\boldsymbol{V}$ 的长度或范数为

$$|\boldsymbol{V}|=(\boldsymbol{V}\cdot\boldsymbol{V})^{\frac{1}{2}},$$

向量 $\boldsymbol{V}_1$ 和 $\boldsymbol{V}_2$ 之间的距离为

$$|\boldsymbol{V}_1-\boldsymbol{V}_2|=(\boldsymbol{V}_1-\boldsymbol{V}_2)\cdot(\boldsymbol{V}_1-\boldsymbol{V}_2),$$

正交为

$$\boldsymbol{V}_1\cdot\boldsymbol{V}_2=0。$$

显然，上列定义同低维欧氏空间沿用的方法在概念上是一脉相承的。

现在，设有由二次多项式

$$f(x)=x^2+a_1x+a_2$$

构成的线性空间。

（1）能否定义其中向量 $f_1(x)$ 和 $f_2(x)$ 的数量积为

$$f_1(x)\cdot f_2(x)=f_1(1)f_2(1)+f_1(0)f_2(0)+f_1(-1)f_2(-1)?$$

（2）如能的话，试计算向量

$$f_1(x)=x^2-x+1,\ f_2(x)=2x^2+x-1$$

两者的数量积 $f_1(x)\cdot f_2(x)$，长度 $|f_1(x)|$、$|f_2(x)|$，距离 $|f_1(x)-f_2(x)|$。

习题参考答案

1.6 习题

1. $D_1=2$；$D_2=3xyz-x^3-y^3-z^3$。

2. $D_1=3$；$D_2=-2(a^3+b^3)$。

3. 略。

4. 略。

5. $D_1=D_4$；$D_2=D_3$。

6. 略。

7. 略。

8. 略

9. $x_1=3$，$x_2=-4$，$x_3=-1$，$x_4=1$。

2.5 习题

1. 略。

2. (1) $[35 \quad 6 \quad 49]^{\mathrm{T}}$；(2) $[6 \quad 1 \quad -3]$；

   (3) $a_{11}x_1^2+a_{22}x_2^2+a_{33}x_3^2+2a_{12}x_1x_2+2a_{13}x_1x_3+2a_{23}x_2x_3$；

   (4) $\begin{bmatrix} 6 & -3 & 9 \\ -2 & 1 & -3 \\ 8 & -4 & 12 \end{bmatrix}$。

3. (1) $\dfrac{1}{5}\begin{bmatrix} 1 & 1 \\ -2 & 3 \end{bmatrix}$；(2) $\dfrac{1}{ad-cb}\begin{bmatrix} d & -b \\ -c & a \end{bmatrix}$。

4. (1) $[4 \quad 1 \quad -2]^{\mathrm{T}}$；(2) $\begin{bmatrix} 1 & -1 & 1 \\ -1 & 0 & 1 \end{bmatrix}$。

5. (1) 不成立；(2) 不成立；(3) 不成立。

6. 略。

7. $\boldsymbol{A}^{-1}=(-1)^{n+1}a_1a_2\cdots a_n\neq 0$。

8. 略。

9. 略。

10. 成立。

11. $A_1^n=\begin{bmatrix}1 & 0\\ n\lambda & 1\end{bmatrix}$； $A_2^n=\lambda^{n-2}\begin{bmatrix}\lambda^2 & n\lambda & \frac{n(n-1)}{2}\\ 0 & \lambda^2 & n\lambda\\ 0 & 0 & 0\end{bmatrix}$。

12. $A^{11}=\begin{bmatrix}2731 & 2731\\ -683 & -684\end{bmatrix}$。

13. 略。

14. $A=\begin{bmatrix}-2 & 3 & -3\\ -4 & 5 & -3\\ -4 & 4 & -2\end{bmatrix}$。

15. 见第 14 题答案。

3.4 习题

1. $e_1=\frac{1}{2}V=i+\frac{1}{2}j$；存在，选 $e_1'=e_1$，e_2' 为任何与 e_1' 不共线的向量。

2.（1） $P=\begin{bmatrix}2 & 0 & 3\\ -1 & 3 & 1\\ 1 & 1 & -2\end{bmatrix}$； （2） $P^{-1}\begin{bmatrix}a\\ b\\ c\end{bmatrix}$。

3. 略。

4. 略。

5. $P=\begin{bmatrix}6 & 4\\ -5 & -3\end{bmatrix}$。

6.（1） $P_1=\begin{bmatrix}5 & 3\\ 6 & 4\end{bmatrix}$； （2） $P_2=\begin{bmatrix}5 & 3\\ 6 & 4\end{bmatrix}^{-1}$。

7.（1） $P=\begin{bmatrix}1 & 2 & -3\\ 0 & 1 & 2\\ 3 & 2 & -2\end{bmatrix}$； （2）（3　7　4）。

8. $\bar{A}=\frac{1}{2}\begin{bmatrix}1 & 3\\ -1 & 5\end{bmatrix}$。

9. $\bar{A}=\begin{bmatrix}3 & -5\\ 1 & 1\end{bmatrix}$。

10. 略。

4.5 习题

1. 略。

2. 略。

3. 略。

4. $\begin{bmatrix}1 & 1 & 1\\ 2 & \frac{1}{2} & -1\\ 2 & -1 & \frac{1}{2}\end{bmatrix}^{-1}\boldsymbol{A}\begin{bmatrix}1 & 1 & 1\\ 2 & \frac{1}{2} & -1\\ 2 & -1 & \frac{1}{2}\end{bmatrix}=\begin{bmatrix}-2 & & 0\\ & 1 & \\ 0 & & 4\end{bmatrix}$。

5. $x=2$，$y=0$，$z=-1$。

6. $\boldsymbol{A}=\frac{1}{2}\begin{bmatrix}3 & -1\\ -1 & 3\end{bmatrix}$。

7. $x=1$，$y=-4$。

8. $x=-1$，$y=z=-2$。

9. 略。

10. （1）$f=(x+y)^2+(y+z)^2+(x-z)^2$；

（2）$f=(x+y+z)^2+(y+z)^2$。

11. （1）$f(x)=\boldsymbol{X}^{\mathrm{T}}\begin{bmatrix}3 & 1\\ 1 & 2\end{bmatrix}\boldsymbol{X}$；

（2）$f(x)=\boldsymbol{X}^{\mathrm{T}}\begin{bmatrix}1 & 1 & 2\\ 1 & 2 & 3\\ 2 & 3 & 1\end{bmatrix}\boldsymbol{X}$；

（3）$f(x)=\boldsymbol{X}^{\mathrm{T}}\begin{bmatrix}1 & 1 & 0 & 4\\ 1 & 3 & 3 & 3\\ 0 & 3 & 4 & 1\\ 4 & 3 & 1 & 2\end{bmatrix}\boldsymbol{X}$。

12. 略。

13. （1）$0<t<\frac{4}{5}$；（2）$t>1$。

14. （1）$f(x)=(x_1+x_2)^2+0.1x_1^2$，正定；

（2）$f(x)=(x_1-x_2)^2+0.1x_1^2$，正定；

（3）$f(x)=-(x_1-x_2)^2-0.1x_1^2$，负定；

（4）$f(x)=(x_1+x_2)^2$，半正定。

赫尔维茨判据：

（1）$1.1>0$，$\begin{vmatrix}1.1 & 1\\ 1 & 1\end{vmatrix}>0$，正定；

（2）$1.1>0$，$\begin{vmatrix}1.1 & -1\\ -1 & 1\end{vmatrix}>0$，正定；

（3）$-1.1<0$，$\begin{vmatrix}-1.1 & 1\\ 1 & -1\end{vmatrix}>0$，负定；

（4）$1>0$，$\begin{vmatrix}1 & 1\\ 1 & 1\end{vmatrix}=0$，半正定。

15.（1）$f_1(x)$，正定；（2）$f_2(x)$，负定。

5.5 习题

1. 略。

2.（ⅰ）变换 $\boldsymbol{T}$ 将向量 $\boldsymbol{V}_1=(x\ \ y\ \ z)$ 变换为另一向量(5 2 4)，起到了变换的作用；（ⅱ）满足线性的条件

$$\boldsymbol{T}(\lambda\boldsymbol{V}_1+\mu\boldsymbol{V}_2)=\lambda\boldsymbol{T}\boldsymbol{V}_1+\mu\boldsymbol{T}\boldsymbol{V}_2。$$

3. 不是，不满足线性条件。

4.（1）略。

（2）Ω_2 三维，可选一组基为

$$\boldsymbol{e}_1=\begin{bmatrix}1 & 0\\ 0 & 0\end{bmatrix},\ \boldsymbol{e}_2=\begin{bmatrix}0 & 1\\ 1 & 0\end{bmatrix},\ \boldsymbol{e}_3=\begin{bmatrix}0 & 0\\ 0 & 1\end{bmatrix};$$

（3）Ω_3 三维，可选一组基为

$$\boldsymbol{e}_1=\begin{bmatrix}1 & 0\\ 0 & -1\end{bmatrix},\ \boldsymbol{e}_2=\begin{bmatrix}0 & 1\\ 0 & 0\end{bmatrix},\ \boldsymbol{e}_3=\begin{bmatrix}0 & 0\\ 1 & 0\end{bmatrix};$$

（4）Ω_4 三维，可选一组基为

$$\boldsymbol{e}_1=\begin{bmatrix}1 & 1 & -1\\ 1 & 0 & 2\\ -1 & 2 & 0\end{bmatrix},\ \boldsymbol{e}_2=\begin{bmatrix}0 & 1 & -1\\ 1 & 1 & 2\\ -1 & 2 & 0\end{bmatrix},\ \boldsymbol{e}_3=\begin{bmatrix}0 & 1 & -1\\ 1 & 0 & 2\\ -1 & 2 & 1\end{bmatrix}。$$

5. Ω 的维数为 $\dfrac{n(n+1)}{2}$。

6. Ω 三维，$f_1(x)=3e_1-e_2+2e_3$。

7.（1）$[\boldsymbol{e}_1'\ \ \boldsymbol{e}_2'\ \ \boldsymbol{e}_3'\ \ \boldsymbol{e}_4']=[\boldsymbol{e}_1\ \ \boldsymbol{e}_2\ \ \boldsymbol{e}_3\ \ \boldsymbol{e}_4]\begin{bmatrix}1 & 1 & 1 & 1\\ 0 & 1 & 1 & 1\\ 0 & 0 & 1 & 1\\ 0 & 0 & 0 & 0\end{bmatrix}$；

（2）$\boldsymbol{V}=[\boldsymbol{e}_1\ \ \boldsymbol{e}_2\ \ \boldsymbol{e}_3\ \ \boldsymbol{e}_4][1\ \ 2\ \ 3\ \ 4]^{\mathrm{T}}$；

$$\boldsymbol{V}=[\boldsymbol{e}_1' \quad \boldsymbol{e}_2' \quad \boldsymbol{e}_3' \quad \boldsymbol{e}_4'][-1 \quad -1 \quad -1 \quad 4]^{\mathrm{T}}。$$

8.（1）Ω_1和Ω_2都是六维；

（2）在Ω_1中可选

$$\boldsymbol{e}_1=\begin{bmatrix}1&0&0\\0&0&0\\0&0&0\end{bmatrix},\ \boldsymbol{e}_2=\begin{bmatrix}0&0&0\\0&1&0\\0&0&0\end{bmatrix},\ \boldsymbol{e}_3=\begin{bmatrix}0&0&0\\0&0&0\\0&0&1\end{bmatrix},$$

$$\boldsymbol{e}_4=\begin{bmatrix}0&1&0\\1&0&0\\0&0&0\end{bmatrix},\ \boldsymbol{e}_5=\begin{bmatrix}0&0&1\\0&0&0\\1&0&0\end{bmatrix},\ \boldsymbol{e}_6=\begin{bmatrix}0&0&0\\0&0&1\\0&1&0\end{bmatrix};$$

在Ω_2中可选

$$e_1=x^5,\ e_2=x^4,\ e_3=x^3,\ e_4=x^2,\ e_5=x,\ e_6=1。$$

（3）同构。

9. 略。

6.4 习题

1.（1）略；

（2）欧氏空间；

（3）特点是：定义在实数域上，定义了数量积，从而可定义向量的长度或范数、向量间的距离、向量间的夹角等度量概念。

2. 参阅本书克拉默法则。

3. 略。

4. 略。

5. 略。

6. 能够，可选向量

$$f_1(x)=x^2+a_1x+a_0,\ f_2(x)=x^2+b_1x+b_0$$

的数量积为

$$f_1(x)\cdot f_2(x)=\sum_{i=1}^{n}f_1(x_i)f_2(x_i), -1\leqslant x_i\leqslant 1,$$

式中，x_i是在区间$[-1, 1]$上任选的点。

7. 定义数量积

$$\sum_{i=1}^{n}x_iy_i=\boldsymbol{X}\cdot\boldsymbol{Y},$$

式中，

$$\boldsymbol{X}=[x_1 \quad x_2 \quad \cdots \quad x_n]^{\mathrm{T}},\ \boldsymbol{Y}=[y_1 \quad y_2 \quad \cdots \quad y_n]^{\mathrm{T}},$$

再借助柯西–施瓦茨不等式

$$\boldsymbol{V}_1 \cdot \boldsymbol{V}_2 \leqslant |\boldsymbol{V}_1||\boldsymbol{V}_2|。$$

8. 能够，符合数量积定义。

9.（1）略；

（2）$f_1(x) \cdot f_2(x) = 1$；$|f_1(x)| = \sqrt{11}$，$|f_2(x)| = \sqrt{5}$；$|f_1(x) - f_2(x)| = \sqrt{14}$。

附　录

附录A　行列式

A1　行列式与面积

下面以二阶行列式

$$A=\begin{vmatrix} a_1 & a_2 \\ a_3 & a_4 \end{vmatrix}=a_1a_4-a_2a_3$$

为例，其行数和列数必然相同，实质是表示一个数 N。

这里要讨论的是：该数 N 等于以行列式 A 的两列（行）作为向量围成的平行四边形的面积，如图 A1 所示，证明如下。

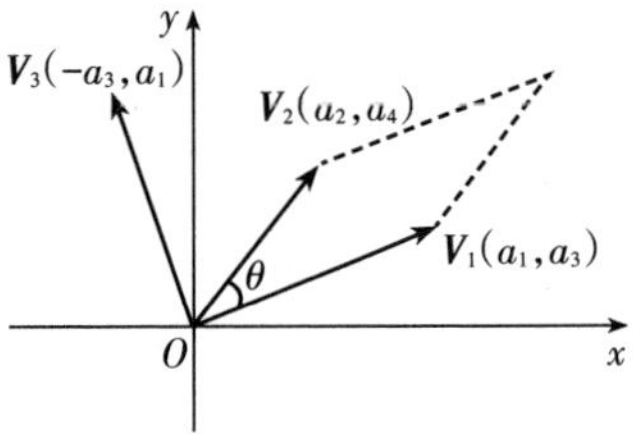

图 A1

记向量

$$V_1=a_1i+a_3j,\ V_2=a_2i+a_4j,$$

从图 A1 上可见，平行四边形的面积

$$N=|V_2||V_1|\sin\theta, \tag{A-1}$$

据此，作同 V_1 正交的向量

$$V_3=-a_3i+a_1j,$$

如图 A1 所示，然后与 V_2 进行数量积

$$\begin{aligned} V_2\cdot V_3&=|V_2||V_3|\cos(90^\circ-\theta) \\ &=|V_2||V_1|\sin\theta=a_1a_4-a_2a_3, \end{aligned} \tag{A-2}$$

式（A-2）后端实则等式（A-1），证完。

证明的方法还有不少，读者不妨一试身手。另外，三阶行列式也表示一个数，其值等于其 3 条列（行）向量所围成的空间六面体的体积，诸如此类。

行列式的上述特征将有助于理解行列式的某些性质以及克拉默法则，如下所言。

A2　行列式的性质

行列有三条重要的性质。

（1）对换行列式的两列（行），行列式正负反号。

将图 A1 上的 $\boldsymbol{V}_1$ 和 $\boldsymbol{V}_2$ 互换后，请读者照章计算，看是否反号。

（2）行列式若存在两列（行）相同，则其值为零。

不言而喻，这时 $\boldsymbol{V}_1$ 和 $\boldsymbol{V}_2$ 所围成的四边形面积为零。

（3）将行列式某列（行）的 k 倍加到另一列（行）上，其值不变。

先设 $k=1$，研究向量 $\boldsymbol{V}_1$ 和 $\boldsymbol{V}_2$ 围成四边形的面积与 $\boldsymbol{V}_1$ 和（$\boldsymbol{V}_2+\boldsymbol{V}_1$）围成四边形的面积，两者是否相等。为回答此问，请读者详查图 A2 上所示的情况。

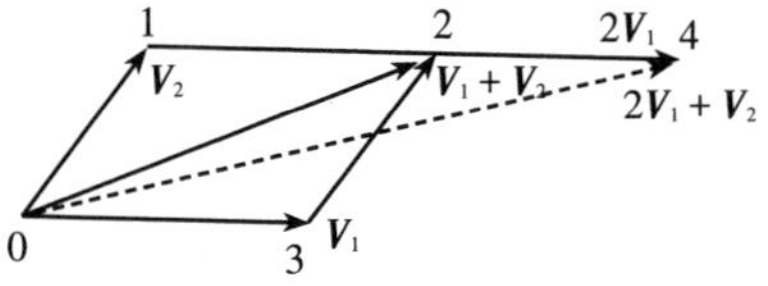

图 A2

记 $\boldsymbol{V}_1$ 和 $\boldsymbol{V}_2$ 围成的四边形的面积为 0123，$\boldsymbol{V}_1$ 和（$\boldsymbol{V}_2+\boldsymbol{V}_1$）围成的四边形的面积为 0243，请问

$$0123=0243，0123\neq 0243，$$

究竟是左方获胜还是右方获胜？决定权留给读者。如有兴致，尽可再自己动手审视一下 $\boldsymbol{V}_1$ 和（$\boldsymbol{V}_1+2\boldsymbol{V}_2$）围成的面积，以加深对所论行列式性质的理解。

上述方法同理适用于三阶行列式，只需把面积换成体积，绘图较为困难而已！对于更高阶，那就只能意会了。

A3　克拉默法则

（ⅰ）求解二元一次方程组

$$\begin{cases}a_{11}x_1+a_{12}x_2=b_1,\\ a_{21}x_1+a_{22}x_2=b_2。\end{cases}$$

解　将方程组改写成列向量形式：

$$x_1\begin{bmatrix}a_{11}\\ a_{21}\end{bmatrix}+x_2\begin{bmatrix}a_{12}\\ a_{22}\end{bmatrix}=\begin{bmatrix}b_1\\ b_2\end{bmatrix},\tag{A-3}$$

如欲求变量 x_1 的值，则将变量 x_2 旁的列向量依次并在 x_1、x_2 旁列向量以及列向量 $[b_1\quad b_2]^{\mathrm{T}}$ 右侧，再写成行列式形式：

$$x_1\begin{vmatrix}a_{11} & a_{12}\\ a_{21} & a_{22}\end{vmatrix}+x_2\begin{vmatrix}a_{12} & a_{12}\\ a_{22} & a_{22}\end{vmatrix}=\begin{vmatrix}b_1 & a_{12}\\ b_2 & a_{22}\end{vmatrix}。\tag{A-4}$$

写到这里，盼读者思考一下这样求解的理论根据，想好之后，如欲求解变量 x_2，同理可得

$$x_1\begin{vmatrix}a_{11} & a_{11}\\ a_{21} & a_{21}\end{vmatrix}+x_2\begin{vmatrix}a_{11} & a_{12}\\ a_{21} & a_{22}\end{vmatrix}=\begin{vmatrix}a_{11} & b_1\\ a_{21} & b_2\end{vmatrix}\tag{A-5}$$

稍停片刻，已有读者发言，等式（A–4）的来头是用向量 $[-a_{22}\quad a_{12}]^{\mathrm{T}}$ 与变量 x_2 的向量 $[a_{12}\quad a_{22}]^{\mathrm{T}}$ 正交，同等式（A–3）进行数量积，并记为行列式的结果；等式（A–5）用的向量 $[-a_{21}\quad a_{11}]^{\mathrm{T}}$ 则是与变量 x_1 的向量 $[a_{11}\quad a_{21}]^{\mathrm{T}}$ 正交的向量。

显然，从等式（A–4）和等式（A–5）得方程（A–3）的解

$$x_1=\frac{\begin{vmatrix}b_1 & a_{12}\\ b_2 & a_{22}\end{vmatrix}}{\begin{vmatrix}a_{11} & a_{12}\\ a_{21} & a_{22}\end{vmatrix}},\quad x_2=\frac{\begin{vmatrix}a_{11} & b_1\\ a_{21} & b_2\end{vmatrix}}{\begin{vmatrix}a_{11} & a_{12}\\ a_{21} & a_{22}\end{vmatrix}}。\tag{A-6}$$

（ⅱ）受发言的启示，依样来求解三元一次方程组

$$\begin{cases}a_{11}x_1+a_{12}x_2+a_{13}x_3=b_1,\\ a_{21}x_1+a_{22}x_2+a_{23}x_3=b_2,\\ a_{31}x_1+a_{32}x_2+a_{33}x_3=b_3。\end{cases}\tag{A-7}$$

为书写方便，以下简记行列式

$$A=\begin{vmatrix}a_{11} & a_{12} & a_{13}\\ a_{21} & a_{22} & a_{23}\\ a_{31} & a_{32} & a_{33}\end{vmatrix}\tag{A-8}$$

中的各列及常数项为

$$\bar{\boldsymbol{a}}_1=\begin{bmatrix}a_{11}\\ a_{21}\\ a_{31}\end{bmatrix},\quad \bar{\boldsymbol{a}}_2=\begin{bmatrix}a_{12}\\ a_{22}\\ a_{32}\end{bmatrix},\quad \bar{\boldsymbol{a}}_3=\begin{bmatrix}a_{13}\\ a_{23}\\ a_{33}\end{bmatrix},\quad \boldsymbol{b}=\begin{bmatrix}b_1\\ b_2\\ b_3\end{bmatrix},\tag{A-9}$$

元素 a_{ij} 的代数余子式为 A_{ij}，如

$$\bar{A}_{11}=(-1)^{1+1}\begin{vmatrix}a_{22} & a_{23}\\ a_{32} & a_{33}\end{vmatrix},\quad A_{23}=(-1)^{2+3}\begin{vmatrix}a_{11} & a_{12}\\ a_{31} & a_{32}\end{vmatrix}。$$

据此，方程组（A–7）可改写为

$$x_1\bar{\boldsymbol{a}}_1+x_2\bar{\boldsymbol{a}}_2+x_3\bar{\boldsymbol{a}}_3=\bar{\boldsymbol{b}}。\tag{A-10}$$

求变量 x_1，参照上述的方法，以 $\bar{\boldsymbol{a}}_1$ 中 3 元素 a_{11}、a_{21} 和 a_{31} 的代数余子式组成向量

$$\bar{\boldsymbol{A}}_1=\begin{bmatrix}A_{11} & A_{21} & A_{31}\end{bmatrix}^{\mathrm{T}},$$

同方程（A-10）两端进行数量积，得

$$x_1\bar{\boldsymbol{a}}_1\cdot\bar{\boldsymbol{A}}_1+x_2\bar{\boldsymbol{a}}_2\bar{\boldsymbol{A}}_1+x_3\bar{\boldsymbol{a}}_3\bar{\boldsymbol{A}}_2=\bar{\boldsymbol{b}}\cdot\bar{\boldsymbol{A}}_1, \tag{A-11}$$

展开后为

$$x_1\begin{bmatrix}a_{11} & a_{12} & a_{13}\\ a_{21} & a_{22} & a_{23}\\ a_{31} & a_{32} & a_{33}\end{bmatrix}+x_2\begin{bmatrix}a_{12} & a_{12} & a_{13}\\ a_{22} & a_{22} & a_{23}\\ a_{32} & a_{32} & a_{33}\end{bmatrix}+x_3\begin{bmatrix}a_{13} & a_{12} & a_{13}\\ a_{23} & a_{22} & a_{23}\\ a_{33} & a_{32} & a_{33}\end{bmatrix}$$

$$=\begin{bmatrix}b_1 & a_{12} & a_{13}\\ b_2 & a_{22} & a_{23}\\ b_3 & a_{32} & a_{33}\end{bmatrix}\triangleq\boldsymbol{b}\bar{\boldsymbol{A}}_1, \tag{A-12}$$

由此可知

$$x_1=\frac{\left|\boldsymbol{b}\bar{\boldsymbol{A}}_1\right|}{|A|}。 \tag{A-13}$$

欲求变量 x_2，则用 $\boldsymbol{a}_2$ 中 3 元素 a_{12}、a_{22} 和 a_{32} 的代数余子式组成向量

$$\bar{\boldsymbol{A}}_2=\begin{bmatrix}A_{12} & A_{22} & A_{32}\end{bmatrix}^{\mathrm{T}},$$

同方程（A-10）两端进行数量积，展开可得

$$x_1\begin{bmatrix}a_{11} & a_{11} & a_{13}\\ a_{21} & a_{21} & a_{23}\\ a_{31} & a_{31} & a_{33}\end{bmatrix}+x_2\begin{bmatrix}a_{11} & a_{12} & a_{13}\\ a_{21} & a_{22} & a_{23}\\ a_{31} & a_{32} & a_{33}\end{bmatrix}+x_3\begin{bmatrix}a_{13} & a_{11} & a_{13}\\ a_{23} & a_{21} & a_{23}\\ a_{33} & a_{31} & a_{33}\end{bmatrix}$$

$$=\begin{bmatrix}a_{11} & b_1 & a_{13}\\ a_{21} & b_2 & a_{23}\\ a_{31} & b_3 & a_{33}\end{bmatrix}\triangleq\left|\bar{\boldsymbol{A}}_2\right|, \tag{A-14}$$

据此可知

$$x_2=\frac{\left|\bar{\boldsymbol{A}}_2\right|}{|A|}。 \tag{A-15}$$

同理可得

$$x_3=\frac{\left|\bar{\boldsymbol{A}}_3\right|}{|A|},\quad \bar{\boldsymbol{A}}_3=\begin{bmatrix}A_{13} & A_{23} & A_{33}\end{bmatrix}^{\mathrm{T}}。$$

解已经有了，但希有兴趣的读者：

（1）思考这种解法的依据；

（2）将等式（A-12）和等式（A-14）演算一遍；

（3）将这种解法用于 n 元一次联立方程组，证明克莱姆法则。

（iii）几何解释。

曾经讲过，二阶行列式的值是平行四边形的面积，三阶是六面体的体积。因此，二元一次方程组（A-3）的解（A-6）可以认为是面积之比，三元一次方程组（A-7）的解（A-13）是体积之比。对此，下文将予以证实，并进而阐述代数与几何之间密不可分、相辅相成的关系。

设有二元一次方程组

$$x_1\bar{\boldsymbol{a}}_1+x_2\bar{\boldsymbol{a}}_2=\bar{\boldsymbol{b}}, \tag{A-16}$$

从几何角度看，可以认为：平面上存在 3 条向量 $\bar{\boldsymbol{a}}_1$、$\bar{\boldsymbol{a}}_2$ 和 $\bar{\boldsymbol{b}}$，由 $\bar{\boldsymbol{a}}_1$ 同 $\bar{\boldsymbol{a}}_2$ 合成 $\bar{\boldsymbol{b}}$，如图 A3 所示。求解方程组（A-16），实际就是确定在合成向量 $\bar{\boldsymbol{b}}$ 时，向量 $\bar{\boldsymbol{a}}_1$ 与 $\bar{\boldsymbol{a}}_2$ 各自所占的比重 x_1 和 x_2。

从图 A3(a) 上清楚可见：向量 $\boldsymbol{a}_2$ 与 $\bar{\boldsymbol{b}}$ 围成的平行四边形 0245 的面积，记为 $\underline{0245}$，则

$$\underline{0245}=x_1\left|\bar{\boldsymbol{a}}_1\right\|\bar{\boldsymbol{a}}_2\right|=\left|\bar{\boldsymbol{b}}\bar{\boldsymbol{a}}_2\right|,$$

在上式中，由于 $\left|\bar{\boldsymbol{a}}_1\right\|\bar{\boldsymbol{a}}_2\right|$ 是向量 $\boldsymbol{a}_1$ 和 $\boldsymbol{a}_2$ 所围成四边形的面积，$\left|\bar{\boldsymbol{b}}\bar{\boldsymbol{a}}_2\right|$ 是向量 $\boldsymbol{b}$ 和 $\boldsymbol{a}_2$ 所围成四边形的面积，因此得

$$x_1=\frac{\begin{vmatrix} b_1 & a_{12} \\ b_2 & a_{22} \end{vmatrix}}{\begin{vmatrix} a_{11} & a_{12} \\ a_{21} & a_{22} \end{vmatrix}}, \tag{A-17}$$

又，在图 A3(b) 中，由于向量

$$\bar{\boldsymbol{b}}=x\bar{\boldsymbol{a}}_1+x_2\bar{\boldsymbol{a}}_2,$$

因此，向量 $\bar{\boldsymbol{a}}_2$ 同向量 $\bar{\boldsymbol{b}}$ 围成的平行四边形的面积，根据 A2（3）的结论等于 $\bar{\boldsymbol{a}}_2$ 同 $x_1\bar{\boldsymbol{a}}_1$ 所围成四边形的面积。据此有

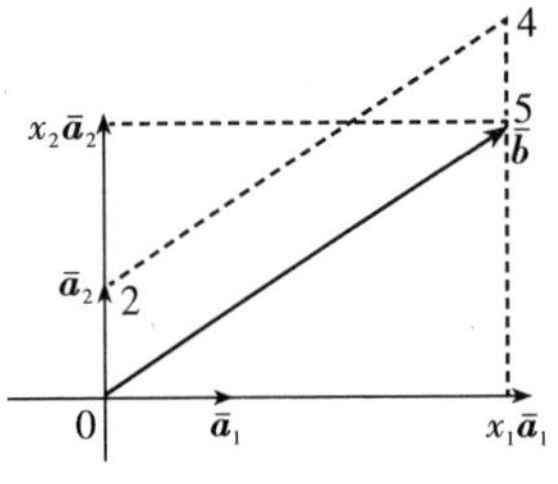

(a) $\boldsymbol{b}=x_1\bar{\boldsymbol{a}}_1+x_2\bar{\boldsymbol{a}}_2$

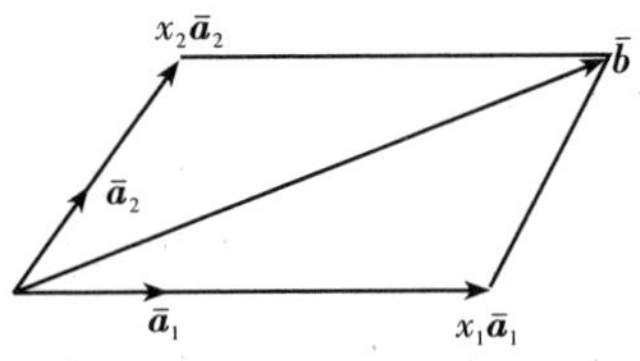

(b) $\boldsymbol{b}=x_1\bar{\boldsymbol{a}}_1+x_2\bar{\boldsymbol{a}}_2$

图 A3

$$|\bar{\boldsymbol{b}} \quad \bar{\boldsymbol{a}}_2| = x_1|\bar{\boldsymbol{a}}_1 \quad \bar{\boldsymbol{a}}_2|$$

由此

$$x_1 = \frac{|\bar{\boldsymbol{b}} \quad \bar{\boldsymbol{a}}_2|}{|\bar{\boldsymbol{a}}_1 \quad \bar{\boldsymbol{a}}_2|} = \frac{\begin{vmatrix} b_1 & a_{12} \\ b_2 & a_{22} \end{vmatrix}}{\begin{vmatrix} a_{11} & a_{12} \\ a_{21} & a_{22} \end{vmatrix}}。 \tag{A-18}$$

变量 x_2 的求解与 x_1 的同理，不再重复。值得多说的是，上述对克拉默法则的几何解释或“证明”适用于 n 元一次方程组，下面对三元的情况再讲点看法。

设有三元一次方程组

$$x_1\begin{bmatrix}1\\0\\0\end{bmatrix} + x_2\begin{bmatrix}0\\1\\0\end{bmatrix} + x_3\begin{bmatrix}0\\0\\1\end{bmatrix} = \begin{bmatrix}b_1\\b_2\\b_3\end{bmatrix} \triangleq x_1\bar{\boldsymbol{a}}_1 + x_2\bar{\boldsymbol{a}}_2 + x_3\bar{\boldsymbol{a}}_3 = \boldsymbol{b},$$

记 $\bar{\boldsymbol{a}}_1 = [1 \quad 0 \quad 0]^{\mathrm{T}}$，$\bar{\boldsymbol{a}}_2 = [0 \quad 1 \quad 0]^{\mathrm{T}}$，$\bar{\boldsymbol{a}}_3 = [0 \quad 0 \quad 1]^{\mathrm{T}}$，$\bar{\boldsymbol{b}} = [b_1 \quad b_2 \quad b_3]^{\mathrm{T}}$。

如欲求变量 x_1，则计算由向量 $\boldsymbol{a}_2$、$\boldsymbol{a}_3$ 同向量 $\boldsymbol{b}$ 在空间所围成的平行六面体的体积 V，如图 A4 所示。另一方面，众所周知，该体积等于以 $\boldsymbol{a}_2$、$\boldsymbol{a}_3$ 和 $\boldsymbol{b}$ 为列的三阶行列式的值：

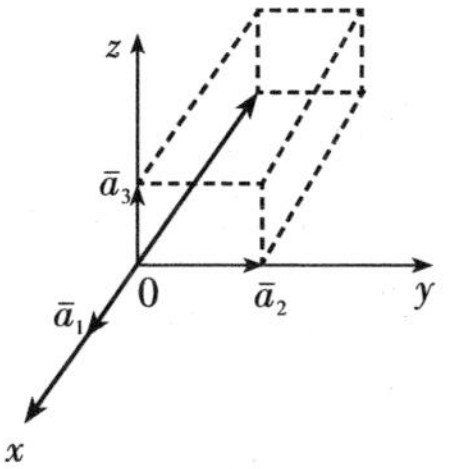

图 A4

$\bar{b} = x_1a_1 + x_2a_2 + x_3a_3$

$$V = \begin{vmatrix} b_1 & 0 & 0 \\ b_2 & 1 & 0 \\ b_3 & 0 & 1 \end{vmatrix} = \begin{vmatrix} x_1 & 0 & 0 \\ x_2 & 1 & 0 \\ x_3 & 0 & 1 \end{vmatrix}$$

$$= x_1\begin{vmatrix} 1 & 0 & 0 \\ 0 & 1 & 0 \\ 0 & 0 & 1 \end{vmatrix},$$

由此得

$$x_1 = \frac{|\bar{\boldsymbol{b}} \quad \bar{\boldsymbol{a}}_2 \quad \bar{\boldsymbol{a}}_3|}{|\bar{\boldsymbol{a}}_1 \quad \bar{\boldsymbol{a}}_2 \quad \bar{\boldsymbol{a}}_3|}。 \tag{A-19}$$

现在总结一下，仍以三元一次方程组为例，设有

$$x_1\begin{bmatrix}a_{11}\\a_{21}\\a_{31}\end{bmatrix} + x_2\begin{bmatrix}a_{12}\\a_{22}\\a_{32}\end{bmatrix} + x_3\begin{bmatrix}a_{13}\\a_{23}\\a_{33}\end{bmatrix} = \begin{bmatrix}b_1\\b_2\\b_3\end{bmatrix} \triangleq x_1\bar{\boldsymbol{a}}_1 + x_2\bar{\boldsymbol{a}}_2 + x_3\bar{\boldsymbol{a}}_3 = \boldsymbol{b}。 \tag{A-20}$$

欲求 x_1，则计算由 $\bar{\boldsymbol{b}}$、$\bar{\boldsymbol{a}}_2$ 和 $\bar{\boldsymbol{a}}_3$ 所围成的空间六面体的体积 V：

$$V = |\bar{\boldsymbol{b}} \quad \bar{\boldsymbol{a}}_2 \quad \bar{\boldsymbol{a}}_3|。 \tag{A-21}$$

注意：式（A-21）右边是以 $\bar{\boldsymbol{b}}$、$\bar{\boldsymbol{a}}_2$ 和 $\bar{\boldsymbol{a}}_3$ 为列组成的行列式；因为式（A-21）右边缺 $\bar{\boldsymbol{a}}_1$，$\bar{\boldsymbol{b}}$ 就必须放在 $\bar{\boldsymbol{a}}_1$ 的位置；根据给定条件

$$\bar{\boldsymbol{b}}=x_1\bar{\boldsymbol{a}}_1+x_2\bar{\boldsymbol{a}}_2+x_3\bar{\boldsymbol{a}}_3$$

将等式化简：

$$\begin{aligned}\boldsymbol{V}&=\left|x_1\bar{\boldsymbol{a}}_1+x_2\bar{\boldsymbol{a}}_2+x_3\bar{\boldsymbol{a}}_3\quad \bar{\boldsymbol{a}}_2\quad \bar{\boldsymbol{a}}_3\right|\\&=\left|x_1\bar{\boldsymbol{a}}_1\quad \bar{\boldsymbol{a}}_2\quad \bar{\boldsymbol{a}}_3\right|=x_1\left|\bar{\boldsymbol{a}}_1\quad \bar{\boldsymbol{a}}_2\quad \bar{\boldsymbol{a}}_3\right|,\end{aligned}$$

由此得

$$x_1=\frac{\left|\bar{\boldsymbol{b}}\quad \bar{\boldsymbol{a}}_2\quad \bar{\boldsymbol{a}}_3\right|}{\left|\boldsymbol{a}_1\quad \boldsymbol{a}_2\quad \boldsymbol{a}_3\right|}。$$

同理可得

$$x_2=\frac{\left|\bar{\boldsymbol{a}}_1\quad \bar{\boldsymbol{b}}\quad \bar{\boldsymbol{a}}_2\right|}{\left|\bar{\boldsymbol{a}}_1\quad \bar{\boldsymbol{a}}_2\quad \bar{\boldsymbol{a}}_3\right|},$$

$$x_3=\frac{\left|\bar{\boldsymbol{a}}_1\quad \bar{\boldsymbol{a}}_2\quad \bar{\boldsymbol{b}}\right|}{\left|\bar{\boldsymbol{a}}_1\quad \bar{\boldsymbol{a}}_2\quad \bar{\boldsymbol{a}}_3\right|}。$$

这就是克拉默法则的几何“证明”。

显然，上述方法适用于 n 元一次方程组，留给读者，继续改进。任何创新都是逐步前行的结果。

附录 B　矩阵

B1　矩阵的特征

矩阵同行列式的模样相似，但“性格”迥异。行列式其列与行的数必然相等，代表一个数；矩阵其列数与行数未必一样，代表一种线性变换，或说算子。

矩阵的本质特征是其特征值和特征向量。就是说，结定一个 n 阶矩阵 $\boldsymbol{A}$，它必然有 n 个特征值 λ_1，λ_2，…，λ_n 和 n 条特征向量 $\boldsymbol{P}_1$，$\boldsymbol{P}_2$，…，$\boldsymbol{P}_n$。

例 B1　已知二阶矩阵 $\boldsymbol{A}$ 的特征值和特征向量分别为

$$\lambda_1=2,\ \boldsymbol{P}_1=\begin{bmatrix}1\\1\end{bmatrix};\ \lambda_2=4,\ \boldsymbol{P}_2=\begin{bmatrix}1\\-1\end{bmatrix},$$

试求矩阵 $\boldsymbol{A}$。

解　由给定条件，可知

$$A\begin{bmatrix}1\\1\end{bmatrix}=2\begin{bmatrix}1\\1\end{bmatrix},\ A\begin{bmatrix}1\\-1\end{bmatrix}=4\begin{bmatrix}1\\-1\end{bmatrix},$$

将以上两等式合二而一，有

$$A\begin{bmatrix}1&1\\1&-1\end{bmatrix}=\begin{bmatrix}2&4\\2&-4\end{bmatrix},$$

据此，得

$$A=\begin{bmatrix}2&4\\2&-4\end{bmatrix}\begin{bmatrix}1&1\\1&-1\end{bmatrix}^{-1}=\begin{bmatrix}2&4\\2&-4\end{bmatrix}\frac{1}{2}\begin{bmatrix}1&1\\1&-1\end{bmatrix}$$
$$=\begin{bmatrix}3&-1\\-1&3\end{bmatrix}。$$

不难看出，此例的解法具有规范性，可以总结为如下的结论。

定理 B1 设 n 阶矩阵 A 的 n 个特征值为 λ_1，λ_2，…，λ_n，n 条线性独立的特征向量为 P_1，P_2，…，P_n，则矩阵

$$A=\begin{bmatrix}\lambda_1P_1 & \lambda_2P_2 & \cdots & \lambda_nP_n\end{bmatrix}\begin{bmatrix}P_1 & P_2 & \cdots & P_n\end{bmatrix}^{-1}。\tag{B-1}$$

B2 对称矩阵

矩阵可分为两类，对称矩阵与非对称矩阵。若矩阵 A 与其转置 A^{T} 相等，即

$$A=A^{\mathrm{T}},$$

则 A 称为对称矩阵。

自然会想，对称与非对称的本质差异在哪？说来不难，刚才讲过，矩阵的本质特征是特征值和特征向量，因此，应该从这里找原因。

调查发现：对称矩阵的特征向量必须是相互正交的，无一例外；非对称阵的特征向量可能有两者或更多正交的，但不可能全部都是相互正交的，无一例外。

下文将以二阶矩阵为例，从几方面来诠释上述问题。

首先，先看一些例子。

例 B2 设有矩阵

$$A=\begin{bmatrix}2&0\\0&4\end{bmatrix},$$

它是对角矩阵，更当然是对称矩阵。不言而喻，其特征值 $\lambda_1=2$，$\lambda_2=4$，特征向量

$$P_1=\begin{bmatrix}1\\0\end{bmatrix},\ P_2=\begin{bmatrix}0\\1\end{bmatrix};\ P_1\cdot P_2=0。$$

显然，$\boldsymbol{A}$ 是对称矩阵，它的特征向量 $\boldsymbol{P}_1$ 和 $\boldsymbol{P}_2$ 必然是正交的。

进行坐标变换，变为以

$$\boldsymbol{e}_1=\boldsymbol{i}+\boldsymbol{j},\ \boldsymbol{e}_2=\boldsymbol{i}-\boldsymbol{j}$$

为坐标单位的坐标系，正如图 B1 所示，将上式改写成矩阵式：

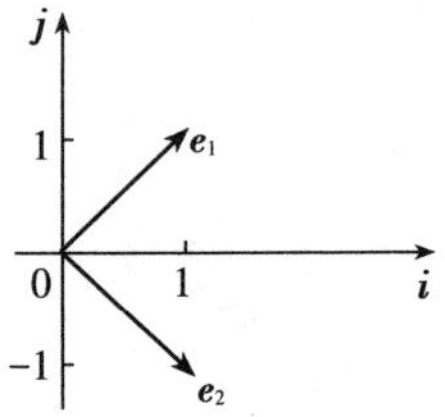

图B1

$$[\boldsymbol{e}_1\quad \boldsymbol{e}_2]=[\boldsymbol{i}\quad \boldsymbol{j}]\begin{bmatrix}1&1\\1&-1\end{bmatrix},$$

根据坐标变换定则，矩阵 $\boldsymbol{A}$ 在坐标系［$\boldsymbol{e}_1\quad \boldsymbol{e}_2$］下的表达式为

$$\boldsymbol{A}_e=\begin{bmatrix}1&1\\1&-1\end{bmatrix}^{-1}\begin{bmatrix}2&0\\0&4\end{bmatrix}\begin{bmatrix}1&1\\1&-1\end{bmatrix}$$
$$=-\frac{1}{2}\begin{bmatrix}-1&-1\\-1&1\end{bmatrix}\begin{bmatrix}2&2\\4&-4\end{bmatrix}=\begin{bmatrix}3&-1\\-1&3\end{bmatrix}。$$

注意：（1）矩阵 $\boldsymbol{A}_e$ 是对称阵；

（2）在坐标系［$\boldsymbol{e}_1\quad \boldsymbol{e}_2$］下，矩阵 $\boldsymbol{A}_e$ 的特征向量已由在坐标系［$\boldsymbol{i}\quad \boldsymbol{j}$］下的

$$\boldsymbol{P}_1=\begin{bmatrix}1\\0\end{bmatrix}\to \boldsymbol{P}_{1e}=\frac{1}{2}\begin{bmatrix}1\\1\end{bmatrix};\ \boldsymbol{P}_2=\begin{bmatrix}0\\1\end{bmatrix}\to \boldsymbol{P}_{2e}=\frac{1}{2}\begin{bmatrix}1\\-1\end{bmatrix}。$$

上式的实际意义为

$$\boldsymbol{i}=\frac{1}{2}(\boldsymbol{e}_1+\boldsymbol{e}_2),\ \boldsymbol{j}=\frac{1}{2}(\boldsymbol{e}_1-\boldsymbol{e}_2)。$$

（3）可见 $\boldsymbol{A}_e$ 的特征向量 $\boldsymbol{P}_{1e}$ 同 $\boldsymbol{P}_{2e}$ 正交：

$$\boldsymbol{P}_{1e}\cdot \boldsymbol{P}_{2e}=\frac{1}{4}(1-1)=0。$$

上例表明：

$$\boldsymbol{A}=\begin{bmatrix}2&0\\0&4\end{bmatrix},\ \lambda_1=2,\ \lambda_2=4,\ \boldsymbol{P}_1=\begin{bmatrix}1\\0\end{bmatrix},\ \boldsymbol{P}_2=\begin{bmatrix}0\\1\end{bmatrix},\ \boldsymbol{P}_1\cdot \boldsymbol{P}_2=0;$$

$$\boldsymbol{A}_e=\begin{bmatrix}3&-1\\-1&3\end{bmatrix},\ \lambda_1=2,\ \lambda_2=4,\ \boldsymbol{P}_{1e}=\frac{1}{2}\begin{bmatrix}1\\1\end{bmatrix},\ \boldsymbol{P}_{2e}=\frac{1}{2}\begin{bmatrix}1\\-1\end{bmatrix},\ \boldsymbol{P}_{1e}\cdot \boldsymbol{P}_{2e}=0,$$

对称矩阵的特征向量必相互正交，特征向量相互正交必为对称矩阵。

其次，证明。

上例只是个启示，下面就来证明：特征向量相互正交的矩阵必为对称矩阵。

证明 设二阶矩阵 $\boldsymbol{A}$ 具有相互正交的特征向量及特征值 λ_1 和 λ_2；

$$\boldsymbol{P}_1=\begin{bmatrix}a_1\\a_2\end{bmatrix},\ \boldsymbol{P}_2=\begin{bmatrix}a_2\\-a_1\end{bmatrix},$$

则根据定理 B1，可得

$$\begin{aligned}\boldsymbol{A}&=\begin{bmatrix}\lambda_1a_1 & \lambda_2a_2\\ \lambda_1a_2 & -\lambda_2a_1\end{bmatrix}\begin{bmatrix}a_1 & a_2\\ a_2 & -a_1\end{bmatrix}^{-1}\\&=\begin{bmatrix}\lambda_1a_1 & \lambda_2a_2\\ \lambda_1a_2 & -\lambda_2a_1\end{bmatrix}\left(-\frac{1}{a_1^2+a_2^2}\right)\begin{bmatrix}-a_1 & -a_2\\ -a_2 & a_1\end{bmatrix}\\&=-\frac{1}{a_1^2+a_2^2}\begin{bmatrix}-(\lambda_1a_1^2+\lambda_2a_2^2) & (\lambda_2-\lambda_1)a_1a_2\\ (\lambda_2-\lambda_1)a_1a_2 & -(\lambda_1a_2^2+\lambda_2a_1^2)\end{bmatrix},\end{aligned}$$

可见 $\boldsymbol{A}$ 是对称矩阵，证完。

此证明虽以二阶矩阵为例，但不失一般化，可适用于任何阶矩阵，有兴趣的读者不妨用三阶矩阵一试，以加深印象。

上述结论进一步证实：矩阵之所以分为两类，对称与非对称，原因全在于，其特征向量全部相互正交或非也。

B3 矩阵的对角化

矩阵的对角化是个重要的课题，在此不作论证，只列出如下条件：

（1）对称矩阵必然能化为对角矩阵，在附录 C 中将进行讨论；

（2）若 n 阶矩阵 $\boldsymbol{A}$ 具有 n 个互不相同的特征值，则必能化为对角矩阵；

（3）n 阶矩阵可对角化的充要条件是具有 n 条线性无关的特征向量。

B4 矩阵与变换

在矩阵作用于向量时，

$$\boldsymbol{Ab}=\begin{bmatrix}a_1 & a_2\\ a_3 & a_4\end{bmatrix}\begin{bmatrix}b_1\\b_2\end{bmatrix}$$

所起的作用实际上就是线性变换。当作用于一个行列式时，由于二阶行列式可视为一个平行四边形的面积，三阶为平行六面体的体积，因而便出现了如下的定理。

定理 B2 在平面上，设 T 是由二阶矩阵 $\boldsymbol{A}$ 确定的变换，S 是个平行四边

形，$|S|$为其面积，则 S 经 T 变换后，有

$$T(S)\text{的面积}=\left|\text{行列式}A\right|\cdot|S|;$$

在空间 $\mathbf{R}_3$则有

$$T(S)\text{的体积}=\left|\text{行列式}A\right|\cdot|S|,$$

式中，$\boldsymbol{A}$ 是三阶矩阵，S 是个平行六面体，$|S|$为其体积。

此定理的证明不难，但限于篇幅，仅点出要点，作为引理，供大家指正。

引理　任给两个行列式

$$A=\begin{vmatrix}a_1 & a_2\\ a_3 & a_4\end{vmatrix},\quad B=\begin{vmatrix}b_1 & b_2\\ b_3 & b_4\end{vmatrix},$$

其相乘后的值恒等于两者之值的乘积，即

$$|AB|=|A||B|。\tag{B-2}$$

证明　直接计算，不难得出式（B−2）左边的结果是

$$|AB|=\begin{vmatrix}a_1 & a_2\\ a_3 & a_4\end{vmatrix}\begin{vmatrix}b_1 & b_2\\ b_3 & b_4\end{vmatrix}=\begin{vmatrix}a_1b_1+a_2b_2 & a_1b_3+a_2b_2\\ a_3b_1+a_4b_2 & a_3b_3+a_4b_2\end{vmatrix}$$

$$=(a_1b_1+a_2b_2)(a_3b_3+a_4b_2)-(a_1b_3+a_2b_2)(a_3b_1+a_4b_2),$$

右边是

$$|A||B|=\begin{vmatrix}a_1 & a_2\\ a_3 & a_4\end{vmatrix}\begin{vmatrix}b_1 & b_2\\ b_3 & b_4\end{vmatrix}=(a_1a_4-a_2a_3)(b_1b_4-b_2b_3)$$

$$=a_1a_4b_1b_4-a_1a_4b_2b_3-a_2a_3b_1b_4+a_2a_3b_2b_3。$$

经过化简，细节从略，可见等式（B−2）成立，引理证完。

借助上述引理，证明定理 B2 已非高不可攀，有志者正可沿阶而上。

易知，定理 B2 有理论高度，如需要实用价值，则必须依赖下述的推论。

推论　定理 B2 的结论对平面中任意由光滑曲线围成的面积或空间中由光滑曲面围成的体积一律成立。

此推论的证明对于学过微积分的莘莘学子而言，易如反掌，只要一看图 B2，定能勾起小平行四边形无限缩小、逼近由光滑曲线所围成区域的情景，挥毫直书推论的证明：定积分。

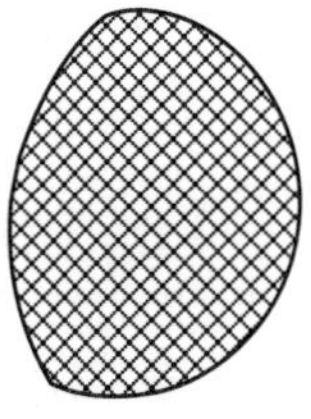

图 B2

不用证明，正好腾出手写一下定理 B2 化难为易的实例。

例 B3　试求椭圆

$$\frac{x^2}{a^2}+\frac{y^2}{b^2}=1\tag{B-3}$$

的面积，如图 B3 所示。

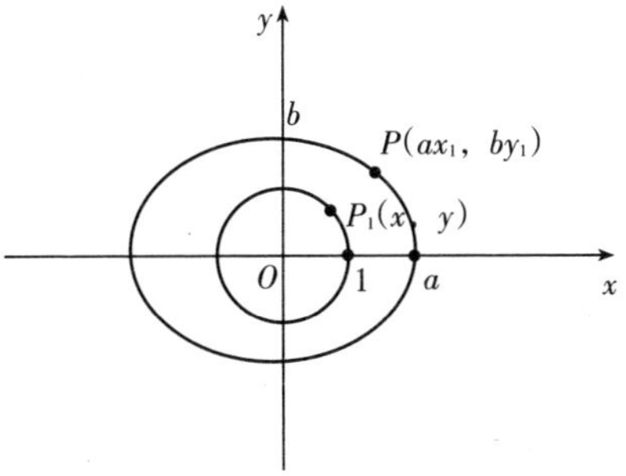

图 B3

解　不假思考硬碰硬地直接用积分求椭圆面积比较费事。现在定理 B2 在心，何不静思一番，找个简单图形，既能变换为椭圆，面积又好计算，岂不妙哉？一闻此言，齐声说道，非圆莫属！

从图 B3 上可见，圆心位于原点的单位圆

$$x_1^2+y_1^2=1,$$

如将其上的点 $P_1(x_1, y_1)$，横坐标 x_1 放大 a 倍，纵坐标 y_1 放大 b 倍，则点 $P_1(x_1, y_1)$ 变换为椭圆上的点 $P(ax_1, by_1)$。例如

$$P_1(1, 0)\to P(a, 0), \quad P_1\left(\frac{1}{\sqrt{2}}, \frac{1}{\sqrt{2}}\right)\to P\left(\frac{a}{\sqrt{2}}, \frac{b}{\sqrt{2}}\right),$$

这样将圆上的点全部变换，则圆变成了椭圆。

下一步自然应寻求一个二阶矩阵，具有把圆换成椭圆的能力。有读者推荐

$$\boldsymbol{T}=\begin{bmatrix} a & 0 \\ 0 & b \end{bmatrix},$$

完全合格，因为

$$\boldsymbol{T}\begin{bmatrix} x_1 \\ y_1 \end{bmatrix}=\begin{bmatrix} ax_1 \\ by_1 \end{bmatrix}。$$

如此一来，由于单位圆的面积

$$|S|=\pi\cdot 1^2=\pi,$$

根据定理 B2，得椭圆（B-3）的面积为

$$|\boldsymbol{T}|\cdot|S|=ab\cdot\pi=\pi ab。$$

附录C 坐标变换

C1 向量

设有向量 $\boldsymbol{V}$，在坐标系 $[\boldsymbol{e}_1 \quad \boldsymbol{e}_2]$ 下为

$$\boldsymbol{V}=x_1\boldsymbol{e}_1+x_2\boldsymbol{e}_2,$$

欲求其在坐标系 $[\boldsymbol{e}_1' \quad \boldsymbol{e}_2']$ 下的表达式。

解这类问题的办法很多，但最根本的思路是，设 $\boldsymbol{V}$ 在新坐标系为

$$\boldsymbol{V}=y_1\boldsymbol{e}_1'+y_2\boldsymbol{e}_2',$$

则根据向量守恒定则，有

$$\boldsymbol{V}=x_1\boldsymbol{e}_1+x_2\boldsymbol{e}_2=y_1\boldsymbol{e}_1'+y_2\boldsymbol{e}_2',$$

即

$$\boldsymbol{V}=[\boldsymbol{e}_1 \quad \boldsymbol{e}_2]\begin{bmatrix}x_1\\x_2\end{bmatrix}=[\boldsymbol{e}_1' \quad \boldsymbol{e}_2']\begin{bmatrix}y_1\\y_2\end{bmatrix}。\tag{C-1}$$

例C1 已知向量

$$\boldsymbol{V}=3\boldsymbol{i}-5\boldsymbol{j},$$

试求在坐标系 $[\boldsymbol{e}_1 \quad \boldsymbol{e}_2]$

$$\boldsymbol{e}_1=2\boldsymbol{i}-\boldsymbol{j},\ \boldsymbol{e}_2=3\boldsymbol{i}+2\boldsymbol{j}$$

的表达式。

解 根据向量守恒定则式（C-1），有

$$\boldsymbol{V}=3\boldsymbol{i}-5\boldsymbol{j}=y_1(2\boldsymbol{i}-\boldsymbol{j})+y_2(3\boldsymbol{i}+2\boldsymbol{j}),$$

比较上式两边系数，得

$$y_1=3,\ y_2=-1,$$

因此

$$\boldsymbol{V}=3\boldsymbol{e}_1-\boldsymbol{e}_2。$$

此例也可采用如下解法，由于

$$[\boldsymbol{e}_1 \quad \boldsymbol{e}_2]=[\boldsymbol{i} \quad \boldsymbol{j}]\begin{bmatrix}2&3\\-1&2\end{bmatrix},$$

或

$$[\boldsymbol{e}_1 \quad \boldsymbol{e}_2]\begin{bmatrix}2&3\\-1&2\end{bmatrix}^{-1}=[\boldsymbol{i} \quad \boldsymbol{j}],$$

据此可得

$$V=[\boldsymbol{i}\quad \boldsymbol{j}]\begin{bmatrix}3\\-5\end{bmatrix}=[\boldsymbol{e}_1\quad \boldsymbol{e}_2]\begin{bmatrix}2&3\\-1&2\end{bmatrix}^{-1}\begin{bmatrix}3\\-5\end{bmatrix}=[\boldsymbol{e}_1\quad \boldsymbol{e}_2]\begin{bmatrix}3\\-1\end{bmatrix}。$$

C2　矩阵

设有矩阵 $\boldsymbol{A}$，在坐标系［$\boldsymbol{e}_1\quad \boldsymbol{e}_2$］下的表达式为

$$\boldsymbol{A}_1=\begin{bmatrix}a_1&a_2\\a_3&a_4\end{bmatrix},$$

欲求其在新坐标，即坐标系变换为［$\boldsymbol{e}_1'\quad \boldsymbol{e}_2'$］下的表达式

$$\boldsymbol{A}_2=\begin{bmatrix}b_1&b_2\\b_3&b_4\end{bmatrix}。$$

求解之前，先讲个传说。假想有面镜子，其数学模型正好是矩阵 $\boldsymbol{A}_1$，猪八戒在镜前一照，就变成了“猪八戒照镜子，里外不是人”的笑谈。

听完故事，请大家回答一个问题：坐标变换为［$\boldsymbol{e}_1'\quad \boldsymbol{e}_2'$］后，镜面模型已由 $\boldsymbol{A}_1$ 转变为 $\boldsymbol{A}_2$，试问坐标变换会不会影响猪八戒镜里镜外的形象？直白地说，镜面的模型因坐标变换改变后，会不会改变猪八戒镜里镜外的身高或腰围？同意会改变的，请举手。真高兴，无人举手。既然大家有如此值得称道的认识，就请欣赏一个必须动点脑筋的例子。

例 C2　设在坐标系 $\boldsymbol{i}$，$\boldsymbol{j}$ 下有矩阵

$$\boldsymbol{A}_1=\begin{bmatrix}2&1\\1&1\end{bmatrix},\tag{C-2}$$

试求在新坐标系［$\boldsymbol{e}_1\quad \boldsymbol{e}_2$］

$$\boldsymbol{e}_1=\boldsymbol{i}+\boldsymbol{j},\ \boldsymbol{e}_2=\boldsymbol{i}-\boldsymbol{j},\ \boldsymbol{i}=\frac{1}{2}(\boldsymbol{e}_1+\boldsymbol{e}_2),\ \boldsymbol{j}=\frac{1}{2}(\boldsymbol{e}_1-\boldsymbol{e}_2)\tag{C-3}$$

下的表达式。

解　由于矩阵 $\boldsymbol{A}_1$ 是对称阵，坐标系［$\boldsymbol{e}_1\quad \boldsymbol{e}_2$］为正交坐标系；变换后的矩阵 $\boldsymbol{A}_2$ 必为对称阵，据此设

$$\boldsymbol{A}_2=\begin{bmatrix}b_1&b_2\\b_2&b_3\end{bmatrix},\tag{C-4}$$

式（C-4）中，b_1、b_2 和 b_3 待定。

强调一下：仍视 $\boldsymbol{A}_1$、$\boldsymbol{A}_2$ 为同一镜面在不同坐标系下的两个模型，思路仍以猪八戒照镜子不会因坐标变换而变换其镜里镜外的形象为依托。

（1）猪八戒只想照身高，设其模型在［$\boldsymbol{i}\quad \boldsymbol{j}$］下为 $\boldsymbol{X}_1=[1\quad 0]^{\mathrm{T}}$，在镜面 $\boldsymbol{A}_1$ 里则为

$$A_1X_1=\begin{bmatrix}2&1\\1&1\end{bmatrix}\begin{bmatrix}1\\0\end{bmatrix}=\begin{bmatrix}2\\1\end{bmatrix}\triangleq X_1'。$$

现在，变换坐标系为 $[e_1\quad e_2]$，则猪八戒的模型由

$$X_1=\begin{bmatrix}1\\0\end{bmatrix}=\begin{bmatrix}i\\0\end{bmatrix}\to\frac{1}{2}\begin{bmatrix}1\\1\end{bmatrix}=\frac{1}{2}\begin{bmatrix}e_1+e_2\\0\end{bmatrix}=Y_1。$$

注：$i=\frac{1}{2}(i+j)+\frac{1}{2}(i-j)=\frac{1}{2}(e_1+e_2)$。

这时，猪八戒在镜面 A_2 里则为

$$A_2Y_1=\begin{bmatrix}b_1&b_2\\b_2&b_3\end{bmatrix}\frac{1}{2}\begin{bmatrix}1\\1\end{bmatrix}=\frac{1}{2}\begin{bmatrix}b_1+b_2\\b_2+b_3\end{bmatrix}\triangleq Y_1'。$$

不言而喻，猪八戒在 A_1 里的像与 A_2 里的一模一样，因此，把 Y_1' 从坐标系 $[e_1\quad e_2]$ 变换为 $[i\quad j]$ 后，应与 X_1' 相等，即

$$\begin{aligned}Y_1'&=\frac{1}{2}\left[(b_1+b_2)e_1+(b_2+b_3)e_2\right]=\frac{1}{2}\left[(b_1+b_2)(i+j)+(b_2+b_3)(i-j)\right]\\&=\frac{1}{2}\left[(b_1+2b_2+b_3)i+(b_1-b_3)j\right]=2i+j=X_1',\end{aligned}$$

比较系数，得

$$b_1+2b_2+b_3=4,\ b_1-b_3=2。\tag{C-5}$$

上面的联立方程有 3 个变量，2 个方程，无穷多解，b_1、b_2 和 b_3 无法确定，需要继续。

（2）猪八戒这次只照腰围，其模型在 $[i\quad j]$ 下为 $X_1=[0\quad 1]^T$，在镜面 A_1 里则为

$$A_1X_1=\begin{bmatrix}2&1\\1&1\end{bmatrix}\begin{bmatrix}0\\1\end{bmatrix}=\begin{bmatrix}1\\1\end{bmatrix}\triangleq X_1'。$$

现在变换坐标系为 $[e_1\quad e_2]$，则猪八戒的模型由

$$X_1=\begin{bmatrix}0\\1\end{bmatrix}=\begin{bmatrix}0\\j\end{bmatrix}\to\frac{1}{2}\begin{bmatrix}1\\-1\end{bmatrix}=\frac{1}{2}\begin{bmatrix}0\\e_1-e_2\end{bmatrix}=Y_1。$$

这时，猪八戒在镜面 A_2 里则为

$$A_2Y_1=\begin{bmatrix}b_1&b_2\\b_2&b_3\end{bmatrix}\frac{1}{2}\begin{bmatrix}1\\-1\end{bmatrix}=\frac{1}{2}\begin{bmatrix}b_1-b_2\\b_2-b_3\end{bmatrix}\triangleq Y_1'。$$

余下请读者参照步骤（1）进行，最后得

$$b_1-b_3=2,\ b_1+b_3-2b_2=2,$$

与方程（C-5）联立，有

$$b_1=\frac{5}{2},\ b_2=b_3=\frac{1}{2},$$

矩阵 A_1 经坐标变换后为

$$A_2=\frac{1}{2}\begin{bmatrix}5 & 1\\1 & 1\end{bmatrix}。\tag{C-6}$$

答案绝对正确，此是后话。

上述解法的目的在诠释概念，常用的是借重坐标变换定则，如下列所示。

例 C3　已知在坐标系 $[\boldsymbol{i}\quad \boldsymbol{j}]$ 下的矩阵

$$A_1=\begin{bmatrix}3 & -1\\-1 & 3\end{bmatrix},$$

欲求在坐标系

$$\boldsymbol{e}_1=2\boldsymbol{i}-\boldsymbol{j},\ \boldsymbol{e}_2=\boldsymbol{i}+2\boldsymbol{j}\tag{C-7}$$

下的表达式 $\boldsymbol{A}_2$。

解　设有向量

$$\boldsymbol{V}=x_1\boldsymbol{i}+y_1\boldsymbol{j}=x_2\boldsymbol{e}_1+y_2\boldsymbol{e}_2,$$

实际上，这就是向量守恒定则

$$[\boldsymbol{i}\quad \boldsymbol{j}]\begin{bmatrix}x_1\\y_1\end{bmatrix}=[\boldsymbol{e}_1\quad \boldsymbol{e}_2]\begin{bmatrix}x_2\\y_2\end{bmatrix}。$$

借助式（C-7），可知

$$\begin{bmatrix}x_1\\y_1\end{bmatrix}=\begin{bmatrix}2 & 1\\-1 & 2\end{bmatrix}\begin{bmatrix}x_2\\y_2\end{bmatrix}。\tag{C-8}$$

现设向量 $[x_1\quad y_1]^{\mathrm{T}}$ 经矩阵 $\boldsymbol{A}_1$ 作用后转化为 $[x_1'\quad y_1']^{\mathrm{T}}$，即

$$\begin{bmatrix}3 & -1\\-1 & 3\end{bmatrix}\begin{bmatrix}x_1\\y_1\end{bmatrix}=\begin{bmatrix}x_1'\\y_1'\end{bmatrix},$$

这时的坐标系为 $[\boldsymbol{i}\quad \boldsymbol{j}]$，变换为坐标系 $[\boldsymbol{e}_1\quad \boldsymbol{e}_2]$，则根据等式（C-8），上式化为

$$\begin{bmatrix}3 & -1\\-1 & 3\end{bmatrix}\begin{bmatrix}2 & 1\\-1 & 2\end{bmatrix}\begin{bmatrix}x_1'\\y_1'\end{bmatrix}=\begin{bmatrix}2 & 1\\-1 & 2\end{bmatrix}\begin{bmatrix}x_2'\\y_2'\end{bmatrix},$$

由此得

$$\begin{bmatrix}2 & 1\\-1 & 2\end{bmatrix}^{-1}\begin{bmatrix}3 & -1\\-1 & 3\end{bmatrix}\begin{bmatrix}2 & 1\\-1 & 2\end{bmatrix}\begin{bmatrix}x_1'\\y_1'\end{bmatrix}=\begin{bmatrix}x_2'\\y_2'\end{bmatrix},$$

即

$$\frac{1}{5}\begin{bmatrix}19 & -3\\-3 & 11\end{bmatrix}\begin{bmatrix}x_1'\\y_1'\end{bmatrix}=\begin{bmatrix}x_2'\\y_2'\end{bmatrix}。$$

答案是：在 $[\boldsymbol{i}\quad \boldsymbol{j}]$ 坐标系下的矩阵

$$A_1=\begin{bmatrix}3 & -1\\ -1 & 3\end{bmatrix}$$

经坐标变换为［e_1　e_2］后，转化为

$$A_2=\frac{1}{5}\begin{bmatrix}19 & -3\\ -3 & 11\end{bmatrix}。$$

上述解法全可精练如下：在坐标系［i　j］下的关系式

$$A_1\begin{bmatrix}x_1\\ y_1\end{bmatrix}=\begin{bmatrix}x_1'\\ y_1'\end{bmatrix} \tag{C-9}$$

经坐标变换为［e_1　e_2］

$$e_1=2i-j,\ e_2=i+2j$$

或

$$[e_1\quad e_2]=[i\quad j]\begin{bmatrix}2 & 1\\ -1 & 2\end{bmatrix},\ \begin{bmatrix}2 & 1\\ -1 & 2\end{bmatrix}\triangleq P, \tag{C-10}$$

则在［i　j］坐标系下的向量［x_1　y_1］^{T}与［x_1'　y_1'］^{T}改由坐标系［e_1　e_2］表示时，分别变为［x_2　y_2］^{T}与［x_2'　y_2'］^{T}，且根据关系式（C-10），有

$$P\begin{bmatrix}x_2\\ y_2\end{bmatrix}=\begin{bmatrix}x_1\\ y_1\end{bmatrix},\ P\begin{bmatrix}x_2'\\ y_2'\end{bmatrix}=\begin{bmatrix}x_1'\\ y_1'\end{bmatrix}, \tag{C-11}$$

将式（C-11）代入等式（C-9），得

$$A_1P\begin{bmatrix}x_2\\ y_2\end{bmatrix}=P\begin{bmatrix}x_2'\\ y_2'\end{bmatrix}$$

或

$$P^{-1}A_1P\begin{bmatrix}x_2\\ y_2\end{bmatrix}=\begin{bmatrix}x_2'\\ y_2'\end{bmatrix}\rightarrow A_2=P^{-1}A_1P。 \tag{C-12}$$

在例 C2 中，

$$A_1=\begin{bmatrix}2 & 1\\ 1 & 1\end{bmatrix},\ P=\begin{bmatrix}1 & 1\\ 1 & -1\end{bmatrix},$$

根据等式（C-12），得

$$\begin{aligned}A_2&=\begin{bmatrix}1 & 1\\ 1 & -1\end{bmatrix}^{-1}\begin{bmatrix}2 & 1\\ 1 & 1\end{bmatrix}\begin{bmatrix}1 & 1\\ 1 & -1\end{bmatrix}\\ &=\frac{1}{2}\begin{bmatrix}1 & 1\\ 1 & -1\end{bmatrix}\begin{bmatrix}3 & 1\\ 2 & 0\end{bmatrix}=\frac{1}{2}\begin{bmatrix}5 & 1\\ 1 & 1\end{bmatrix},\end{aligned}$$

完全正确。

在例 C3 中，

$$A_1=\begin{bmatrix}3 & -1\\ -1 & 3\end{bmatrix},\ P=\begin{bmatrix}2 & 1\\ -1 & 2\end{bmatrix},$$

根据等式（C–12），得

$$A_2=\begin{bmatrix}2 & 1\\ -1 & 2\end{bmatrix}^{-1}\begin{bmatrix}3 & -1\\ -1 & 3\end{bmatrix}\begin{bmatrix}2 & 1\\ -1 & 2\end{bmatrix}$$

$$=\frac{1}{5}\begin{bmatrix}2 & -1\\ 1 & 2\end{bmatrix}\begin{bmatrix}7 & 1\\ -5 & 5\end{bmatrix}=\frac{1}{5}\begin{bmatrix}19 & -3\\ -3 & 11\end{bmatrix},$$

完全正确。

为什么说完全正确？因为矩阵 A_1 经坐标变换为 A_2 时，两者互为相似矩阵，必须满足下列条件：

（1）两者主对角线上元素之和相等。在例 C2 中，都是 3；在例 C3 中，都是 6；

（2）两者的特征式多项式相等。在例 C2 中，都是 1；在例 C3 中，两者都是 8；

（3）两者的特征多项式必须相等。在例 C2 中都是（$\lambda^2-3\lambda+1$）；在例 C3 中都是（$\lambda^2-6\lambda+8$）。

当然，如果最后一条满足了，其余两条自然满足。